U0294562

长江上游梯级水库群多目标联合调度技术丛书

水库群多目标
综合调度集成技术

仲志余　等　著

中国水利水电出版社

www.waterpub.com.cn

·北京·

内 容 提 要

  本书研究分析水库群调度中多目标效益间的复杂响应关系与规律，提出适用于水库群多目标调度优化的多目标算法，然后从单库、梯级逐步探讨不同目标间的影响方式和定量分析，为不同条件下多目标建模提供条件支撑。引入二层规划思想，将目标进行分层考虑，提出基于领导与服从关系的建模理论，论述不同主体、不同目标间的服从关系，为多目标调度建模提供了不同调度阶段的多目标嵌套式建模方法。最终，提出多层次、多属性、多维度综合调度集成理论与方法，从全周期、自适应、嵌套式三个维度进行多目标调度建模，为分阶段提出长江上游水库群多目标调度方案提供技术支撑。

  本书适合于水利、电力、交通、地理、气象、环保、国土资源等领域内的广大科技工作者、工程技术人员参考使用。

图书在版编目（ＣＩＰ）数据

  水库群多目标综合调度集成技术 ／ 仲志余等著. --
北京 ： 中国水利水电出版社，2020.12
  （长江上游梯级水库群多目标联合调度技术丛书）
  ISBN 978-7-5170-9321-3

  Ⅰ．①水… Ⅱ．①仲… Ⅲ．①长江流域－上游－梯级水库－水库调度－研究 Ⅳ．①TV697.1

  中国版本图书馆CIP数据核字（2020）第269923号

书　　名	长江上游梯级水库群多目标联合调度技术丛书 **水库群多目标综合调度集成技术** SHUIKUQUN DUOMUBIAO ZONGHE DIAODU JICHENG JISHU
作　　者	仲志余 等 著
出版发行	中国水利水电出版社 （北京市海淀区玉渊潭南路 1 号 D 座　100038） 网址：www. waterpub. com. cn E - mail：sales@ waterpub. com. cn 电话：(010) 68367658（营销中心）
经　　售	北京科水图书销售中心（零售） 电话：(010) 88383994、63202643、68545874 全国各地新华书店和相关出版物销售网点
排　　版	中国水利水电出版社微机排版中心
印　　刷	北京印匠彩色印刷有限公司
规　　格	184mm×260mm　16 开本　15 印张　365 千字
版　　次	2020 年 12 月第 1 版　2020 年 12 月第 1 次印刷
印　　数	0001—1000 册
定　　价	**138.00 元**

长江上游控制性水库群相继建成投运，对流域水利保障能力、绿色生态廊道建设、水资源综合利用等方面提出了更高要求。我国国民经济和社会发展第十三个五年规划纲要第三十九章"推进长江经济带发展"中也明确提出"推进长江上中游水库群联合调度"。目前，如何协调统筹防洪、供水、生态、发电、航运等多目标需求，充分发挥水库群防灾减灾、供水保障、生态恢复等综合效益，是亟待研究的重点。

为此，本研究将长江上游 30 座水库纳入研究范围（总库容 1633 亿 m^3，防洪库容 498 亿 m^3），围绕水库群系统多维目标综合调度集成关键技术开展理论研究和技术攻关，研究并建立"全周期-自适应-嵌套式"水库群多目标协调调度模型，解决采用固定边界和约束的方法进行多维目标协同调度时存在的多维边界动态耦合难题，提出多层次、多属性、多维度综合调度集成理论与技术，揭示防洪、发电、供水、生态、航运多维调度目标之间协同竞争的生态水文、水资源管理等内在机制，提出长江上游水库群多目标联合调度方案。

本书依托国家重点研发计划课题"水库群多目标综合调度集成技术"（2016YFC0402209），重点介绍水库群调度中多目标效益间的响应关系与规律，论述不同主体、不同目标间的服从关系，最终提出多层次、多属性、多维度综合调度集成理论与方法。仲志余拟定了全书大纲并负责统稿和定稿工作。全书共 10 章，其中：第 1 章由仲志余完成，第 2 章由邹强完成，第 3 章由饶光辉完成，第 4 章由王学敏完成，第 5 章由董增川、陈芳完成，第 6 章由覃晖、陈芳完成，第 7 章由胡铁松、王琨完成，第 8 章由丁毅、刘冬英完成，第 9 章由李安强完成，第 10 章由王学敏、贾文豪完成；王学敏负责统稿。

书中内容是作者在相关研究领域工作成果的总结，研究工作得到了相关单位以及有关专家、同仁的大力支持，同时本书也吸收了国内外专家学者在这一研究领域的最新研究成果，在此一并表示衷心的感谢。

目前，水库群联合调度建模和多目标效益协调技术研究取得了阶段性成果，但许多理论与方法仍在探索之中，有待进一步发展和完善，加之作者水平有限，书中不当之处在所难免，敬请读者批评指正。

作者

2020 年 12 月

目录

第 1 章

概　　况

1.1　研究背景

长江上游是指长江源头至湖北省宜昌市的江段，河流总长度 4511km，控制流域面积 979200km^2，占长江总流域面积的 58.9%，由金沙江水系、岷沱江水系、嘉陵江水系、乌江水系和干流区间五大水系组成，见图 1.1。

长江上游流域多年平均年降水量约 1100mm，但由于该流域属于典型的季风气候且地域广阔，地形复杂，导致降水量和暴雨的时间和空间分布极不均匀。从时间来看，降水量主要出现在 6—9 月（汛期），占全年总降水量的 60%～90%，其中大部分地区 7 月、8 月的月降水量最大，部分地区（如雅砻江下游、乌江东部等）9 月的降水量要大于 8 月。

长江上游控制性水库群的相继建成投运，对流域防洪、供水、发电、航运、水生态环境保护等产生了巨大作用和影响，尤其是防灾减灾、联合调度和区域环境改善潜力与效益巨大。长江经济带建设也对水利保障能力及沿江绿色生态廊道建设提出了新要求。《中华人民共和国国民经济和社会发展第十三个五年规划纲要》第三十九章"推进长江经济带发展"中明确提出"推进长江上中游水库群联合调度"。

现代水库群多目标联合调度涉及防洪、抗旱、发电、供水、航运、生态需水和电网安全等相互竞争、不可公度的调度目标，是一类多层次、多属性的复杂多目标决策问题，现有的理论与方法仍存在局限性，难以解决大规模、多尺度、多目标流域一体化综合调度的应用难题，水利枢纽工程综合效益最大化等问题十分突出，已成为梯级水库群多目标优化联合调度研究的热点问题和发展趋势。

1.2　国内外研究进展

1.2.1　水库群多目标调度研究

1. 多目标调度建模

国外关于水电站优化调度模型的研究起步较早，1946 年美国人 Mase 最早把优化调度概念引入水电站调度领域。1962 年 DoforMan[1] 提出了以经济效益最大为目标、水电站库容和下泄流量为决策变量的单一水电站的优化调度线性规划模型；随后，研究学者[2] 尝试运用空间分解和时间分解等分解技术将单库线性规划模型拓展到多库模型；Hall 和 Shephard[3]

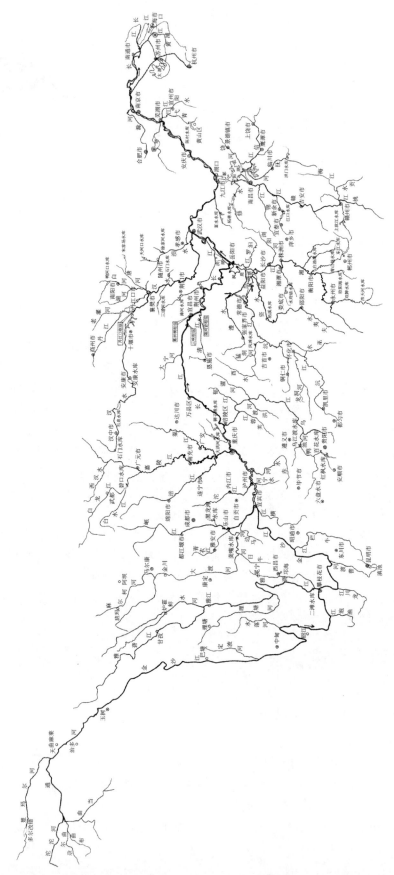

图 1.1　长江流域水系图

依据模型分解思想将多库问题分解为一个主问题和副问题，建立了主问题为线性规划模型、副问题为动态规划模型的动态规划和线性规划的混合模型（dynamic programming - linear programming，DP-LP）；而 Becker 和 Yeh[4] 则将线性规划模型嵌入动态规划模型中，建立了混合动态规划和线性规划模型（LP-DP），并成功应用于加拿大中谷工程的优化调度中。另一批学者[5-8] 则从优化调度模型中参数的不确定性方面考虑，如：径流的不确定性，将确定性线性规划模型拓展至随机线性规划模型（stochastic linear programming，SLP）。Manna[5] 考虑入库径流的随机性和周期性，以入库流量或库容为马尔可夫过程的状态变量，建立了单一水电站的随机马尔可夫线性规划模型；Thomas 和 Watermeyer[6] 在此基础上将马尔可夫过程的状态变量拓展为入库流量和库容两个变量；Revelle 等[8] 则考虑将随机规划理论引入水电站优化调度领域，提出水电站优化调度的机会约束线性规划模型，并在模型中首次提出了水电站优化调度线性决策规则（linear decision rule，LDR）；早期的线性决策规则仅包含水电站的库容、决策参数和入库流量，随后，研究学者将天然径流[9]、蒸发损失[10] 等引入 LDR，并在理论研究和实际工程应用过程中不断改进完善。

实际水电站优化调度模型呈现非凸、非线性特点，通过目标和约束的线性化对模型进行了简化，难以反映实际的工程情况。因此，研究学者在研究线性规划模型的同时，也在尝试其他方面的建模研究。1957 年 Bellman[11] 提出动态规划（DP）方法后，DP 被广泛应用于水电站优化调度的建模求解中[12]。虽然动态规划模型能够较为完整地保留水电站优化调度模型的特性，但动态规划模型在求解梯级水电站优化调度问题时存在"维数灾"问题。因此，研究学者在动态规划模型研究中多专注于解决"维数灾"问题，IDP（incremental DP）[13-14]、DDDP（discrete differential DP）[15]、IDPSA（IDP with successive approximations）[16] 等模型相继被提出。此外，还有专家指出，由于水电站优化调度问题的复杂性和目标间的不可公度性，线性规划、动态规划模型等数学规划模型在建模求解时存在不同程度的简化[17]。因此，部分专家通过模拟技术模拟水电站优化调度行为，并用数学描述方法最大可能还原水电站优化调度模型的特征，建立了水电站优化调度模拟模型[18-20]。

我国关于水电站优化调度模型的研究起步较国外稍晚，20 世纪 60 年代初国内学者首先通过翻译《运筹学在水文水利计算中的应用》[21]《动态规划理论》[22] 等外文研究文献，将水电站优化调度研究引入国内。然而，水电站优化调度理论成功应用于实际工程已是 20 年后。1981 年，张勇传等[23] 将径流时段间相关性以及水文预报引入水电站优化调度模型，提出了调度面形式的调度图编制方法，并成功应用于柘溪梯级水电站优化调度中，取得了巨大的经济效益。90 年代后，随着我国水利建设事业的蓬勃发展，大量水利工程兴建投运，促进了我国水电站优化调度理论的快速发展[24-28]。

近几年，国内外学者在前人的成果上进一步开拓创新，取得了一系列新成果。Ahmadi 等[29] 研究了变化环境对水库运行的影响，以此提出了自适应运行规则优化方法，并进行了实际运用。Kang 等[30] 将水电站的出力表示为平均时段水库蓄水量和下泄流量的函数，提出了一种有效的分段线性化方法，将水库调度这一非线性问题转化为线性规划问题，实现了在数学规划的基础上对水库群调度问题进行高效稳定的求解。Chiang 等[31] 提出了一种改进的模型预测控制方法，并引入遗传算法进行求解，将其应用于比利时德默河的闸坝洪水调度中，取得了较好效果。Srinivasan 等[32]采用分段线性对冲规则建立多目标模拟优化模型，并用于长期水库调度中，模型的初始解通过从常数对冲参数模型的帕累托（Pareto）最优前沿采样得到，这显著提高了模型计算效率。

2. 优化求解技术

近年来，以动态规划方法为主的常规优化方法得到了进一步发展，更加适合于复杂水库群的优化调度。Saddat[33]在随机动态规划（stochastic dynamic programming，SDP）的基础上提出了协同随机动态规划（cooperative stochastic dynamic programming，CSDP），并用水库群长期优化调度进行了验证；Delipetrev[34]求解水库调度问题时，将随机优化算法嵌入 DP 类算法中，在减轻维数灾的同时，不显著增加算法的复杂度；Kang 等[30]针对梯级水库运行中的非线性因素，将水电站的输出量表示为平均水库蓄水量和下泄量的函数，提出了一种有效的分段线性化方法，并用于七级梯级水库优化运行。水库优化调度模型的求解方法另一部分是以智能算法为核心的求解方法。

根据建立的目标个数，水库调度模型可以被分为单目标模型和多目标模型。对于单目标模型，随着智能算法的发展，越来越多的单目标优化算法被运用到水库调度中来。Azizipour 等[35]结合遗传算法和细胞自动机方法的优势，将遗传算法用于计算的约束处理，将细胞自动机用于调度模型对应的确定性问题求解，并通过水库的供水和发电调度进行了验证；Afshar 等[36]同样将细胞自动机用于优化调度计算的约束处理中，并在伊朗的 Dez 水库进行了验证；Bahrami 等[37]提出了一种猫群算法（cat swarm optimization，CSO），并将其用于水库调度计算，其结果与传统遗传算法相近；Bashiri - Atrabi 等[38]提出了一种和声搜索算法，并将其应用于水库防洪调度中。Hamid[39]将杂草优化算法（weed optimization algorithm，WOA）运用到伊朗的 Bazoft 水库中进行调度规则的优化，并和线性规划（LP）、非线性规划（non - linear programming，NLP）和遗传算法（genetic algorithm，GA）的优化结果进行对比，其获得结果更接近全局最优。Bozorg - Haddad 等[40]运用引力搜索算法（gravitational search algorithm，GSA）进行发电调度，并分别从单库和四水库的梯级水库群两个方面和遗传算法进行了对比，结果表明 GSA 获得的解收敛性更好。研究学者们将智能算法运用在水库优化调度中时，一般会对原型算法进行改进或者结合两种及其以上算法的优点提出新的算法，使之能更好地解决水库调度的问题。Zhang[41]通过改进的自适应粒子群算法（improved adaptive particle swarm optimization，IAPSO）在三峡水库和溪洛渡水库中进行发电调度，并将调度结果和其他三种粒子群算法的变种得到的结果进行对比，表明 IAPSO 具有更好的优化结果。Li 等[42]结合粒子群算法和差分进化算法的优点提出粒子群-差分进化算法（chaotic particle swarm optimization - differential evolution，CPSO - DE），并将该算法用于优化发电调度，该算法显著克服了粒子群算法易于早熟的问题。通过将 CPSO - DE 算法得到的调度结果和分别由 PSO 和 DE 得到的调度结果进行对比，验证了 CPSO - DE 算法具有很强的实用性、可行性和鲁棒性。其他应用于水库调度的新优化算法还包括人工蜂群算法（artificial bee colony，ABC）[43-44]、布谷鸟算法（cuckoo search，CS）[45]、萤火虫算法（firefly algorithm，FA）[46]、水循环算法（water cycle algorithm，WCA）[47]、生物地理学算法（biogeography - based optimization，

BBO)[48]等，都取得了较好效果。

对于多目标调度模型，一类求解方法是采用权重法和约束法将多目标问题转化为单目标问题进行求解。陈洋波等[49]以发电量最大和保证出力最大为目标，对水库群的多目标发电调度问题进行了研究，并采用约束转化的方式将该多目标优化模型转变为单目标优化模型进行求解；Kumar 等[50]综合考虑防洪风险、灌溉供水保证率和发电效益等调度目标，通过联立效益函数的方式构建水库群多目标优化调度模型，并提出一种基于约束转化策略的模型求解方法。这类求解方法一次只能得到一个解，求解效率比较低下。多目标调度模型的另一类求解方法，是运用以 Pareto 理论为基础的多目标进化算法进行并行求解。Aboutalebi 等[51]运用 NSGA – II 算法（non – dominated sorting genetic algorithm，非支配排序遗传算法），并结合支持向量回归（support vector regression，SVR）和非线性规划（NLP）来优化发电调度规则，将其运用到伊朗的 Karoon – 4 水库中进行验证，一次计算即得到一组非劣解集，结果表明该方法非常适于实时计算最佳的水库运行规则。Li 等[52]运用增强 Pareto 进化算法（strength Pareto evolutionary algorithm，SPEA2）算法进行防洪调度以实现洪水控制并将其运用到三峡水库，获得的调度方案集均匀覆盖在解空间内的多目标最优前沿上，可为决策者提供充分的决策信息；Liu 等[53]运用 MOPSO 算法（multi – objective particle swarm optimization，多目标粒子群算法）进行生态调度并将其运用到鄱阳湖进行验证，在案例中 MOPSO 算法充分发挥了其收敛速度快的特性，很快得到了调度方案集。但是随着问题目标维度的增加，NSGA – II、SPEA2 和 MOPSO 等算法面临着很大的选择压力，很难同时获得收敛性和分布性均较优的解集。为了更好地解决高维目标问题，基于分解技术的多目标进化算法（multi – objective evolutionary algorithm based on decomposition，MOEA/D）和基于参考点技术的 NSGA – III 算法被提出来。Qi 等[54]将改进的 MOEA/D 算法运用到安康水库，以实现洪水控制并获得了分布性很好的解集。Chen 等[55]将 NSGA – III 算法运用到三峡水库进行防洪调度，获得了收敛性和分布性均较优的解集。对于高维目标问题而言，基于分解机制的 MOEA/D 算法、基于参考点机制的 NSGA – III 算法及其变体算法，均已经能够较好地解决这类问题。

对于高维决策变量问题而言，动态规划算法在进行求解时会面临"维数灾"的问题，此时一般采用大系统分解协调算法进行求解。吴昊等[56]基于大系统分解协调原理建立了二级递阶结构的梯级水库群发电优化调度模型。智能算法中解决高维决策变量优化问题时也面临困难，Moravej 等[57]采用内部搜索算法（ISA）来解决大规模水库系统调度优化问题，为了验证 ISA 算法的性能，Moravej 分别在四水库和十水库的大规模水库调度问题上进行测试，并将调度结果和线性规划、非线性规划和遗传算法得到的调度结果进行对比，表明 ISA 在解决大规模问题时具有更快的收敛速度和更优的调度结果。Qi 等[58]在 MOEA/D 算法的基础上，提出了一种自适应领域大小和自适应遗传算子的分解算法（self – adaptive MOEA/D），将该算法用于解决 20 个大规模标准测试函数中，并和其他 4 种较先进的 MOEA/D 变种算法进行对比，验证了其可行性；最后 Qi 还将该算法用于解决水库防洪调度问题，得到较好的非劣前沿。Yang 等[59]提出分层粒子群算法（level – based learning swarm optimizer，LLSO），能够解决部分高维决策变量测试函数，在实际调度问题中表现一般。高维决策变量的调度优化问题具有可行解搜索空间巨大、局部最优陷阱多、需要优化的变量数目巨大等特点，目前的大规模优化算法只能解决部分实际问题。高维决策变量的调度优化问题的求解算法还需要更多的学者进行更深入的研究。

1.2.2 多目标竞争理论

"竞争"一词来源于生物学，生物学将"竞争"定义为两个或多个生物之间为了争夺生存空间与资源而发生的一系列行为与关联。随后，竞争的概念拓展至经济学领域，且竞争理论逐渐成为经济学的核心理论。回顾竞争理论的发展，学者们围绕解释两个或多个企业之间竞争关系及其行为特征与规律开展了大量研究。竞争作为人类社会生活的一种基本活动，其具体的内涵与表现形式随着生产技术、社会文化等的不断进步而不断创新，同时企业竞争方式与手段还决定于企业所处的战略发展阶段。由于竞争是一个不断发展演化的概念，这就决定了以刻画和描述竞争现象为基本工作的竞争理论本身是不断发展的一个理论研究分支。在不同的战略理论发展时期，学者们对企业竞争的描述与解释不同，其根本的差别在于对企业竞争的研究视角以及分析和描述竞争现象的分析路径的不同。其中，研究视角指理论研究的切入点，决定学者解读和分析某一理论概念的理论维度或方向；而分析路径则指学者在研究过程中分析和刻画某一个理论概念的具体方式与手段。

竞争理论经历了漫长的演变，形成了不同的学派，各个学派从不同角度对竞争理论进行分析和评述。其中，古典竞争理论和均衡竞争理论都是从静态角度来分析竞争，因此可归类为古典竞争理论。继而，克拉克实现了竞争理论由古典竞争理论向现代竞争理论的过渡。哈佛学派、芝加哥学派、新奥地利学派等现代竞争理论则是在动态环境下研究竞争。

1. 古典竞争理论

竞争理论的产生是从古典学派开始的。作为古典学派最杰出的代表，亚当·斯密首创了古典自由竞争理论。斯密的自由竞争理论内容十分丰富，归纳起来大致包括"经济人"假设、竞争机制或"看不见的手"以及自然秩序三项内容，这一理论成为经济学竞争理论的基础。斯密首次对竞争规律进行了阐述，他认为任何商品和要素的价格，都有一个自然的平均比率，商品价格在竞争的驱使下，受自然价格的吸引并围绕其波动。

2. 马克思的竞争理论

马克思对竞争的研究重点考察的是生产者之间的竞争及与此相关的生产者与消费者之间的竞争。竞争包括两种：一种是同一部门内的竞争在价值形成和价值实现过程中的作用；另一种是不同部门生产者之间的竞争在价格形成中的作用。通过资本在不同部门之间根据利润率升降进行的分配，供求之间就会形成这样一种比例，以致不同生产部门都有相同的平均利润，因而价值也就转化为生产价格。

3. 均衡的竞争理论

从 19 世纪开始，经济学家就关注到企业竞争的问题。最初关于企业的竞争研究主要是静态的，其中以古诺模型为代表。古诺模型假定只有两家寡头企业 A 和 B 互为竞争对手，并将两个竞争对手所处的市场空间限制为一个共同的市场，两个竞争对手所采用的竞争手段主要是价格与产量，且存在所谓的最优价格和最佳供给量，也即竞争对手间无论交锋多少次，其最终应该停留在价格或者产量的最优或均衡点上。在这样的前提假设下，古诺模型成为经济学解决企业竞争问题的一个代表性模型，之后的研究几乎都是建立在逐步放开静态竞争模型假设条件的基础上。

4. 现代竞争理论

现代竞争理论产生的一个重要标志是，抛弃了把完全竞争作为现实和理想的竞争模式的教条，认为竞争是一个动态变化的过程。研究的重点是现实市场竞争过程的各种竞争要素的组合形式以及在什么样的竞争形式下能够实现技术进步和创新。现代竞争理论按学派可具体划分为：创新理论与动态竞争理论、有效竞争理论、哈佛学派的竞争理论、芝加哥学派的竞争理论、新奥地利学派的竞争理论、可竞争市场理论、公司组织理论等。各学派的竞争理论各有自己的合理之处，同时也都存在着不同的缺陷。此外，现代竞争理论的研究视角大体上可分为一对一竞争关系视角、一对多竞争关系视角、多对多竞争关系视角以及基于制度理论的视角等。

5. 生态竞争理论

尽管有关学者对于竞争的理论进行了广泛而深入的研究，但仍存在诸如构建动态的竞争敌对性指标等问题。在这方面部分生态理论可能具有一定的借鉴意义。生态理论是研究环境与生物体之间关系的学科，生态理论中的很多理论描述了在特定环境要素下生物体之间在生存能力与适应性等方面的关系。企业竞争中，竞争对手的动态性直接决定于不同资源禀赋的企业组织在特定环境要素下的生存适应性。因此，基于生态理论分析企业在特定环境下的适应性或生存能力，可以比较清晰地刻画出某一企业在行业中的竞争位置，进而能够全面描述某一行业的竞争格局。鉴于企业竞争的概念来源于生物学科，因此应该说引入生态理论的相关理论概念或分析工具是一种回归而不是创新。

早在 20 世纪末到 21 世纪初，人们意识到不良竞争带来的后果，积极探索一种新型的竞争方式，生态竞争的思想被提到历史的层面上。生态竞争的思想不仅被用到企业、高等学校、科研，也被用到政治领域，为组织的生存、竞争、发展、管理提供一种新的尝试。1994 年，保罗·霍肯等在其著作《商业生态学：可持续发展的宣言》[60]中，首次提出利用生态思想系统探讨商业活动与环境问题的相互关系。1996 年，詹姆斯·弗·穆尔在其专著《竞争的衰亡》[61]中独辟战略视角，用生态学新解商业运作，力主共同进化。

生态学除了注重研究生物本身的情况外，亦非常关注生物与外界环境和其他生物之间的联系。同样的，社会科学除了关注组织自身的发展外，同样注重组织间的关系，以及组织与环境的关系。正是由于生态学与社会科学在这些方面有着惊人的相似，因此可以将生态学中一些已有的基本原理应用到社会科学的研究中去。

生态位理论是生态学的基础理论之一。1917 年，Crinncell[62]首次应用"生态位"（niche）一词来表示对栖息地再划分的空间单位，并定义为："恰好被一种或一个亚种所占据的最后单位"；1924 年他又把生态位定义为生物种最终的生境单元。1927 年，Elton 从功能出发将生态位定义为："指物种在生物群落中的地位和角色"；Gause 采纳了 Elton 的生态位概念，并在草履虫实验的基础上，发展出了竞争排斥法则，即 Gause 原理[63]。Gause 认为生态位是特定物种在生物群落中所占据的位置，即其生境、食物和生活方式等。如果出现在一个群落中的两个物种受到同一资源的限制，其中某一个种具有竞争优势，而另一个种将被排斥。Hutchinson 认为生态位是"有机体与它们的环境（生物和非生物）所有关系的总和"。他认为在生物群落能够为某一物种所栖息或利用的最大空间（广义空间）为基础生态位，而把由于竞争对手的存在，物种实际占有的生态位称为实际生态位。Hutchinson 的超体积生态位的概念，第一次给生态位以数学抽象，不仅解释了自然界中众多物种竞争而共存的生态分离现象，而且开辟了生态位定量研究的途径。

同自然生态系统一样，人类社会系统也是一个有机体。首先，任何一个人类社会对象都可以定义为一个"生态位"。例如一个城市、一个企业、一个地区乃至一个国家，都可以用"生态位"来定义。其次，任何一个定义了的人类社会现象中的对象，都可以按生态位理论界定的"空间位置和功能"来确认其"生态位"。基于此，生态位理论在 20 世纪后半期成为人类社会系统研究的有效手段。生态位的研究已经渗透到了很多人类社会系统的研究领域，而且应用范围越来越广，成为其他人类社会科学引进并合成新概念的一个"母体"。例如，城市生态位、企业生态位、人口生态位等，都是从生态学意义的"生态位"的概念演化而来的。

1.2.3 多目标调度集成应用

1.2.3.1 水库群实时调度系统研发

水库群实时调度系统开发设计是实施调度研究成果的关键，其主要技术包括：原型结构设计与集成方法，通用化模板设计与开发，系统开发的模式及开发平台选择，通信及网络环境选择，实用性、交互性、通用性和扩展性程度，集中化、自动化、智能化和可视化水平等方面。程春田等[64]采用面向对象编程的思想，针对白山、丰满水库群进行了实时洪水联合调度系统的设计与开发；该系统功能齐全，对开发其他水库及水库群防洪调度系统具有重要的参考价值。Rodriguez - Alarcon 等[65]基于自组织映射（self - organizing map，SOM）设计出了一种决策支持系统，供水库调度人员来模拟和可视化关键变量之间的复杂关系，如降雨、径流、水库水位和下泄流量等。

以往的调度系统设计多采用客户端/服务器（C/S）模式，但是 C/S 系统存在开发成本高、维护困难等问题。在实际开发中，调度系统设计已由 C/S 系统转变为浏览器/客户端（B/S）系统。B/S 系统具有维护成本低、跨平台应用效果好、对使用端的计算机配置要求低等优点。王森等[66]采用面向对象的思想将单个水库抽象成可插拔式的独立插件，开发了基于 B/S 架构的梯级水库群防洪优化调度系统；该系统界面友好，具有良好的可扩展性、可维护性、人机交互性，为库群防洪决策提供了强有力的技术支撑。苏华英等[67]针对实时调度需不断校核水库水位、调整日前计划、对可能产生的水位越限或弃水进行预警等特点，采用三层 B/S 结构设计实现了库群实时调度辅助分析决策系统，论述了系统设计开发目标、框架结构、常用算法流程及关键技术问题的解决方案；系统具有很强的实用性，可为开发类似系统提供参考。徐刚等[68]由于乌溪江梯级水电站原有水情测报系统不能满足现有水电站需要的原因，针对乌溪江梯级水电站开发新的水库调度系统，基于电站的需求，搭建了水务、预报、调度和指标评价业务一体化的 B/S 系统；系统页面设计直观简洁，业务层功能完善，具有良好的拓展能力，能够满足乌溪江水电厂日常调度运营的需求。Uysal 等[69]通过集成水文和水库模拟模型来指导调度决策支持系统的开发，为调度人员提供实现水位和防洪目标的专业建议，并将成果应用于土耳其的 Yuvacık

大坝控制流域，对辅助主观决策具有较好的实用价值。

1.2.3.2 调度周期分析

针对汛期的确定性、不确定性、过渡性等变化规律，我国学者在利用雨洪季节性规律，在汛期的分期、通过水库汛期分期运行水位静态控制调节洪水资源等方面开展了有益的研究和探索，从而缓解了防洪和兴利间的矛盾。冯尚友等从水文统计与气候成因两个方面，研究丹江口水库的汛期划分，并提出了汛期的划分方案。郭荣文以龙溪河水库为例，通过对地面气候的特征分析、暴雨天气的成因分析及历史水文数据演变的趋势分析，得出了汛期划分成果。刘攀对汛期分期中存在的主观性缺点，基于变点分析理论及日最大取样原则、超定量取样原则与年最大值取样原则，分别构建了均值变点分期模型及概率变点分期模型。方崇惠等基于分形理论研究了水文现象分形特性，使用容量维及相似维两种分维的计算方法，分别从两个方面（时间尺度与空间尺度）对漳河水库控制流域汛期进行了分期研究。王宗志等提出了能够处理高维时序聚类问题的动态模糊C-均值聚类分析方法和相应的时序聚类有效性函数，通过耦合二者建立了适用于汛期分期的有效模糊聚类分析方法。李敏等提出了基于可变集的汛期分期多指标识别方法，并以潘家口水库控制流域的汛期分期为例进行了实例研究。崔巍等对可能影响分期结果的切割水平以及时间尺度范围进行了参数优选，利用分形分析方法获得了崖羊山水库的汛期分期结果。

1.2.3.3 调度效果评价

大型水利水电枢纽的调度决策通常需要考虑多个目标，如防洪、发电、供水、航运、生态环境需水等。不同调度效益的评价方式不同，其结果直接决定调度方案的走向，近年来许多学者在调度效益评价方面进行了研究。吴文惠等[70]提出了发电完成率的概念，根据发电完成率的大小建立了五个评价等级，并将该发电效益评价方法运用在乌江的梯级水库中。Li 等[71]整合了城区洪水模拟模型（urban flood simulation modelling，UFSM）和城区洪水灾害评估模型（urban flood damage assessment modelling，UFDAM），形成了城区防洪措施洪水风险分析与效益评估框架，并将其成功运用于上海浦东地区。Cheng 等[72]采用综合方法对台湾北部最重要的防洪和供水系统——大汉溪流域系统的效益和风险进行了评估。Hui[73]通过分析水库对河流流态的影响，提出了基于水库下泄的生态流量评价框架，为生态效益提供了可行评价方式。Bai 等[74]根据 IHA（index of hydrologic alteration）评价指标，运用 RVA（range of variability approach）方法来评估变化水文情景下小浪底的生态变化。Marcelo[75]分析了水库发电与生态效益的矛盾，结合全电网负荷分配模型，提出了一种方案选择方法，能够根据水库工况从 Pareto 方案集中选取合适的方案。

风险的概念和风险分析方法在 20 世纪 80 年代末才逐步引入水库调度的研究中。近几十年来，学者们针对水库调度风险问题展开了大量研究[76]。田峰巍等[77]对水库调度中的风险概念、性质、类型以及风险管理的基本模式进行了阐述，研究了水库调度中的风险分析和决策方法，提出了当前时段风险和风险传递的计算方法。Sun 等[78]为了提高三峡水库汛期洪水的利用率，提出了新的水库调度风险分析方法，通过建立基于五种自适应神经模糊推理系统（ANFLS）的水文预报场景，并采用遗传算法来优化风险控制条件，实现实时调度的洪水风险分析。Nohara 等[79]提出了一种基于蒙特卡洛模拟的方法来分析实时水文预报和水库多目标防洪调度系统的有效性和风险性，该分析方法可为调度管理人员提供定量的、科学性的预期效益和风险信息。Liu 等[80]提出了一种基于集合水文预报的定量水库实时调度洪水风险分析的两阶段方法，该方法将集合水文预报的结果作为输入，并把未来时间分为预测提前期和无法预测期两个阶段，通过定义故障情景数量与总情景数量之比来量化整场洪水风险情况；Liu 选择中国三峡水库作为案例研究，其结果表明该方法可以大大改善水力发电的洪水风险。Zhang 等[81]建立了梯级水库目标风险评价指标体系，通过洪水频率分类，构建了防洪风险分析的模型及其基于蒙特卡洛最大熵理论的求解方法，将该方法运用到三峡和溪洛渡水库的联合防洪调度中，并分析其调度情况，表明该方法和模型合理可行，具有一定的适应性。Yang 等[82]构建了基于系统工程理论的梯级水库系统风险分析框架，根据复杂系统的脆性理论，脆性风险熵被提出，作为衡量梯级水库系统崩溃不确定性的性能指标，该方法为我国水电建设项目的安全分析提供了参考。刘艳丽等[83]综合考虑预报误差、调度滞时、起调水位等不确定性因素的影响，基于拉丁超立方体抽样方法，提出了一种基于蒙特卡洛随机模拟的风险分析模型，并将其应用于碧流河水库防洪调度，对分别考虑单因素影响和多因素影响下的组合风险进行了分析研究。刁艳芳等[84]分析了水文、水力、水位-库容和调度滞时 4 种不确定性因素及其分布特性，建立了水库防洪预报调度方式的水库本身和下游综合风险分析模型，并采用基于拉丁超立方体抽样的蒙特卡洛模拟方法对模型进行求解。

水库调度决策者往往需要从多个相互非劣的调度方案中选择符合其风险偏好的均衡方案，由于各目标间通常相互竞争、相互制约，所以作决策的过程并不容易。经过多年的发展，用于方案评价优选的多属性决策方法已十分丰富，除层次分析法（AHP）[85]、逼近理想解排序方法（TOPSIS）[86]等经典决策方法外，近年来基于模糊集、集对分析、灰色理论、Vague 集的多属性决策方法也逐渐出现。实际调度决策过程中，决策往往难以给出准确的目标权重值，仅能以"重要""一般""不重要"等模糊语言定性描述，模糊决策理论是处理这类非确定性描述的有效手段。近几十年来，大量基于模糊集理论的多属性决策方法被提出并应用于水库（群）的调度决策[87-88]，实际研究成果验证了其可行性和有效性。此外，基于集对分析[89]和灰色理论[90]的多属性决策方法也日益受到学者重视。集对分析的核心思想是将确定性与不确定性作为一个系统，从同、异、反三个方面研究事物的确定性与不确定性，从而全面刻画两个不同事物的联系；近年来，已有学者将集对分析应用到水库的调度决策问题[91]，但相比模糊决策等较为成熟的决策理论与方法，集对分析的理论和应用研究还比较薄弱。灰色理论自 20 世纪 80 年代提出以来，相关理论体系得到迅速发展和完善，已成为多属性决策研究领域常用数学工具；根据因素之间发展态势的相似或相异程度来衡量因素间的接近程度，其实质是数据几何关系的比较，并根据几何相似程度来判断数据间的关联程度；近年来，已有不少学者将其应用到水库调度方案的多属性决策问题[90,92]。Vague 集[93]是模糊集的拓展，它同时考虑了隶属度、非隶属度与犹豫度这三方面的信息，使其在处理模糊性和不确定性等方面较传统的模糊集具有更强的表现能力和灵活性。Vague 集的相关研究已受到国内外学者的极大关注，并已被应用于水库调度方案的评价优选[94]。目前，基于 Vague 集的决策方法在水库群优化调度决策领域的研究和应用还不深入，相关研究成果尚不多见。传统的风险分析方法多基于概率统计方法，将其应用于流域梯级水库群多目标调控风险分析与评价时，面临先验概率信息难以获取、不精确数据（模糊数据）难以用统计方法描述的问题。因此，迫切需要结合风险分析和多属性决策研究领域的最新研究成果，研究并发展适用于流域梯级水库群多目标调控的风险分析和多属性风险决策方法。

1.3 多目标综合调度研究中的问题

多目标综合调度研究中的问题主要有以下几个：

（1）建模的针对性较差。目前对于水库群调度建模方面的研究，主要集中于优化模型。为了对目标进行有针对性的优化，建立的目标函数多为"求极限"的方式，其形式进行了一定程度的抽象或简化。如此建立的目标函数虽然具备了较强的通用性，且求解方式较为成熟，但由于缺乏对不同水库群实际特征的考虑，难以直接在实际生产中运用。为此，本研究将首先从实际调度中提取经验、规程、需求等要素，形成蕴含实际水库群调度特征的规则库；在此基础上，依据所处的不同时间、不同区域，引入上述现有的调度建模方式进行有限度的优化，从而实现在充分考虑水库群运行特点的情况下，寻求调度方式的最优。

（2）求解算法与专业结合不强。多目标（或单目标）优化算法在水库调度方面已经进行了大量研究，但是算法流程往往是在通用性的基础上进行改进，其求解过程并未考虑水库群调度的专业信息，尚未充分发挥求解算法的性能。因此，本研究将在优化求解中的约束处理阶段，运用蕴含实际水库群调度特征的规则库，对求解算法优化的优化程度和方向进行控制调整，可以有效降低算法的搜索强度，并降低寻优陷入局部最优的概率，提高模型计算效率。

（3）效益评价方式缺乏与实际研究对象的联系。大多数目标效益评价方法，仅仅只考虑了水量产生的效益，没有将水量落实到具体的研究对象上，缺乏从水量到具体研究对象的影响关系，难以为水库群调度提供实用参考。为此，本研究将在考虑水量的基础上，将水量产生的效益与具体研究对象进行联系，比如传统生态效益仅仅考虑了缺水量、流量差值等因素，而本研究将中华鲟、四大家鱼以及两湖的某种植物、水鸟对水位（流量）的具体需求，与实际调度效果联系起来，能够反映水库群调度产生的生态缺水量对实际生物物种的影响程度。

（4）多目标调度中多偏好处理不足。汛末提前蓄水是防洪与蓄水之间相互协调的过程，二者若由同一个决策者决策执行，则可采用多目标决策进行优化，以获得综合效益最大的方案；若由不同的决策者决策执行，则涉及决策者之间的相互博弈，此时若按照一个决策者考虑，优化模型的仿真效果可能不够好。目前针对水库提前蓄水的研究仅以不降低防洪标准为控制条件实行提前蓄水，加快蓄水进程并分析其对其他目标的影响，没有考虑实际调度过程以及如何处理防洪与兴利之间竞争和互利关系。

（5）蓄水运行中的综合效益考虑不全面。目前针对提前蓄水的研究对象大多集中在三峡水库，决策方法主要还是以多方案优选为主，从同一决策者角度选取有利于某一目标或多个目标的方案，未形成科学的、合理的、符合调度管理体制要求的优化决策方法，以适用于其他水库的提前蓄水研究。

（6）未考虑不同调度时期目标的差异化。现有调度模型方面研究，往往针对具体的目标和时段进行模拟计算，不符合调度工作覆盖全年的实际情况，难以推广运用。因此，本研究将全年划分为汛前期、主汛期、汛期末段、蓄水期、供水期以及汛前消落期等阶段，分析不同阶段的主要矛盾和重点目标，寻求不同阶段间的转化控制指标，实现对全周期调度目标差异化考虑。

（7）调度系统设计缺乏实用性。大多数调度系统设计都缺乏对实际使用人员和调度场景的考虑，仅仅做到了业务功能的集成。为此，本研究将在功能设计中，较多考虑实际调度决策者的思考过程和使用习惯，并根据不同的调度主题，从调度过程和结果中提取关键过程或指标，充分发挥调度计算对决策的支撑作用。

1.4 研究内容和范围

针对上述不足之处，本研究依托重点研发计划项目，从水库群多目标调度的角度开展了以下工作。

1.4.1 主要研究内容

本研究围绕水库群系统多维目标综合调度集成关键技术开展理论研究和技术攻关，研究并建立"全周期-自适应-嵌套式"水库群多目标协调调度模型，解决采用固定边界和约束的方法进行多维目标协同调度时存在的多维边界动态耦合难题，提出多层次、多属性、多维度综合调度集成理论与技术，揭示防洪-发电-供水-生态-航运多维目标之间协同竞争的生态水文、水资源管理等内在机制，提出长江上游水库群多目标联合调度方案。

（1）防洪-发电-供水-生态-航运多维目标协同竞争机制研究。剖析水库调度周期不同阶段的焦点问题和相关目标，探索目标在水库运行过程中的相互响应关系。明晰水力、水量、水质、水生生物群落结构等众多调度要素耦合与协同竞争关系，构建以防洪、发电、供水、生态、航运等基本调度问题为主线的多维目标协同竞争机制。

（2）多目标调度自适应建模理论技术研究。研究防洪调度、发电调度、供水调度、生态调度和航运调度之间的相互适应机制，包括防洪调度与汛末蓄水兴利调度间的衔接、生态调度与水资源开发利用之间的生态需水过程与需水量边界衔接、正常调度与应急调度之间的协调等方面。重点研究防洪调度与兴利调度、水资源利用与生态调度之间竞争博弈的动态演化机理，描述多利益主体之间的交互行为和作用过程，建立基于自适应理论的长江上游水库群联合调度多主体模型。

（3）多目标调度多层级嵌套式建模技术研究。分析长江流域水量调度原则和调度管理体制，研究政府主体、发电企业主体、供水企业主体和工农业用水户主体等多级多类型主体在不同调度期的调度管理权限，探讨不同决策主体之间的领导-服从关系、竞争博弈关系以及嵌套关系，提出基于多决策主体调度权限嵌套关系的综合调度多层级嵌套式建模理论。

（4）"全周期-自适应-嵌套式"水库群多目标协调调度模型研究。针对长江上游水库群联合调度中存在的系统规模大、结构复杂、水库调节性能差异突出的特点，克服单一建模技术带来的不足，以防洪-发电-供水-生态-航运多维目标间协同竞争的自然物理过程为基础，研究建立基于自适应和嵌套式建模技术的长江上游水库群全调度期多目标协调运行模型，分析不同来水条件与用水需求条件下防洪调度、发电调度、供水调度、生态调度和航运调度之间的均衡关系，寻找多种调度目标之间的均衡解。

1.4.2　研究范围

长江流域已建有长江三峡、金沙江溪洛渡等一批库容大、调节能力好的综合利用水利水电枢纽，是长江流域防汛抗旱、水资源管理、水生态保护的重要工程。截至 2017 年，长江上游流域已建成大型水库（总库容在 1 亿 m^3 以上）102 座，总调节库容 800 余亿 m^3，预留防洪库容约 396 亿 m^3。

我国的水能资源分布不均，长江流域居首位，其理论蕴藏量 2.68 亿 kW，可开发水能资源 2.35 亿 kW，占全国的 39.6%，而长江上游水能资源尤其丰富，占整个流域的 90% 以上。我国 12 座大水电基地中有 7 座分布在长江，其中 5 座分布在长江上游地区。自"十二五"规划以来，长江的水电开发重心已从三峡上溯到金沙江及其他上游支流，金沙江中下游、雅砻江、大渡河、乌江都已成为水电开发"大会战"场地。现今金沙江的金安桥、溪洛渡、向家坝等已开工建设，岷江上游水力资源开发殆尽，大渡河成了水电开发的超级大工地，嘉陵江已完成线渠化；乌江也已全部完成水电开发，是我国水电开发程度最高的河流之一。

《2020 年度长江上中游水库群联合调度方案》中指出：原则上，重要大型水库均应纳入水库群防洪和水量统一调度范围。但综合考虑水库的建设规模、防洪能力、调节库容、控制作用、运行情况等因素，本次选取具有代表性的 30 座水库进行研究，30 座水库的拓扑示意图及其基本参数详见图 1.2 和表 1.1。30 座水库的总库容为 1633 亿 m^3，总防洪库容为 498 亿 m^3。

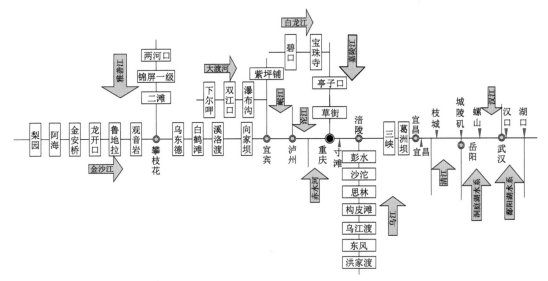

图 1.2　长江上游 30 座水库拓扑示意图

表 1.1 长江上游 30 座水库群基本参数表

水系名称	水库名称	控制流域面积 /万 km²	正常蓄水位 /m	总库容 /亿 m³	调节库容 /亿 m³	防洪库容 /亿 m³	装机容量 /MW	建设情况
长江	三峡	100	175	450.7	165	221.5	22500	已建
	葛洲坝	100	66	7.41	0.86		2735	已建
金沙江	梨园	22	1618	8.05	1.73	1.73	2400	已建
	阿海	23.54	1504	8.85	2.38	2.15	2000	已建
	金安桥	23.74	1418	9.13	3.46	1.58	2400	已建
	龙开口	24	1298	5.58	1.13	1.26	1800	已建
	鲁地拉	24.73	1223	17.18	3.76	5.64	2160	已建
	观音岩	25.65	1134	22.5	5.55	5.42/2.53	3000	已建
	乌东德	40.61	975	74.08	30.2	24.4	10200	在建
	白鹤滩	43.03	825	206.27	104.36	75	16000	在建
	溪洛渡	45.44	600	126.7	64.62	46.5	13800	已建
	向家坝	45.88	380	51.63	9.03	9.03	6400	已建
雅砻江	两河口	6.57	2865	108	65.6	20	3000	在建
	锦屏一级	10.26	1880	79.9	49.11	16	3600	已建
	二滩	11.64	1200	58	33.7	9	3300	已建
岷江	紫坪铺	2.27	877	11.12	7.74	1.67	760	已建
	下尔呷	1.55	3120	28	19.24	8.7	540	拟建
	双江口	3.93	2500	28.97	19.17	6.63	2000	在建
	瀑布沟	6.85	850	53.32	38.94	11/7.3	3600	已建
乌江	洪家渡	0.99	1140	49.47	33.61		600	已建
	东风	1.82	970	10.25	4.91		695	已建
	乌江渡	2.78	760	23	9.28		1250	已建
	构皮滩	4.33	630	64.54	29.02	4.0	3000	已建
	思林	4.86	440	15.93	3.17	1.84	1050	已建
	沙沱	5.45	365	9.21	2.87	2.09	1120	已建
	彭水	6.9	293	14.65	5.18	2.32	1750	已建
嘉陵江	碧口	2.6	704	2.17	1.46	0.83/1.03	300	已建
	宝珠寺	2.84	588	25.5	13.4	2.8	700	已建
	亭子口	6.11	458	40.67	17.32	14.4	1100	已建
	草街	15.61	203	22.18	0.65	1.99	500	已建
合计				1633	746	498	114240	

注 本表数据统计截止时间为 2020 年。

第 2 章

多目标优化调度高效求解研究和应用

本研究涉及多目标间的影响关系、程度研究，并根据不同条件对各目标划分不同实现方式，实现对多目标的综合调度。为此，本章根据水库群多目标调度的特点，提出合适的优化算法，为后续工作提供求解手段。

2.1 多目标优化概述

与单目标本质不同，多目标优化问题一般并不存在通常意义下的最优解，而是有一组解集，解集中的解没有优劣之分。这些解通常称作非支配解（non-dominated solutions）或 Pareto 最优解（Pareto optimal），亦称为非劣解，这里所说的 Pareto 最优解，是由意大利经济学家 V. Pareto 在 1896 年提出的。多目标优化函数映射关系示意图见图 2.1，函数 f 将决策变量 $X(x_1, x_2, \cdots, x_n)$ 映射目标向量 $\mathbf{y}(f_1, f_2, \cdots, f_n)$。

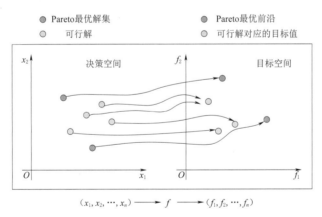

图 2.1　多目标优化函数映射关系示意图

Pareto 最优解的判断与所在集合的范围有关，一般情况下指的是整个决策空间的 Pareto 最优解。对于多目标优化问题，通常情况下最优解不止一个，而是一个 Pareto 最优解集。因此，对一个给定的多目标可行解集，就存在一个如何比较可行解的优劣以达到 Pareto 最优解集的问题。对于单目标优化问题，目标函数可行集是全序的：两个可行解 X_1 与 X_2，要么 $f_i(X_1) \geqslant f_i(X_2)$，要么 $f_i(X_1) \leqslant f_i(X_2)$；对于多目标优化问题，目标函数可行集是偏序的，个体之间的关系不同于单目标优化下的大小关系。两个可行解 X_1 与 X_2，或者 X_1 支配 X_2，或者 X_2 支配 X_1，或者两者之间相互不被支配。基于群体的仿生智能多目标算法的原理就是通过构造非支配集，并使非支配集不断逼近 Pareto 最优解集，最终达到最优。

以图 2.2 来进一步说明多目标优化的基本概念。在图 2.2 中，点 A、B、C、D、E 是 Pareto 最优目标值点，其对应的可行空间的每一个决策变量称为多目标优化问题的 Pareto 最优解，它们是非支配的；由点 A、B、C、D、E 等 Pareto 最优目标值点所组成的集合在图中以粗线表示，称为 Pareto 最优前沿，相应的可行空间对应的决策变量所组成的集合称为 Pareto 最优解集。点 F、G、H、I、J、K 等是可行解对应的目标值点，其值劣于 Pareto 最优前沿上的点，是受支配的，它们直接或间接地受到 Pareto 最优前沿上的点的支配。考察点 D 所支配的区域，点 H、I、J、K 受点 D 点所支配，其中，I 点又支配点 H、J、K，点 H、K 支配点 J，而 H、K 之间无支配关系。同理可分析其他区域点的支配情况。

多目标优化的可行解集不是完全有序集，而是一种偏序关系，无法直接进一步比较 Pareto 最优解之间的关系。因此，就存在如何选择最佳协调解的问题。从决策分析的角度看，寻找最佳协调解实际上是在可行域 F 中根据决策者的某种偏好信息引入完全有序关系。显然，如果知道决策者的偏好，则多目标优化问题就可转化为单目标问题去求解。然而，由于实际问题的复杂性，决策者的偏好信息往往不十分明确，相反，决策者有时更为感兴趣的是在目标空间中搜寻相应的非劣解集，从而可以对问题有更深入的了解并掌握可以选择方案的信息。因此，若根据在求解过程中获取决策者偏好信息的方式分，目前多目标优化问题的求解方法大致有三种（见图 2.3）：

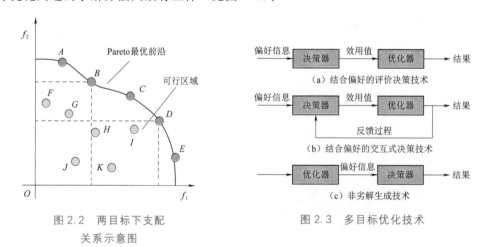

图 2.2　两目标下支配
关系示意图

图 2.3　多目标优化技术

（1）结合偏好的评价决策技术。这类方法的特点是决策者在求解之前给出偏好信息，因此决策者的偏好明确已知。在优化过程中，决策者偏好信息不再改变。这实际上是将多目标优化问题一次性转化为单目标问题，再利用比较成熟的单目标求解技术求出最佳协调解。如目的规划法、理想点法、替代价值权衡法等都属于此类。

（2）结合偏好的交互式决策技术。这类方法的特点是决策者在求解之前给出部分偏好信息，在求解过程中再根据当前的优化解逐步给出偏好信息。决策者与分析者不断交换对解的看法而逐步改进有效解，直到找到使决策者满意的最佳协调解。这实际上是一种将一个多目标问题转化为一系列单目标问题的过程。如逐步法、均衡规划法即属此类。

（3）非劣解生成技术。决策者在求解过程之后给出偏好信息。分析者首先求出所有或相当一部分 Pareto 最优解，然后由决策者从中选出合适的有效解作为问题的最佳协调解。如权重法、约束法、多维动态规划等就属于此类。

2.1.1　NSGA-Ⅱ算法

长江上游水库群优化调度问题，是一个非常典型的多目标优化问题，通常的处理方法是采用先验知识或偏好系数，通过加权的方法将多目标问题转化为单目标优化问题，然后结合求解单目标的优化方法进行求解。但是在很多情况下，由于对问题本身缺乏先验知识，对某些子目标的偏好及其偏好程度是一个模糊的概念，并且各个目标物理本质不同，量纲也不同，所以也就无法准确地给出偏好因子的值。而且，这种通过优化单目标问题从而解决多目标问题的方法通常只能得到一个解。但是，决策者通常更为感兴趣的是在目标空间中搜寻相应的非劣解集，从而可以对问题有更深入的了解并掌握可以选择方案的信息。在这种情况下，需要研究适用于多目标优化问题的专门优化方法。

2.1.1.1　NSGA-Ⅱ算法概述

Srinivasan 和 Deb 于 1995 年提出了 NSGA，运用非支配排序解决多目标优化问题。鉴于 NSGA 算法自身存在的诸如计算复杂、缺乏精英策略和半径无法共享等缺陷，Deb 于 2000 年对算法进行了改进，提出了带精英策略的非支配排序遗传算法 NSGA-Ⅱ，改进内容有：

（1）针对计算复杂问题：提出了一种基于分级的快速非支配排序方法，降低了 NSGA 算法的计算维度 $[O(mN^2)]$。

（2）针对需要指定共享半径问题：提出拥挤度和拥挤度比较算子，个体先经过非支配排序，然后再逐级进行拥挤度计算，根据 i_{rank} 和 i_d 对个体进行保留计算。

（3）针对缺乏精英策略：将父代种群与子代种群合并后重复进行进化操作，可以增加下一代个体优良的概率。

2.1.1.2　NSGA-Ⅱ算法原理

1. 非支配排序

NSGA-Ⅱ算法根据个体之间的支配与被支配关系排序来确定种群中个体之间的优劣。如果个体 p 支配 q，也就是个体 p 的所有目标值都优于 q，记为 $p<q$。排序初始时，首先从种群集合 P 中选择第一个个体 q 放入外部集合 P'，然后将 P 中的第二个个体与 P' 里的个体 q 进行比较：①若 $p<q$，则将 q 从集合 P' 中暂时性删除，并把 p 放入集合 P'；②若 $q<p$，那么将 P 中的第三个个体与 P' 中的个体轮流进行支配比较；③如果 P 不被 P' 中的所有个体支配，即 p 的各个目标值既不完全优于 P' 中的所有个体，也不完全差于 P' 中的所有个体，此时将 p 存入 P' 中。当种群所有个体都进行了比较后，依然存在于 P' 中的个体构成了非支配等级为 1 级的集合。随后，将已排序的个体集合从总集合中剔除，接着按照同样的比较方式对剩余个体进行处理，直到每个个体都有相对应的等级 i_{rank}。非支配排序示意见图 2.4。

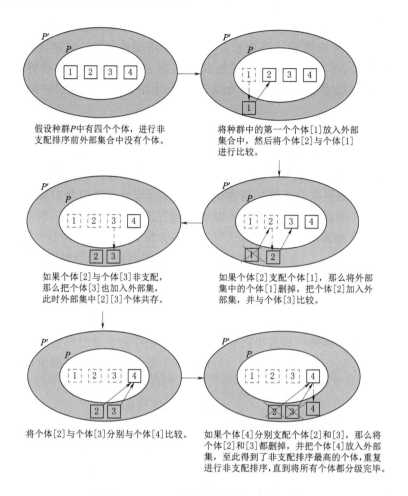

图 2.4　NSGA-Ⅱ算法的非支配排序示意图

2. 拥挤度计算与排序

NSGA-Ⅱ算法提出了 Pareto 前沿 F_i 的拥挤度（见图 2.5）概念：拥挤度是指在种群中给定点的周围个体的密度，是指以个体 i 为对称中心且四周边框范围内不包含任意一点的最大长方形，用 i_d 表示。i_d 是用来估计一个解与其他相邻解的相对密集程度的值：i_d 大，表明该个体距离其他个体较远，身边被选择的个体较少；i_d 小，则表明种群分布较为集中，在进化时可以通过选取较大的 i_d 获得更大的个体多样性。i_d 计算步骤如下：

（1）首先将每个个体的拥挤度 i_d 设为 0。

（2）将计算出的个体多个目标值进行归一化处理，以保证个体的拥挤度不会因为目标函数量纲的不同而受到影响。

（3）设边界个体的 i_d 为无穷大，并对除边界两个个体外的其他个体进行拥挤度计算：

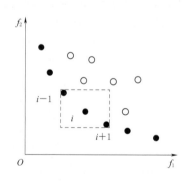

图 2.5　个体拥挤度示意图

$$i_d = \sum_{j=1}^{m} (\mid f_j^{i+1} - f_j^{i-1} \mid) \tag{2.1}$$

式中：i_d 为第 i 个个体的拥挤度；f_j^{i+1} 为第 $i+1$ 个个体的第 j 个目标的函数值；f_j^{i-1} 为第 $i-1$ 个个体的第 j 个目标的函数值；m 为目标函数个数。

当分别对种群进行非支配排序并对每级个体进行拥挤度计算后，群体中的每个个体都拥有两个衡量分类的指标值，即 i_{rank} 与 i_d。此时，需要建立一个优选标准，让个体与个体间通过某种方式的竞争进入下一代优化操作。对 F_i 中个体按拥挤距离进行排序的具体方法如下：

1）当两个个体的非支配等级相同时，拥挤度较大的个体进入下一步操作。

2）若两个个体的拥挤度相同或相近（在一较小范围内），那么非支配等级小的个体进入下一步操作。

3. 交叉操作

（1）从父代种群中随机个体 $x^i = (x_1^i, x_2^i, \cdots, x_n^i)^T$ 和个体 $x^j = (x_1^j, x_2^j, \cdots, x_n^j)^T$。

（2）随机产生一个数 rnd，如果 $rnd \leqslant P_c$（P_c 为交叉概率），那么进行如下交叉操作，产生新的个体 y，$y = (y_1, y_2, \cdots, y_n)^T$。此处个体所代表的是水库各时段的水位，因此在进行交叉操作的过程中，将计算出来的 y，也就是水位值进行合理性分析，如果交叉操作产生的时刻水位在原水库合理调度线范围内，那么该时刻水位采用经交叉操作产生的值，对于该时刻后的水位进行轨迹生成操作；如果交叉操作产生的水位值不在该时刻原水库合理调度线范围内，那么该时刻的水位值在合理调度线范围内随机产生一合理的水位值，该时刻后的水位值进行合理的水位过程线生成操作：

$$y = \begin{cases} x^i + rnd \cdot (x^i - x^j) & i_{rank} \leqslant j_{rank} \\ x^j + rnd \cdot (x^j - x^i) & i_{rank} > j_{rank} \end{cases} \tag{2.2}$$

如果 $rnd > P_c$，那么选择个体 i 与个体 j 中非支配排序级别较小的作为新的个体：

$$y = \begin{cases} x^i & i_{rank} \leqslant j_{rank} \\ x^j & i_{rank} > j_{rank} \end{cases} \tag{2.3}$$

重复以上两个步骤，直到产生与父代种群大小规模一样的子种群。

4. 变异操作

将经过交叉计算后的子代种群进行变异操作，因此在进行变异操作的过程中，将计算出来的 y，也就是水位值进行合理性分析：如果变异操作产生的时刻水位在原水库合理调度线范围内，那么该时刻水位采用经变异操作产生的值，对于该时刻的水位值进行轨迹生成操作；如果变异操作产生的水位值不在该时刻原水库合理调度线范围内，那么该时刻的水位值在合理调度线范围内随机产生一合理的水位值，对于该时刻后的水位进行合理的水位过程线生成操作。如果 $rnd \leqslant P_s$，子代个体 y 的产生方式为随机生成，且 rnd 位于（0，1）：

$$y = rnd \cdot (x_{up} - x_{down}) + x_{down} \tag{2.4}$$

式中：x_{up} 和 x_{down} 为上、下限。

如果 $rnd > P_s$，那么选择个体 i 与个体 j 中非支配排序级别较小的作为新的个体。

5. 精英策略

NSGA-Ⅱ算法采用精英策略保留优秀个体。所谓精英保留，即将父代也纳入子代进行排序分析，避免父代中的优秀水库调度过程在代际变化中无谓损失。它也是遗传算法以概率 1 收敛的必要条件。采用的方法如下：

（1）将父代 P_t 和子代 Q_t 全部个体合成为一个统一的种群 $R_t = P_t \cup Q_t$，并放入外部档案集中，种群 R_t 的个体数为 $2N$。

（2）对种群 R_t 先按照非劣解排序方式计算 i_{rank}，再依次对每个等级中的每个个体求解 i_d，将个体按照 i_{rank} 从小到大、i_d 从大到小的顺序进行排列，选出前 N 个作为下一代种群。

（3）对于新形成的子代重新开始下一轮的选择、交叉、变异，形成新的子代群体 Q_{t+1}。

精英策略的流程见图 2.6。

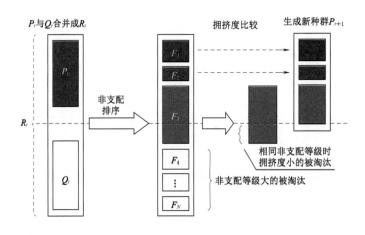

图 2.6　NSGA-Ⅱ算法精英策略执行步骤

2.1.2　PA-DDS 算法

2.1.2.1　算法介绍

PA-DDS 算法（Pareto 存档动态维度搜索算法）是由 Tolson 提出的多目标求解算法。该算法是 DDS（动态维度搜索）算法在多目标优化问题上的延伸，引入 Pareto 存档进化（Pareto-archived evolution，PAE）策略作为多目标寻优机制，并将 DDS 算法应用于优化过程中，应用实例表明该算法相比 NSGA-Ⅱ具有更高的计算效率。

2.1.2.2　外部档案集更新策略

外部档案集用于保存算法在进化过程找到的非劣解。由于计算资源的限制，外部档案（记为 Q）的大小一般取固定值，记 N。外部档案的更新维护采用以下方法。对每一代进化后的群体，将其非劣解集加入 Q 中，具体操作为：对于候选的每一个个体，①若 Q 为空，则直接将其加入 Q 中；②若该个体不被 Q 中任何一个个体支配，则将该个体加入 Q 中，同时删除 Q 中受该个体支配的个体。传统的 PA-DDS 算法不剔除非劣解，本研究采用拥挤距离方法对 Q 进行裁剪，当外部档案集中个体数目大于 N 时，需要采取截断操作剔除多余的个体，即计算 Q 中每个个体的拥挤距离，剔除拥挤距离最小的个体，以提高解集的分布性。

2.1.2.3 拥挤距离

拥挤距离表示在种群中给定个体的周围个体的密度，直观上用某个体周围包含该个体但不包含其他个体的最大长方形来表示，见图2.7。

在求各目标函数 Rdistance 值（Rd）时，采用下面的方法将目标函数规范化处理，将其都转化为 0 到 1 之间的数值。个体拥挤距离的计算式为

$$Rd_i = \sum_{j=1}^{J} \left| \frac{f_j^{i+1} - f_j^{i-1}}{f_{j,\max} - f_{j,\min}} \right| \tag{2.5}$$

式中：Rd_i 为 i 点的拥挤距离；f_j^{i+1} 为 $i+1$ 点第 j 个目标的函数值；f_j^{i-1} 为 $i-1$ 点第 j 个目标的函数值；$f_{j,\max}$ 和 $f_{j,\min}$ 则是所有解中第 j 个目标函数的最大值与最小值。

2.1.2.4 算法步骤

算法首先通过简单随机变异产生一个初始解，计算初始解的目标值并放入外部档案集中。通过DDS法变异父解产生一个新解，并计算新解的目标值。若新解被父解支配，则继续产生新解；若不被支配，则比较新解与档案中其他解的支配关系；候选解若支配档案中的任意一解，则将删除档案中被支配的那些成员，并将候选解加入档案中。若上述情况未发生，需要判断档案的空间；若档案未满，则将候选解加入档案中。若档案已满，计算拥挤距离，删除档案内拥挤距离最小的解。在档案中根据拥挤半径选择一个非劣解作为新的父解。该过程直到达到预先设定的迭代次数时结束。PA-DDS算法思想简单，且易于实现，算法流程见图2.8。

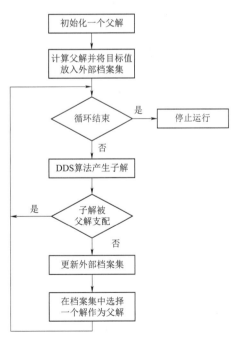

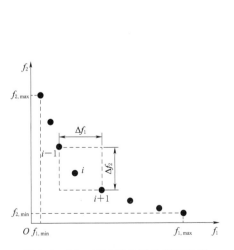

图2.7 PA-DDS算法拥挤度示意图　　　图2.8 PA-DDS算法流程图

2.1.3 NSGA-Ⅲ算法

NSGA-Ⅲ算法由 Deb 于 2014 年提出，与著名的 NSGA-Ⅱ算法框架类似，不同之处在于多样性维护策略，提出在一个标准化超平面上，预先定义一组参考点集合，并自适应更新，通过种群中个体与参考点集间的距离判断其优劣。通过"基于参考点"这一主要改进，相比于 NSGA-Ⅱ，NSGA-Ⅲ具备了在目标数超过三维时较强的寻优收敛能力，目前已在工程上取得了较为广泛的应用，其主要步骤有 5 个。

2.1.3.1 第一步：生成初始种群

首先定义一组参考点。然后随机生成含有 N 个个体的初始种群，其中 N 是种群大小。接下来，算法进行迭代直至终止条件满足。在 t 代，算法在当前种群 P_t 的基础上，通过随机选择，模拟两点交叉和多项式变异产生子代种群 Q_t。P_t 和 Q_t 的大小均为 N。因此，两个种群 P_t 和 Q_t 合并会形成种群大小为 $2N$ 的新的种群 $R_t = P_t \bigcup Q_t$。

2.1.3.2 第二步：非支配排序

为了从种群 R_t 中选择最好的 N 个解进入下一代，首先利用基于 Pareto 支配的非支配排序将 R_t 分为若干不同的非支配层（F_1、F_2 等）。然后，算法构建一个新的种群 S_t。构建方法是从 F_1 开始，逐次将各非支配层的解加入 S_t，直至 S_t 的大小等于 N，或首次大于 N。假设最后可以接受的非支配层是 l 层，那么在 $l+1$ 层以及之后的那些解就被丢弃掉，且 $\dfrac{S_t}{F_l}$ 中的解已经确定被选择作为 P_{t+l} 中的解。P_{t+l} 中余下的个体需要从 F_l 中选取，选择的依据是使种群在目标空间中具有理想的多样性。

2.1.3.3 第三步：函数标量化

目标值和所提供的参考点首先被归一化，以使他们具有相同的范围。首先需要计算各目标函数中每一个目标维度 i 上的最小值，得到第 i 个目标上对应的最小数值为 Z_i，此 Z_i 的集合即为理想点集合。接下来进行标量化：

$$f_i'(x) = f_i(x) - Z_i^{\min} \tag{2.6}$$

接下来需要寻找极值点，即理想点。在此，需要用到一个名为 ASF 的函数［式（2.7）］，该公式同样作用于每个维度的目标函数：

$$ASF(X,W) = \max \frac{f_i'(x)}{W_i} \tag{2.7}$$

遍历每个函数，找到 ASF 数值最小的个体，这些个体就是极值点，根据这些点的具体函数值，就能算出对应坐标轴上的截距。截距的实际意义是每个坐标点在对应坐标轴上的坐标值，可以将其记录为 a_i。得到 a_i 和 z_i 的具体数值以后，按式（2.8）进行归一化运算：

$$f_i^\eta(x) = \frac{f_i'(x)}{a_i} \tag{2.8}$$

2.1.3.4 第四步：个体关联参考点

在归一化后，集合 S_t 的理想点就是零向量。之后，对 S_t 中的每个个体，算法计算其到参考线（连接理想点和参考点的直线）的距离，如图 2.9 所示，该个体将被依附在具有最小垂直距离的那个参考点上（见图2.9）。接着，对第 j 个参考点定义小生境数目 ρ_j，它表示在 $\frac{S_t}{F_t}$ 中有多少数目的个体依附于该参考点，算法计算出所有的 ρ_j 待处理。

2.1.3.5 第五步：筛选子代与删除参考点

算法执行小生境保持算子从 F_t 中选择个体，执行过程如下。首先，具有最小 ρ_j 值的参考点被选取出来，形成参考点的集合 $J\{j: argmin_j\rho_j\}_{min}$。如果 $|J_{min}|>1$，随机选择一个 $\bar{j}\in J_{min}$。如果 F_t 中没有任何个体与第 $\bar{j}$ 个参考点关联，那么该

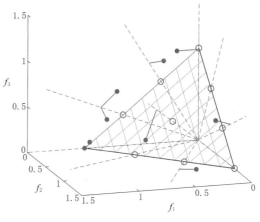

图 2.9　关联参考点示意图

参考点在当前代中将不再考虑，同时，J_{min} 重新计算且 $\bar{j}$ 需要再次选择；否则，继续考虑 ρ_j 的大小。在 $\rho_j=0$ 的情况下，从 F_t 中那些依附于第 $\bar{j}$ 个参考点的个体中，选取到第 $\bar{j}$ 个参考线距离最短的那个个体，并将它加入 P_{t+1} 中去，同时 ρ_j 增加1。在 $\rho_j\geqslant 1$ 的情况下，从 F_t 中依附于第 $\bar{j}$ 个参考点的个体中随机选择一个个体，并将它加入 P_{t+1} 中，同时 ρ_j 增加1。上述最小生境算子会被重复执行，直到 P_{t+1} 中的个体数目达到 N。

2.1.4　算法选择

上述常用多目标算法都可以用于水库群优化调度问题求解，但是缺乏对调度问题和对象等因素特点的考虑，使得通用算法对水库群这一具体优化问题的求解性难以充分发挥。下一步，将在上述原型多目标算法的基础上，引入新的优化机制，以此增加算法的针对性，提高优化效率。

2.2 **基于分解的多目标优化调度模型高效求解算法研究**

流域水库群多目标联合优化是具有多目标、多维度、多约束的复杂非线性问题。基于 Pareto 支配关系的多目标进化算法求解多目标优化问题表现出优越的性能，但随着目标个数的增长，如目标个数达到 4 个或以上（称为高维多目标）时，调度目标 Pareto 前沿的非劣解的数量呈指数增长，大大削弱了算法的选择压力和搜索能力。针对传统 Pareto 支配关系在表征高维问题非劣前沿时面临的"维数灾"问题，结合 Pareto 支配关系和决策偏好信息，研究基于支配-分解（dominance and decomposition）和目标域参照点（reference-point-based）的非劣排序模式，在此基础上提出基于分解的多目标文化差分进化算法（multi-objective cultural differential evolutionary algorithm based on decomposition，MOCDE/D，简称"文化算法"）。MOCDE/D 引入聚合函数按照目标域参照点将多目标问题分解为多个单目标子问题，并且在优化整个群体的同时优化每个子问题；结合信念空间与种群空间，从种群空间中提取历史知识更新信念空间，并根据信念空

间指导种群的进化过程，从而提高算法的搜索效率。该算法在一系列的高维多目标测试函数进行实验对比，验证了其高效收敛性和均匀分布性。研究成果为长江流域水库群多目标调度模型的高效求解提供了一种有效方法。

2.2.1　研究背景

2.2.1.1　多目标分解方法

多目标分解方法的核心思想是将一个 MOP（多目标问题）通过聚合函数分解为多个单目标子问题，并且在优化整个群体的同时优化每个子问题。每个子问题的最优解则对应着 MOP 的 Pareto 最优解，因此这些最优解的集合可以近似看作是真实 Pareto 前沿面。一般来说，加权和函数，切比雪夫函数和基于惩罚的边界交叉（penalty-based boundary intersection，PBI）函数能够很好地达成 MOCDE/D 中分解的目的。以 PBI 为例，设 $\lambda^i = (\lambda_1^i, \lambda_2^i, \cdots, \lambda_m^i)^T$ 是一组均匀分布的权向量，那么 MOP 可以分解为如下 N 个单目标子问题：

$$\min g^{PBI}(x \mid \lambda^i, z^*) = d_1^i + \theta d_2^i \tag{2.9}$$

其中

$$d_1^i = \frac{\|(F(x) - z^*)^T \lambda^i\|}{\|\lambda^i\|} \tag{2.10}$$

$$d_2^i = \left\| F(x) - z^* - \left(\frac{d_1^i}{\|\lambda^i\|}\right)\lambda^i \right\| \tag{2.11}$$

式中：$\theta(>0)$ 为一个预先设定的惩罚参数，一般设定为 5；$\|\cdot\|$ 为欧几里得距离；z^* 为目标参照点。

2.2.1.2　文化算法

文化算法（cultural algorithm，CA）的主要思想就是从进化的种群中提取待解决问题的知识，并反馈这些知识来指导种群的进化过程，从而提高算法的搜索效率。文化算法基本框架见图 2.10。

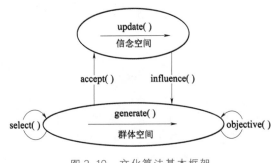

图 2.10　文化算法基本框架

从图 2.10 可以看出，文化算法包含群体空间（population space）和信念空间（belief space）两部分。群体空间与信念空间的进化过程相对独立，两个空间根据一定的通信协议进行联系。群体空间个体在进化过程中形成的个体经验，通过 accept() 函数传递到信念空间。信念空间根据新收到的个体经验根据一定的行为规则，用 update() 函数更新群体经验。信念空间在形成群体经验后，通过 influence() 函数对群体空间中个体的行为规则进行修改，以使个体空间得到更高的进化效率。

群体空间的 objective() 函数用于评价个体适应度值，generate() 函数用于生成下一代个体，select() 函数根据规则从新个体中选择部分个体作为下一代群体。文化算法虽然增加了维护信念空间以及两空间信息映射和交互的开销，但其利用在进化过程中积累的知识指导进化，增强了搜索的目的性，其整体搜索效率高于单纯基于生物进化的优化算法。文化算法伪代码见图 2.11。

```
Initialize population P⁰;
Initialize belief space Q⁰;
g=0;
Repeat
        Communicate (Pᵍ,Qᵍ);          //acceptance function
        Update (Qᵍ);                   //update belief space
        Communicate (Qᵍ,Pᵍ);          //influence function
        Evaluate (Pᵍ);
        g = g + 1;
        Pᵍ = select (Pᵍ⁻¹);
        Until (termination condition achieved)
```

图 2.11 文化算法伪代码

2.2.1.3 差分进化算法

差分进化算法 DE 采用实数编码，主要包含差分变异、交叉和选择 3 个算子。DE 通过对父代个体叠加差分矢量进行变异操作，生成变异个体；然后按一定概率，父代个体与变异个体进行交叉操作，生成试验个体；父代个体与试验个体进行比较，较优的个体进入下一代种群。设种群规模为 NP，个体决策变量维数为 n。

（1）差分变异算子。对第 g 代种群的每一个个体 $x_i^g (i=1, 2, \cdots, NP)$，随机选取 3 个互不相同的父代个体 $x_{r_1}^g$，$x_{r_2}^g$，$x_{r_3}^g (r_1, r_2, r_3 \in [1, NP]$ 且 $r_1, r_2, r_3 \neq i)$，按下式进行差分变异操作，生成变异个体 v_i^{g+1}：

$$v_i^{g+1} = x_{r_3}^g + F(x_{r_1}^g - x_{r_2}^g) \tag{2.12}$$

式中：F 为差分比例因子，控制着差分变异的幅度，其取值范围一般为 0～2。

（2）交叉算子。采用式（2.13）对父代个体 x_i^g 的变异个体 v_i^{g+1} 进行交叉，生成试验个体 u_i^{g+1}，其中 j 表示个体的维度：

$$u_{i,j}^{g+1} = \begin{cases} v_{i,j}^{g+1}, & \text{若 } rand() \leqslant CR \text{ 或 } j = rand(1,n) \\ x_{i,j}^g, & \text{其他} \end{cases} \tag{2.13}$$

式中：CR 为设定的交叉概率，取值范围为 0～1，$rand()$ 产生 $[0, 1]$ 之间服从均匀分布的随机数，$rand(1,n)$ 产生 $[1, n]$ 间的随机整数。

由式（2.13）可以看出，试验个体至少有一位变量来自变异个体。

（3）选择算子。比较父代个体和试验个体的适应度值，其中较优者进入下一代种群：

$$x_i^{g+1} = \begin{cases} u_i^{g+1} & \text{若 } u_i^{g+1} \text{ 优于 } x_i^g \\ x_i^g & \text{其他} \end{cases} \tag{2.14}$$

2.2.2 基于分解的文化多目标进化算法

基于分解的文化多目标进化算法以分解算法和文化算法为框架，算法群体空间以差分进化算法为驱动。分解算法框架主要是将多目标问题分解为多个子目标，通过优化各个子目标从而得到非劣解集；文化算法框架则引入信念空间，在原有算法的基础上添加历史信息，通过从种群空间中提取算法求得的非劣解集进行对比，优化及更新信念空间，并根据信念空间中历史最优集合中个体信息来指导种群的进化过程，从而提高算法的搜索效率。

通过引入文化算法机制及基于个体聚集密度的信念空间更新方法，用于保存算法在进化过程中产生的历史最优解。由于计算资源的限制，信念空间（记为 BS）的大小取固定值，记为 N_{BS}。为保证 BS 中非劣解集的多样性，需对 BS 进行更新维护，使其中种群个体分布均匀。其具体操作为：若 BS 为空集，则将新的非劣个体直接加入 BS 中；若该个体不被 BS 中任何一个个体支配，则将该个体加入 BS 中，同时删除 BS 中受该个体支配的个体；当 BS 中个体数目大于指定大小 N_{BS} 时，采取截断操作剔除多余的个体，即计算 BS 中所有个体的拥挤距离，剔除拥挤距离最小的个体。

原始差分进化算法变异算子是在种群中随机选取 3 个互不相同的父代个体进行差分变异操作，分解算法框架中则是在指定的邻近父代中选择 3 个不同的个体，基于分解的文化差分多目标进化算法则给定一个阈值。当随机数小于阈值的时候，变异操作在邻近父代中选取，反之从信念空间的非劣解中选取。从信念空间中选择，既可以避免局部收敛，增加多样性，又可以增强寻优的效率，即

$$set\ \overline{P}=\begin{cases}P(B_i) & rand(\ )\leqslant\delta\\arc\ S & 其他\end{cases}\tag{2.15}$$

$$y=DE(\overline{P})\tag{2.16}$$

进化算法的参数 F 和 CR 需要大量的人工试验得到，针对这一问题，本研究在信念空间中引入了 F_n 和 CR_n（其中 $n=1,2,\cdots,N$），在种群更新前，对每个种群的参数进行一个随机变化 F_n' 和 CR_n'，若子代个体能够支配父代个体，那么将变化后的参数赋值到信念空间，子代个体被父代个体支配，则 F_n 和 CR_n 不变，如式（2.17）和式（2.18），子代个体和父代个体没有支配关系则按 50% 概率更新：

$$F_i'=\begin{cases}F_{\min}+rand_1(\ )(F_{\max}-F_{\min}) & rand_2(\ )<\tau_1\\F_i & 其他\end{cases}\tag{2.17}$$

$$CR_i'=\begin{cases}CR_{\min}+rand_3(\ )(CR_{\max}-CR_{\min}) & rand_4(\ )<\tau_2\\CR_i & 其他\end{cases}\tag{2.18}$$

式中：$rand_1\sim rand_4$ 为相互独立的 0~1 的均匀分布随机数；$F_{\min}$ 和 $F_{\max}$ 为参数 F 的下限和上限值；$CR_{\min}$ 和 $CR_{\max}$ 为参数 CR 的下限和上限值；τ_1 和 τ_2 是 0~1 之间的阈值。

这样，差分进化算法的操作则被信念空间所影响，每个子代个体的产生都与 F_n' 和 CR_n' 相关联。差分进化操作更新如式（2.19）和式（2.20）：

$$v_i^{t+1}=x_{r_1}^t+F_i'(x_{r_2}^t+x_{r_3}^t)\quad r_1\neq r_2\neq r_3\neq i\tag{2.19}$$

$$u_{ij}^{t+1} = \begin{cases} v_{ij}^{t+1} & \text{若 } rand() \leqslant CR_i' \text{ 或 } j = randRange(1, D) \\ x^t & \text{其他} \end{cases} \tag{2.20}$$

最后，将子代与父代个体进行对比，若子代个体能够支配父代个体，那么将变化后的参数赋值到信念空间，子代个体被支配父代个体，则 F_n 和 CR_n 不变，子代个体和父代个体没有支配关系则按 50% 概率更新。

2.2.3 算法流程

基于分解的文化多目标进化算法流程如下，核心算法框架见图 2.12，具体过程如下：

Algorithm General framework of **MOCDE/D**

Input：

all parameters inputted in **MOEA/D**.

N_Q：maximum size of archive set.

δ：the threshold value.

$F_{\min}$ and $F_{\max}$：the minimum and maximum values of F.

$CR_{\min}$ and $CR_{\max}$：the minimum and maximum values of CR.

T_1 and T_2：the threshold values between 0 and 1.

stopping criteria.

Output：an approximation to the PF（PS）.

Initialization：

Initialize population space（the same as **Algorithm 1**）, belief space including the archive set $arcS$, N group of parameters F_i, CR_i for $i = 1, 2, \cdots, N$.

while stopping criteria is not satisfied **do**

    for each subproblem $i = 1, 2, \cdots, N$ **do**

    Get the mating of the ith subproblem by formula **(6)**

    Generate offspring by formula **(10)(11)**

        / * *Repair* * /

        If an element of is out of the boundary of Ω, its value is reset to be the value of boundary.

        / * *Update of reference point z^** * /

        for each $j = 1, \cdots, m$ **do**

          if $f_j(y) < z_j^*$ **then** set $z_j^* = f_j(y)$;

        end

    Update of solutions by **Algorithm 2**

    extract information from the population space into the belief space

    update the belief space

    end

end

return P

图 2.12　MOCDE/D 算法伪代码

第一步：初始化：执行 $initialize()$ 操作，初始化群体空间及算法参数，置进化代数 $g = 0$。

第二步：分解多目标，将多目标优化问题按照一种分解方法如切比雪夫函数分解为多个子目标，根据权重计算每个个体的邻域 B_i。

第三步：更新信念空间，将种群中的 Pareto 最优解加入信念空间 BS，并保持其规模。

第四步：执行 *DE* 的各算子进行种群进化，包括交叉算子和变异算子，种群进化。

第五步：终止条件判断。若 $g \geqslant MAXITER$，其中 *MAXITER* 为算法的最大迭代次数，输出信念空间中的 Pareto 解集作为最终非劣调度方案集；否则，$g = g + 1$，转到第三步。

2.2.4 测试函数及结果

为了验证算法在解决多目标问题时的性能，研究采用目标个数从 3 个到 8 个的 DTLZ1～DTLZ4 测试函数进行模拟仿真。为了评价算法得到的非劣前沿的收敛性和多样性，研究采用 *IGD* 来度量。*IGD* 是可以提供有关所获得的解的收敛性和多样性的综合信息。设 P^* 是一组均匀分布的点（在目标空间）。让 *A* 成为 *PF* 的近似集合，从 *A* 到 P^* 的平均距离被定义为

$$IGD(A, P^*) = \frac{1}{|P^*|} \sum_{i=1}^{|P^*|} \min_{j=1}^{|A|} d(p_i, a_j) \tag{2.21}$$

表 2.1 列出了 MOCDE/D 算法的参数设置。表 2.2 给出了 MOCDE/D 在一系列测试函数中的 *IGD* 结果，表中同时列出了其他 3 个多目标进化算法的性能。对比发现，MOCDE/D 算法具有比其他算法更好的性能。图 2.13～图 2.16 展示了 3 目标 DTLZ1～DTLZ4 的非劣前沿，从图中可以看出 MOCDE/D 算法能够得到非常均匀的非劣前沿，具有较好的多样性和均匀分布性，非劣前沿与实际 Pareto 解集也十分近似，收敛效果很好。图 2.17 展示了 10 目标 DTLZ4 的目标值平行坐标，可以看出目标的分布在 0～1 之间且均匀分布，目标之间的相互权衡关系也显示在图中。

表 2.1　　　MOCDE/D 算法参数设置

参 数		MOCDE/D
个体数目 N	3 目标	91
	5 目标	210
	8 目标	156
领域规模 T		20
惩罚参数 θ		5
T_1		0.01
T_2		0.01
$(F_{\min}, F_{\max}]$		(0, 2]
$(CR_{\min}, CR_{\max}]$		(0, 1]

表 2.2　　　　　　　MOCDE/D 在一系列测试函数中的 IGD 结果

测试函数	目标个数	最大计算代数	指标	IGD 结果			
				MOCDE/D	NSGA-Ⅲ	MOEA/D-GA	MOEA/D-DE
DTLZ1	3	400	最小	5.047E−07	4.880E−04	4.095E−04	5.470E−03
			均值	5.971E−06	1.308E−03	1.495E−03	1.778E−02
			最大	7.301E−05	4.800E−03	4.743E−03	3.394E−01
	5	600	最小	3.305E−06	5.116E−04	3.179E−04	2.149E−02
			均值	4.621E−05	9.799E−04	6.372E−04	2.489E−02
			最大	5.166E−04	1.978E−03	1.635E−03	3.432E−02
	8	750	最小	7.906E−04	2.044E−03	3.914E−03	3.849E−02
			均值	3.592E−03	3.979E−03	6.106E−03	4.145E−02
			最大	6.965E−03	8.721E−03	8.537E−03	4.815E−02

续表

测试函数	目标个数	最大计算代数	指标	IGD 结果			
				MOCDE/D	NSGA-Ⅲ	MOEA/D-GA	MOEA/D-DE
DTLZ2	3	250	最小	1.232E−04	1.262E−03	5.432E−04	3.849E−02
			均值	4.065E−04	1.357E−03	6.406E−04	4.562E−02
			最大	9.038E−04	2.144E−03	8.006E−04	6.069E−02
	5	350	最小	2.689E−03	4.254E−03	1.219E−03	1.595E−01
			均值	4.261E−03	4.982E−03	1.437E−03	1.820E−01
			最大	6.082E−03	5.862E−03	1.727E−03	1.935E−01
	8	500	最小	8.480E−03	1.371E−02	3.097E−03	3.003E−01
			均值	2.726E−02	1.571E−02	3.763E−03	3.194E−01
			最大	4.833E−02	1.811E−02	5.198E−03	3.481E−01
DTLZ3	3	1000	最小	1.690E−05	9.751E−04	9.773E−04	5.610E−02
			均值	7.128E−05	4.007E−03	3.426E−03	1.439E−01
			最大	2.269E−04	6.665E−03	9.113E−03	8.887E−01
	5	1000	最小	2.007E−04	3.086E−03	1.129E−03	1.544E−01
			均值	9.296E−04	5.960E−03	2.213E−03	2.115E−01
			最大	3.726E−03	1.196E−02	6.147E−03	8.152E−01
	8	1000	最小	1.406E−02	1.244E−02	6.459E−03	2.607E−01
			均值	3.084E−02	2.375E−02	1.948E−02	3.321E−01
			最大	5.234E−02	9.649E−02	1.123	3.923
DTLZ4	3	600	最小	1.761E−05	2.915E−04	2.929E−01	3.276E−01
			均值	2.246E−05	5.970E−04	4.280E−01	6.049E−01
			最大	7.776E−05	4.286E−01	5.234E−01	3.468E−01
	5	1000	最小	7.767E−05	9.849E−04	1.080E−01	1.090E−01
			均值	3.083E−04	1.255E−03	5.787E−01	1.479E−01
			最大	1.862E−03	1.721E−03	7.348E−01	4.116E−01
	8	1250	最小	8.465E−04	5.078E−03	5.298E−01	2.333E−01
			均值	4.911E−03	7.054E−03	8.816E−01	3.333E−01
			最大	2.291E−02	6.051E−01	9.723E−01	7.443E−01

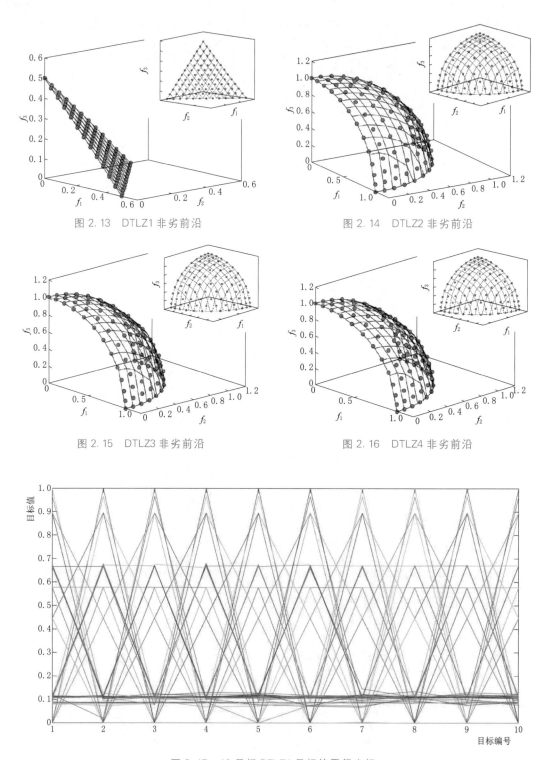

图 2.13　DTLZ1 非劣前沿

图 2.14　DTLZ2 非劣前沿

图 2.15　DTLZ3 非劣前沿

图 2.16　DTLZ4 非劣前沿

图 2.17　10 目标 DTLZ4 目标值平行坐标

基于 Pareto 支配关系的多目标进化算法求解多目标优化问题时表现出优越的性能，但随着目标个数的增长，目标个数达到 4 个或以上时（称为高维多目标），调度目标 Pareto 前沿的非劣解的数量呈指数增长，大大削弱了算法的选择压力和搜索能力。研究工作从新的非劣支配关系出发，提出基于新的 Pareto 支配关系的多目标优化算法，在不影响非劣前沿特性的基础上削减非劣方案集数量，从而有效解决高维多目标调度模型的求解问题。

2.3　小结

本章从多目标非劣支配关系和算法的特点入手，介绍了算法中的常用优化算子，以及通过优化计算得到的非劣方案集的含义，并对目前若干种成熟的原型算法进行了分析，给出了详细的算法步骤。进一步，结合水库群多目标调度的背景、特点、问题维度等方面，在多目标算法中简化了算法流程。通过引入文化框架，在不影响非劣前沿特性的基础上削减非劣方案集数量，从而有效解决高维多目标调度模型的求解问题，提出了基于分解的多目标文化差分进化算法（MOCDE/D）。为了验证算法在解决多目标问题时的性能，研究采用目标个数从 3 个到 8 个的 DTLZ1～DTLZ4 测试函数进行模拟仿真，同时，为了评价算法得到的非劣前沿的收敛性和多样性，研究采用 IGD 来度量优化得到的解的收敛性和多样性。测试结果表明，提出的算法能够得到非常均匀的非劣前沿，具有较好的多样性和均匀分布性，非劣前沿与实际 Pareto 解集也十分近似，收敛效果很好，为水库群多目标协同竞争分析提供了算法支撑。

第 3 章

基于生态位理论的水库多目标协同竞争机制

3.1　水库调度要素概述

　　天然状态下，河流生态水文系统是一个流水系统，径流空间变化使水温、溶解氧含量、含沙量、有机质等环境因子的空间分布产生差异，形成了急流区、缓流区、死水区等不同生境。径流的时间变化也影响着河流生物的生命周期活动、生物的繁殖、发育、生长与径流情势息息相关。河流生态系统又是一个开放的系统，与河边生态系统存在着广泛联系。河流生态系统物质流动是通过附在泥沙上的碎屑食物链而形成的，随着河流水沙运动从上到下在河流中运动和沉积，形成连续体。河流周期性泛滥，陆地富营养物质进入河流，改变了河流能量流线路，使得河流和洪泛平原之间能量可以横向转换和相互利用。

　　水库的修建及运行调度，使河流生态水文系统受到了影响，一定程度上改变了原有的生态水文过程，使其更趋向复杂化和不稳定化。在河流生态水文系统中最容易受到干扰的就是河流的水文过程或水文情势和水质。河流水文过程对生物具有重要的生态效应。河道水流的空间时间变化能够影响到大量河流物种的微型和大型分布模式。水文特征的改变会改变河流生态系统的稳定性。河流丰、枯水周期性变化特征的减弱会导致各种生物不同生长周期所需的水文条件的改变，使得最终适应这种水文条件的生态系统受到破坏。而水质包括诸如水温、溶氧量、混浊度、营养盐、毒物等等诸多生态影响因子，直接影响水生生物的生存环境和营养物质供给的安全，威胁生物个体生存甚至种群的结构与生命周期规律，进而影响河流生态水文系统的健康。

　　综上所述，水库调度过程中的调度要素可以划分为四类：水力要素、水量要素、水质要素和水生生物群落结构。从调度要素视角研究不同目标之间的协同竞争关系，对于分析不同目标对于调度要素的需求、探求不同调度目标产生竞争的机理、确定影响竞争关系关键要素等研究具有重要意义。

3.1.1　水力要素

　　在水库调度中需要考虑的水力要素主要包括水位、流速、流向、压强、水温、河道纵比降、河道横断面特征等。水位要素一般通过一系列特征水位的形式在水库调度中作为控制条件使用，如在防洪调度中，需要统一考虑大坝安全度汛及下游防洪安全，在调度中严格按照防洪特征库水位、入库洪峰流量等来决定水库的蓄泄量，在水库防洪标准以内按下游防洪要求调度，来水超过水库防洪标准，则以保大坝安全为主进行调度。而对于兴利调度的目标，如发电、生态等，则希望尽可能抬高上游水位，以便存蓄更多水量，在来水较小时对下游河道进行补水。水库的建设改变了河流的水文情势，河流水文过程均一化，流速被坦化，洪水受到遏制，但变化的流速场是水生生物繁殖和生长的重要条件，因此为了给水生生物提供适宜的水力条件，可以通过生态调度按自然节律来人为营造出变化的流场。水库下泄非恒定流导致的航道内比降与流速的变化对于下游河道的航道、港口和通航设施的正常使用将造成影响，对河道纵、横剖面分形维数与水力要素之间关系的研究对于航运调度具有重要的参考价值。

3.1.2 水量要素

在水库调度过程中，水量是各调度目标竞争的主要因素。流量不仅是保障下游防洪安全的重要控制指标，也是与兴利目标息息相关。对于防洪目标，为了保障下游安全，在洪水来临前需要加大下泄，以腾空库容拦蓄洪水，而在洪水来临时，则需要尽可能保证大坝本身和下游防洪目标的安全。对于水库发电调度，则希望尽可能维持机组满发的状态，即有稳定水头差和充足的来水。因此在调度过程中，为了实现经济效益最大化，在汛期尽量减少弃水，使得水量得到充分利用；在来水较少的非汛期，应在满足保证出力的前提下，尽量利用水库的有效蓄水量加大出力；而当来水量严重不足时，也应在充分利用水库有效蓄水的前提下，尽量减少水电站正常工作的破坏程度。对于供水目标，则需要水库尽量在汛期来水量大时存蓄水，以供在来水较小的非汛期使用。

生态目标对于水量要素的需求较为复杂，因为，对河流而言，在长期的演化过程中，河流物种已经适应了河水自然涨落变化所形成的生境。流量小时，河边环境有利于河边植物或称滨河植物数量的增加，有助于遏制竞争力很强的物种的蔓延。而大水流（如洪水）可刺激鱼类产卵，并提示某类昆虫进入其生命循环的下一个阶段；使河流滩地净化，提供足够的水分，将污染物质输送到内陆和沿海地区周期性发生的洪水以其巨大的威力改造着河道的形状，重新分配河道沉积物，形成鱼类及其他河流生物所需要的栖息地；季节性的洪水将河道与其周围的土地连了起来，有效补充下游湿地生态系统下（尤其是远离河道的湿地系统）、地下水体的水量及营养物质，暴雨和融雪之后的中高水流可重塑河流的自然形态，为鱼类提供所需要的迁徙条件和食物来源，补充浅层地下水。因此，在生态调度过程中，可结合我国水库调度运行的实际情况以及河流的生态需求重点考虑最小生态需水量和适宜生态需水量。最小生态需水量是保护河流水生态系统可恢复的最基本要求，适宜生态需水量是维持河流生态系统的稳定及保持物种多样性所需要的水量。根据水库的功能，在以供水为目标的调度过程中还需要考虑灌溉需水量、可供水量等水量值。

3.1.3 水质要素

对我国的水库原水调度提出了新的要求：要从水质和水量两个方面同时保证城市供水安全。水源不仅要保证水量满足，同时要提供水质保障。河水的化学成分和水温对河流生态系统也有很大的影响，射入水中的阳光能够促进水生植物的生长，落入或冲入河水中的树叶为生活在河流生物链底层的昆虫提供了食物。河水中流动的泥沙（细沙、砾石、卵石）的数量及颗粒的大小会影响河道和河漫滩的自然形态。因此，水质对于河流生态系统的健康稳定具有决定性作用。水量水质联合调度就是根据当前国内城市供水发展趋势提出的新思路，通过研究原水调度过程由于生化反应、混合、降解等作用引起水质组分的浓度变化抑或是利用数值模拟思路对水库进行精确的水质模拟，建立水量、水质双重耦合下的调度模型，实现对传统水量调度模型的改进和完善，对城市供水水量安全及水质安全具有重大意义。

3.1.4　水生生物群落结构

河流水生生物群落结构主要包括植被覆盖度、水生动物多样性和浮游植物多样性等要素。河流水文过程的变化与相关生态环境系统变化之间存在着极强的响应关系，一方面取决于生物生命过程对水文及环境要素有着特定的需求；另一方面，水文要素及水文特征对生物循环过程及对生物群落和生态系统结构同样有着重要的影响。水文过程及水文特征的改变必将导致生态系统稳定状态的破坏，对生物造成极大的影响。而在水库调度过程中，主要是通过生态调度来营造适合水生生物繁殖和生长的良好生境，从而维持水生生物群落结构的稳定性和多样性。目前已有的研究包括设置鱼类洄游通道以及针对河流脉冲进行优化调度等。

3.2　生态位理论简介

3.2.1　生态位的概念

在自然生态系统中，生态位是生态学中一个十分重要的概念，是指物种在生态系统和群落中，与其他物种相互关联所具有的地位和作用，即具有的特定时间位置、空间位置和动能地位。

生态学家 Crinnell 1917 年首次提出生态位以表示生物栖息地空间范围，称为空间生态位。Elton 1927 年定义生态位为物种在生物群落中的地位和角色，称为功能生态位。Hutchinson 对生态位提出了更为确切的定义，称生态位为生物对环境变量温度、湿度、营养等的选择范围，并将生态位分为基础生态位和实际生态位。

在自然界中，每一个物种只能在特定的生态环境中生存，在一个特定的生态环境中，只有最能适应它的物种才能在其中生存、繁殖，因此，每一个物种在某个生态因子的维度上，都有一个能够生存的范围空间，在此范围空间的两端是该物种生存的耐受极限。一般来说，物种在每一个生态维度的生存范围内对该生态因子的资源利用呈正态分布，该曲线称为资源利用曲线，能够生存的范围跨度称为生态幅。一个物种在某一个生态因子梯度上的生态幅实质上是该物种在该生态因子的生态位，对于多个生态因子称为生态位空间。对于自然生命来说，他们有特定的形态和功能，生态位表示他们可用生存资源谱的位置，只有在生态位中才能生存，而在生态位中点的邻近区域为生存最适宜区，离中点较远的区域为生存适宜区，而在两端点的邻近区域为生理受抑制区，威胁着该物种的生存。在两端点外则不能生存。

一个物种所利用的各种资源的总和的幅度，称为生态位的宽度。在可利用的资源减少时，物种的取食种类增多，容易造成生态位的泛化，生态位加宽，形成"杂食性"或"广食性"，以增加物种对环境的适应能力；在资源较多的情况下，取食种类减少，容易造成生态位的特化，生态位变窄，通过强化某一特殊功能，提高自身适应性。生态位加宽，可利用的资源增多，但容易发生竞争；生态位变窄，可以减轻物种间的竞争，但因所依赖的资源有限，如果资源因故减少或突变，将危及物种的生存。

在生物群落中，多个物种取食相同食物的现象则是生态位的重叠。生态位的重叠是一种普遍现象，当资源缺乏时，生态重叠部位存在着激烈的种间竞争，最终导致其中一个物种被逐出。生态位差距大的物种之间基本不存在竞争，处于同一生态位的物种，由于所处的层次相同，面临的问题相同，在一些关键时刻，物种相互之间的竞争会更加激烈。虽然同一生态位的多个物种在生态系统相对稳定的时候，表现出对某些资源的竞争关系，但当生态系统遭到某种程度的破坏或有外来入侵者的时候，多个物种又会为了维持整个生态系统的平衡及各自种群的生存，而表现出某种程度的协同合作关系。

3.2.2 生态竞争理论的特点

（1）互惠竞争。生态竞争理论不把同行认为是冤家，而是认为是一种互惠共存的合作关系。生态竞争理论认为，要避免与同行进行你死我活的竞争，关键在于与竞争对手一起找到一个双赢的机会，正如美国太阳微系统总裁比尔·杰伊所说："我们的目标并不是在现存的游戏中取胜，而是发明一个都能获胜的游戏。"

（2）节约成本竞争。生态竞争理论十分重视竞争成本，根据成本收益之比来决定自己的竞争战略。生态竞争理论看到，由于市场存在着众多的竞争者，企业所能实际获得的，并不是人们想象中的全部利润，只能是利润中的一个部分。利润最大化是指企业在自己该得到的利润范围内的最大化。

（3）生态竞争观是互补竞争观。互补关系的最大益处在于能把现有的"饼"做得更大，而避免了与竞争者在一个固定的市场上相争，有利于弱化恶性竞争的强度，实现成本最小，收益最大。

3.2.3 生态竞争理论的应用

生态位作为生态学中的重要概念，更是常常在各类社会科学研究中出现，在竞争关系领域尤其是商业竞争领域中应用广泛。

3.2.3.1 生态位理论在组织竞争研究中的应用

早在 1977 年，Harman 和 Freeman 就已经开始利用生态位的概念研究人类组织。他们将在一个特定领域内的、具有共同形式的所有组织视为同一个种群，组织的生态位即组织在战略环境中占据的多维资源空间。很显然，Harman 和 Freeman 对于组织生态位的这一定义借鉴了 Hutchinson 对于自然生态位的 n 维定义。组织对于资源的利用和竞争类似于生物间的竞争，因此生态位宽度的概念可以应用于组织对战略资源的竞争。1989 年，Hannah 又与 Freeman 合作，对生态位理论在组织竞争研究上的应用进行了系统总结。后来 Hannah 与 Glenn 进行了合作，在 2003 年发表的另一篇文章中，他们认为生态位的概念特别适用于社会组织，并对生态位的概念进行了重构，提出了一个复杂的模型，用于社会组织的竞争研究。

3.2.3.2　生态位理论在商业竞争研究中的应用

具体到企业等商业领域的竞争关系研究，学者们亦做了大量研究。Singh 利用生态位重叠的概念讨论了日托中心的设立与竞争。该研究提出了以下假设：生态位重叠度越高，新组织的设立率越低，反之则越高；并通过严谨的推导证明了以上假设。同时，考虑到日托中心最重要的两个生态位维度是注册学生年龄分布和地理分布，该研究还利用实证数据进行了测算，实验结果同样证明了其假设。之后，Baum 和 Singh 做了更为深入的研究。他们发现，针对注册学生年龄分布和地理分布这两个生态位维度，日托中心会根据已有的能力和资源改变他们的组织领域，以应对竞争。实证结果表明，移动到这两个生态位重叠较少的日托中心成功率更高。

国内对于生态位在组织竞争上的应用研究亦多集中于商业领域，并提出了"企业生态位"的概念。林晓基于生态位理论，对 21 世纪初企业间的过度竞争进行了分析，认为国内普通彩电制造商出现大面积亏损是生态位过于重叠造成的。他认为企业的生存和发展有着特定的生态位，不宜与其他企业的生态位过于重叠。葛振忠、梁嘉骅套用生态位的多维理论，将企业生态位分为消费市场维、产品维、人力资源维、技术维、资本结构维和政策维等多个维度。通过对企业的生态位特化和泛化等分析，对企业竞争提出了一些建议。万伦来、钱辉和张大亮以及郭妍和徐向艺等学者后续都对企业生态位有过相应的研究和综述。但无论从什么角度，国内外的社会科学学者对于生态位的研究与生态学家研究的重点都是对于资源的竞争，并将其运用于企业竞争战略。

3.2.4　调度要素视角下的水库调度目标竞争

在水库调度过程中，水力要素、水量要素、水质要素和水生生物群落结构等调度要素存在复杂的耦合与协同竞争关系。水力要素，如流量、流速，其与水量要素存在直接的耦合关系，而流量、流速、含沙量与水质要素也存在复杂的耦合与竞争关系。对于水力要素、水量要素和水质要素，这三者综合作用于水生生物群落要素，这三者与水生生物群落的竞争关系显得尤为强烈。调度要素耦合竞争对应着各调度目标的协同竞争，因此通过对水库调度要素的识别及其耦合竞争关系的研究，可以据此研究发电、供水、航运、生态、防洪各目标的系统竞争机制。

在水库群优化调度过程中，发电、供水、航运、生态与防洪目标间存在矛盾及不可公度的竞争关系，是典型的多维竞争问题。水库群调度多维目标竞争的结果类比于生态竞争的理论，有分离、互补、重叠、共生等。以发电和防洪之间的竞争关系为例：一般情况下，在汛期，雨水丰沛、径流量大、中小洪水频繁发生，为满足防洪要求，通常使发电服从防洪调度，水库按防洪方式运行，保证大坝和下游的安全，该水量基本可以满足发电保证出力和运行水头的要求，但在来水较大时会产生大量弃水，造成损失；当来水较小时，为了增加兴利效益，需增加蓄水量，由此导致防洪风险增加，若为降低防洪风险，减少水库蓄水量，则兴利效益降低。这是典型的竞争重叠。因此，本研究将生态竞争的思想延伸至水库调度多维目标竞争关系研究中,利用生态位理论,构建水库调度多维目标生态竞争评价模型,研究水库调度多维目标之间的竞争关系。

3.3 水库调度多维目标生态理论

3.3.1 水库调度多维目标生态系统

3.3.1.1 水库调度多维目标生态系统的定义

人们对生态系统这一概念的理解是:生态系统是在一定的空间和时间范围内,在各种生物之间以及生物群落与其无机环境之间,通过能量流动和物质循环而相互作用的一个统一整体。生态系统是生物与环境之间进行能量转换和物质循环的基本功能单位。

借助于生态系统的概念,可以把水库调度多维目标生态系统定义为:调度目标,与其相互作用的供应者、需求者、竞争者、互补者、政府管理部门,及其所处的地域、政治、经济等环境所构成的一种复杂的生态系统。

3.3.1.2 水库调度多维目标生态系统的特征

水库调度多维目标生态系统的各个部分及其相互关系与生物生态系统十分相似,具有一般生态系统的共性,即都具有整体性、有限性、复杂性、反馈性、开放性、动态性、服务性、有序性、自调控性等。但是,水库调度多维目标生态系统又与生物生态系统不完全一样,具有自己的生态特性,即一般生态系统是以食物链和生态网形成的自然生态系统,而水库调度多维目标生态系统是以人文生态系统为特征。水库调度多维目标生态系统与生物生态系统的比较见表3.1。

表 3.1 　　　　水库调度多维目标生态系统与生物生态系统的比较

特征	生物生态系统	水库调度多维目标生态系统
构成单元	物种与种群	调度目标与多维目标群
竞争法则	物种间:适者生存	目标间:强者生存
与自然环境的关系	适者生存	适者生存
系统内部	生物链:相互依存	价值链:相互依存
个体与总体的关系	种群构成生物群落	调度目标构成调度多维目标群
生态系统	生物群落＋非生物环境	调度多维目标群＋非生物环境

3.3.1.3 水库调度多维目标生态系统的结构

1. 水库调度多维目标生态系统的组成要素

水库调度多维目标生态系统在一定的空间中,由共同生存的目标主体与目标客体组成。其中,主体是指调度目标的自然实体,包括调度目标的存在意义,政策对调度目标的实际要求等;客体是指维持和发展调度目标所必需的资源,包括水量、水位和水质等一系列自然资源,也包括科技进步等价值资源。如果没有客体因素,主体因素就没有生存的空间和场所,难以生存和发展;但仅有客体因素而无主体因素,同样也构不成水库调度多维目标生态系统。

2. 水库调度多维目标生态系统的组群结构

物种组成是决定群落性质最重要的因素，也是鉴别不同群落类型的基本特征。在多维目标生态系统中，不同的目标在一个特定的水库调度多维目标系统中所起的作用不同，按所起的作用大小可以分为以下几种：

（1）优势种目标和建群种目标。对群落的结构和群落的环境形成起主要作用的调度目标称为优势种目标，具有较强的生存能力，影响力大。在优势种目标中，优势种中的最优势者影响范围最大，占有最大影响空间，因而在建造多维目标群落和改变环境方面作用最突出，称为建群种目标，它决定着整个群落的基本性质，是群落中生存竞争的真正胜利者。如对于大多数水库而言，防洪目标属于水库调度中必须考虑的重要目标，因此在水库调度多维目标生态系统中属于优势种目标；发电目标属于效益型目标，发电量最大或发电效益最大一般是水库优化调度的主要目标，因而在水库调度中属于建群种目标。

（2）亚优势种目标。作用次于优势种，但在决定多维目标群落性质和环境方面仍起一定作用的调度目标。

（3）伴生种目标。伴生种为群落的常见物种，他与优势种相互依存，但不起主要的作用。

（4）关键种目标。不同的目标在一个特定的生态系统中所处的地位不同，一些目标对其他目标具有不成比例的影响，如果它们缺失或削弱，整个生态系统可能要发生根本性的变化。关键种的数目可能是稀少的，也可能是很多的。对功能而言，可能只有单一功能，也可能具有多种功能。

3.3.2 水库调度多维目标生态位定义

依据生态学上生态位的概念和原理可知：水库调度多维目标生态位可以被看作是一个调度目标在水库调度多维目标生态系统中的地位。水库调度多维目标生态位的确立，是与水库调度多维目标生态系统共同进化的各个组成部分（内外部环境）有关的。水库调度多维目标之间的竞争实际上是资源的竞争。各水库调度多维目标都尽可能多地争取所需的资源。

对于不同的水库调度目标，所需资源类型和数量不同，资源获得的能力与利用的程度也不同，如防洪、发电、生态、航运、供水目标对流量、水位、水质等资源的要求都不同。如果资源需要种类和数量少，则称调度目标资源生态位窄，否则称调度目标资源生态位宽；如果调度目标间资源获得能力和程度部分相同，则称调度目标资源生态位重叠，不同则称调度目标生态位分离。

生态位理论认为自然界中的任何生物组织都具有"态"和"势"两个方面的属性。"态"是指生物组织的状态，是生物组织过去生长发育、学习以及与环境相互作用积累的结果。"势"是指生物体组织对环境的现实支配力或影响力，如能量和物质变换的速率、生物增长率、占据新生境的能力。生态位是描述某个生物体单元在特定生态系统与环境相互作用过程中所形成的相对地位与作用，是某生物单元的"态"和"势"两方面属性的综合反映。水库调度多维目标的生态位同自然界中生物的生态位一样，都是竞争作用的结果，其中生存力、竞争力是指水库调度多维目标生态位的两个层面。生存力描述的是调度目标的"态"属性，反映的是调度目标获得资源的数量及各要素功能的完好性，是调度目标生存的基础；竞争力描述的是调度目标的"势"属性，反映的是调度目标的进化能力。一个调度目标如果要保持旺盛的生命力，具有较高的生态位，就必须善于利用并营造一个有利于组织生存、竞争的生态环境。

由此，定义水库调度多维目标生态位为：在一定的水库调度生态环境下，各调度目标在对各类资源（如水量、上游水位、输沙量、水温和水质等）利用能力方面的位置和功能关系。

3.3.3 基于生态位的竞争关系模型

3.3.3.1 生态位态势模型

生态位是生物单元在特定生态系统中与环境相互作用过程中所形成的相对地位与作用。任何调度目标都在不断地与其他调度目标相互作用并不可避免地对其所生存的物理化学环境产生影响，其地位与作用也必然是在一定环境条件下与其他调度目标相对比较中才体现出来。生态位包含态和势两个方面。在测定调度目标单元的生态位时，不仅要测定它们的状态，而且也要测定它们对环境的影响力或支配力。在考虑某生态系统 n 个调度目标单元中调度目标单元 x 的生态位时可用式（3.1）表示。

$$N_x = \frac{S_x + A_x P_x}{\sum_{y=1}^{n}(S_y + A_y P_y)} \tag{3.1}$$

式中：x、y 分别为 1，2，…，n；N_x 为调度目标单元 x 的生态位；S_x、S_y 为调度目标单元 x、y 的态；P_x、P_y 为调度目标单元 x、y 的势；A_x、A_y 为量纲转换系数；$S_y + A_y P_y$ 为绝对生态位。

3.3.3.2 生态位宽度模型

生态位的大小用生态位宽度来衡量。它是指在环境的现有资源谱当中，某种生态元能够利用多少（包括种类、数量及其均匀度）的一个要素。调度目标生态位宽度定义为调度目标沿所有可能的资源、生存能力、环境等所有变量因子维度上的距离，即资源、生存能力、生存环境等所有变量因子维度上的加权平均距离以及综合加权平均距离。生态位宽度越大，说明所研究对象在系统中发挥的生态作用越大，对资源的利用越广泛，利用率越高，效益也越大，竞争力越强。反之，生态位宽度越小，在系统中发挥的生态作用越小，竞争力越弱。调度目标之间的生态位越接近，相互之间的竞争就越激烈。

生物生态位宽度测度方法可用式（3.2）计算：

$$B_i = -\sum_{j=1}^{R} P_{xj} \lg P_{yj} \tag{3.2}$$

式中：B_i 为调度目标生态位宽度；R 为资源状态总数；P_{xj} 为在一个资源集合中，第 x 调度目标利用资源状态 j 的比例；P_{yj} 为第 y 个调度目标利用资源状态 j 的个体占调度目标总数的比例。

3.3.3.3 生态位重叠模型

关于生态位重叠，目前有各种不同的定义。研究生态位理论的许多生态学家把两个物种对一定资源位的共同利用程度作为生态位重叠。

采用竞争系数 α 表示重叠程度，用式（3.3）表示：

$$\alpha_{xy} = \frac{\sum\limits_{j=1}^{R}(P_{xj}P_{yj})}{\sqrt{\left(\sum\limits_{j=1}^{R}P_{xj}^2\right)\left(\sum\limits_{j=1}^{R}P_{yj}^2\right)}} \tag{3.3}$$

式中：$P_{ij} = \dfrac{N_{ij}}{\sum\limits_{j=1}^{s}N_{ij}}$ 为第 i 个调度目标利用资源状态 j 所占的比例，$i = x$，y；N_{ij} 为第 i 个

物种利用资源状态 j 的观测个体数；R 为资源状态总数。

3.4 三峡水库多目标协同竞争理论应用

3.4.1 水库调度多维目标生态位体系构建

根据已有的研究，水库调度过程中，各调度目标竞争的主要资源包括：水量、上下游水位、水质、输沙率、含沙量、水温、降雨量、蒸发量以及水库的工程结构等。在此基础上，考虑到调度目标间竞争的动态性和统计数据的可获取性，本研究选取的水库调度目标生态位主要分类为流量生态位、水位生态位、水沙生态位、水质生态位，见表3.2。

表 3.2　　　　　　　　　　　水库调度多维目标生态位结构

序号	目标层	类别层	要素层
1			最大流量
2		流量生态位	平均流量
3			最小流量
4			流速变幅
5			上游水位
6		水位生态位	下游最高水位
7	生态位		下游最低水位
8			悬移质输沙量
9		水沙生态位	推移质输沙量
10			含沙量
11			富营养化程度
12		水质生态位	水质类别
13			水温

（1）流量生态位。在水库调度过程中，流量是各调度目标竞争的核心资源。对于发电目标，在达到满发流量之前，流量越大，发电效益越大。而对于生态目标，为了维持流域内生态系统的稳定性，需要保证河道生态需水满足程度，其中最大生态流量为河流维持其生态环境功能所需要的最适宜流量，最小生态流量为河流维持其生态环境功能所需要的最

小流量。同样，对于航运和供水目标，其流量的要求一般处于满发流量和最小生态流量之间。此外，流速的变化幅度对于航运和生物的影响效果明显。因此，选取最大流量、平均流量、最小流量和流量变幅作为流量生态位的评价要素。

（2）水位生态位。在水库调度过程中，水位也是各目标竞争的主要资源，上游水位是防洪调度考虑的主要因素，下游水位对于航运、发电以及河流维持其生态环境均具有重要影响，因此，在水位生态位中，选取上游水位、下游水位作为代表评价要素。

（3）水沙生态位。悬移质输沙量和推移质输沙量是反映河流泥沙条件的变化对河流生态环境功能的重要要素。在水库调度过程中，泥沙问题是水库工程建设与运行中的关键技术问题之一，将直接影响水库寿命、库区淹没、库尾段航道、港区的演变，坝区船闸、电站的正常运用以及枢纽下游的河床演变及防洪和航运安全等。入库泥沙粒径的变化，对于流域内生物的生长必然会产生影响。因此，在本研究中选取悬移质输沙量、推移质输沙量和含沙量作为水沙生态位的代表评价要素。

（4）水质生态位。水质受水流挟带物质的影响，是由水中物理、化学和生物等诸因素所决定的水体特性。水质状态的优劣将影响生物的生存状态。水质对于下游河流维持其生态环境功能具有重要意义。对于供水目标，水质优劣程度则是供水的决定性因素，供水目标对于水质的要求相较于其他目标最为苛刻，对于发电机组的正常运行以及航运安全均具有重要影响。在本研究中，综合考虑实际资料收集的可行性，选取富营养化程度、水质类别和水温作为水质生态位的评价要素。

3.4.2 水库调度多维目标生态位要素值

根据《长江三峡工程运行实录（2016年）》、《长江三峡工程水文泥沙年报（2016年）》、《2016环境保护年报》、《2016年长江泥沙公报》、《2016年长江水资源质量公报》（2016年）及《长江流域及西南诸河水资源公报2016》，结合三峡工程的实际调研，参考已有研究成果和三峡水库的工程特性表，获取水库调度多目标生态位的要素值，具体见表3.3。

表3.3　　　　　　　　　　　三峡水库调度多维目标生态位要素值

要　素	调　度　目　标			
	发电	供水	生态	航运
最大流量/(m³/s)	32000	10000	17635	50000
平均流量/(m³/s)	12898	8000	12898	6000
最小流量/(m³/s)	4700	4700	4700	4700
流速变幅	1%	1%	50%	48%
上游水位/m	151	175	175	175
下游最高水位/m	66	68	66	66.5
下游最低水位/m	62	62	62	62
悬移质输沙量/亿t	1.63	1.63	4.94	1.63
推移质输沙量/亿t	1.28	1.28	4	1.28

续表

要　素	调　度　目　标			
	发电	供水	生态	航运
含沙量/(kg/m³)	1.41	0.6	2	3
富营养化程度	10%	40%	40%	10%
水质类别	1%	60%	38%	1%
水温	10%	10%	70%	10%

（1）对于最大流量要素，其内涵为 2016 年最大入库流量（50000m³/s）时各个目标需要的流量值：发电目标的最大流量为各个机组满发的额定流量（32000m³/s）；供水目标的最大流量通过查找三峡水库特性表得到，取三峡水库 9 月的供水最小下泄流量；生态目标的最大值参考相关论文，通过改进 Tennant 法计算取值为 17635m³/s；航运最大流量为通航上限流量，根据三峡水库的工程特性表，其通航上限流量为 56700m³/s，大于最大入库流量 50000m³/s，因此航运的最大流量要素值取 50000m³/s。

（2）对于平均流量要素，取来水为 2016 年平均流量时（12898m³/s）各个目标需要的流量值：发电目标仍用满发流量作为其发电需要的流量，但由于满发流量值 32000m³/s 大于来水 12898m³/s，所有的来水量均可用于发电，因此发电的要素值为 12898m³/s；对于供水目标的需求则选用 10 月的供水最小下泄流量进行反映；对于生态目标，适宜生态流量的计算结果 13924m³/s 高于来水 12898m³/s，因此生态的要素值为 12898m³/s；航运采用通航下限流量。

（3）对于最小流量要素，其内涵为 2016 年最小入库流量时（4700m³/s）各个目标占用的流量值。因为最小入库流量不能满足任一目标的实际需求，因此各目标的最小入库流量要素值均为 2016 年的实际最小入库流量。

（4）对于流速变幅要素，为了充分考虑不同目标对于流速的不同需求，同时由于缺少流速变幅实际需求的数据，因此采用打分制对这一目标进行考虑。按总体为 100%，不同目标通过百分比的不同体现其对于该要素值的需求。对于发电和供水要素，流速变幅的影响几乎不存在，因此取 1%；对于生态目标来说，对于特定时段的流速等水文情势要求较高，因此取 50%；航运目标对于流速的要求也较为严苛，因此取 48%。

（5）对于上游水位要素，即为各个目标对于上游水位的需求：对于发电目标，按照工程特性表中的参数，额定水头为 85m，三峡下游因为由葛洲坝进行反调节，因此下游水位的年平均值为 66m，通过计算可知，上游发电所需要的水头为 151m，根据三峡工程的实际考察，数据可信；对于供水和生态目标，需要三峡尽可能蓄水，以供在来水不足时补充下游河道缺少的水量，因此，上游水位值均取为 175m；对于航运，则考虑在上游水位较大时，能够较长时间维持下游河道保持较高水位，因此能够有效提高下游的通航保证率，所以选取 175m。

（6）对于下游最高水位要素，一方面需要考虑不同目标对河段水位的要求，另一方面也需要考虑三峡下游葛洲坝水库的工程实际。对于发电目标，下游最高水位选取多年平均条件下的水位值（即 66m）；对于供水目标，取葛洲坝反调节的上限值（68m）作为要素值；对于生态目标，选取多年平均条件下的水位值（即 66m）以提高生态环境的适应能力；对于航运目标，根据葛洲坝上游的通航水位，设定为 66.5m。

（7）在确定下游最低水位要素值时，对于发电目标，选取葛洲坝调节的下限（62m）以尽可能增加水头，创造有利的发电条件；对于供水、生态、航运目标，选取多年平均条件下的水位值（即 66m）作为要素值，但由于葛洲坝反调节的下限值为 62m，因此这三个目标的下游水位最小值也为 62m。

（8）对于悬移质输沙量要素，即各目标对于悬移质输沙量的要求程度。在三峡工程建成以后，多年平均悬移质输沙量为 1.63 亿 t。对于发电目标，悬移质输沙量会影响机组的正常运行情况，根据对三峡机组的调查，选取发电目标的悬移质输沙量要素值，即取为 1.63 亿 t；对于供水目标，悬移质输沙量影响供水质量，要素值取为 1.63 亿 t；对于生态目标，悬移质输沙量会影响整个流域生态系统的健康与稳定，根据多年长系列泥沙资料，在天然水文情势下，适宜的悬移质输沙量为 4.94 亿 t；对于航运目标，悬移质输沙量对于通航条件会造成一定的影响，取为 1.63 亿 t。

（9）对于推移质输沙量要素，即各目标对于推移质输沙量的要求程度。在三峡工程建成以后，多年平均推移质输沙量为 1.28 万 t。对于发电目标，推移质输沙量会影响机组的正常运行情况，根据对三峡机组的调查，选取发电目标的推移质输沙量要素值为 1.63 万 t；对于供水目标，推移质输沙量影响供水质量，要素值取为 1.63 万 t；对于生态目标，推移质输沙量会影响整个流域生态系统的健康与稳定，根据多年长系列泥沙资料，在天然水文情势下，生态适宜的推移质输沙量为 4.94 万 t；对于航运目标，推移质输沙量对于通航条件会造成一定的影响，取为 1.63 万 t。

（10）对于含沙量要素，即各目标对于推移质输沙量的要求程度。对于发电目标，含沙量会影响机组的正常运行情况，根据对三峡机组的调查，发电机组的最大含沙量为 1.41kg/m³；选取发电目标的含沙量要素值为 1.41kg/m³；对于供水目标，含沙量影响供水质量，根据要素值取为 0.6kg/m³；对于生态目标，含沙量会影响整个流域生态系统的健康与稳定，根据多年长系列泥沙资料，在天然水文情势下，生态适宜的含沙量为 2kg/m³；对于航运目标，含沙量对于通航条件会造成一定的影响，取为 3kg/m³。

（11）对于富营养化程度要素，2016 年三峡库区平均富营养化程度为中度富营养化，为了便于生态位计算，将富营养化程度转化为打分制进行考虑。按总体为 100%，不同目标通过百分比的不同体现对于该要素值的需求。在长江流域，对于发电和航运目标，其对富营养化程度的要求很小，均取为 10%；对于供水目标，富营养化程度将影响供水安全，要素值取为 40%；对于生态目标，富营养化程度是影响生态系统健康的重要因素，要素值取为 40%。

（12）对于水质类别要素，按照《地表水环境质量标准》（GB 3838—2002），依据地表水水域环境功能和保护目标，我国水质按功能高低依次分为 5 类：I 类主要适用于源头水、国家自然保护区；II 类主要适用于集中式生活饮用水地表水源地一级保护区、珍稀水生生物栖息地、鱼虾类产卵场、仔稚幼鱼的索饵场等；III 类主要适用于集中式生活饮用水地表水源地二级保护区、鱼虾类越冬场、洄游通道、水产养殖区等渔业水域及游泳区；IV 类主要适用于一般工业用水区及人体非直接接触的娱乐用水区；V 类主要适用于农业用水区及一般景观要求水域。2016 年三峡库区水质类别为Ⅲ类，为了便于生态位计算，将水质转化为打分制进行考虑。按总体为 100%，不同目标通过百分比的不同体现对于该要素值的需求。对于发电和航运目标，其对水质的要求很小，均取为 1%；对于供水目标，Ⅲ类水经过处理后可供生活用水，取为 60%；对于生态目标，Ⅲ类水可满足基本生态要求，取为 38%。

（13）对于水温要素，2016 年三峡库区平均水温为 16℃，为了便于生态位计算，将水温转化为打分制进行考虑。按总体为 100%，不同目标通过百分比的不同体现对于该要素值的需求。在长江流域，对于发电、供水和航运目标，其对水温的要求很小，均取为 10%；对于生态目标，适宜的鱼类生长繁殖的水温为 10～14℃，要素值取为 70%。

3.4.3　调度目标生态位测度模型

在水库调度过程中，防洪由于其重要社会地位，是必须要保证的根本要求，同时又由于防洪数据收集的难度大，在本研究中选取发电、生态、航运和供水四个调度目标来研究它们之间的竞争关系。以 2016 年的各目标所需要的生态位数据，对三峡水库调度目标进行生态位分析。

生态位的概念是抽象模糊的，人们能具体了解的是一些刻画它的数量要素，即所谓的生态位测度（niche metrics），如生态位宽度（niche breadth）、生态位重叠（niche overlap）、生态位体积（niche volume）及生态位维数（niche dimension）等。其中，生态位宽度和生态位重叠是描述一个物种的生态位与物种生态位间关系的重要数量要素，目前研究主要集中在这两个要素的估算与分析上。

生态位测度一直被生态学家运用到植物生态系统中植物群落的生态位宽度与生态位重叠的分析方面，在水库调度多目标系统中还没有看到此方面的运用，在此试图以一个新的视角对水库调度系统中各目标的竞争关系进行探讨。

3.4.4　生态位宽度的测量

生态位宽度原来是生物学上用来表示种群生长过程中综合利用资源的能力，利用资源多样化的程度和竞争水平。生态位宽度对解释自然群落、群落结构、种间关系及物种多样性等问题均有广泛的应用，也是揭示植物种群间、种群与环境间共存与稳定机制的数量化方法。

本研究试图把生态位宽度的原理运用到水库调度多维目标系统中，利用官方的统计年鉴数据，采用生态位理论分析，探讨生态位宽度和资源因子间的关系，建立调度目标生态位宽度与资源因子相互作用的梯度曲线。选取三峡水库 2016 年的数据，计算生态位宽度，结果见表 3.4。

表 3.4　　三峡水库调度多维目标生态位宽度

项目	发电	供水	生态	航运
生态位宽度	1.71	1.78	1.90	1.72

生态位原理表明：生态位宽度越大，说明所研究对象在系统中发挥的生态作用越大，对社会、经济、自然资源的利用越广泛，利用率越高，效益也越大，竞争力越强。反之，生态位宽度越小，在系统中发挥的生态作用越小，竞争力越弱。

依据生态位原理计算结果，表明生态目标的生态位宽度最大，说明生态目标在三峡水库调度多维目标生态系统中发挥的作用大，影响大，对各类资源的利用最为广泛，在调度目标系统中的竞争力最强。发电目标的生态位宽度最小，其在三峡水库调度多维目标生态系统中的竞争力和影响力最小，对各类资源的利用范围较狭窄。同时，2016年的数据组成、水库调度多维目标生态系统的目标数、评价要素选择的时间及要素的多少都影响生态位宽度计算的结果。

3.4.5 生态位重叠的测量

关于生态位重叠，目前有各种不同的定义。研究生态位理论的许多生态学家把两个物种对一定资源位的共同利用程度作为生态位重叠，在自然生态学中生态位重叠是两个物种在生态上的相似性的量度。

生态位重叠理论在种间关系、群落结构、种的多样性及种群进化等方面的研究均有广泛应用，是解释自然群落中种间共存和竞争机制的基本理论和方法。通过对种群间生态位重叠的研究，可以数量化地再现两个或多个物种对资源的共同利用程度，分享的数量和稳定生活机制。通过比较和评价植物生存环境的相似程度、相互共存的条件、竞争的幅度及物种间的适应程度，有利于进一步揭示生物多样性的内部机制。

在水库调度多维目标中，当两个调度目标需要同一资源时，就会出现生态位重叠，由此造成调度目标间的竞争，资源缺乏时竞争则加剧。假如两个调度目标具有完全一样的生态位，根据 Gause 原理，集群生态位重叠部分必然发生竞争排斥作用。

本研究选择水库调度过程中的四个调度目标作为研究对象，将四个目标进行两两比较。然后利用对称 α 法 Pianka 公式［即公式（3.3）］进行测算，计算结果见表 3.5。

表 3.5　　　　　　　　　　　　水库调度多维目标生态位重叠

目标	生 态 位 重 叠			
	发电	供水	航运	生态
发电	1.00	0.86	0.86	0.75
供水	0.86	1.00	0.72	0.90
航运	0.86	0.72	1.00	0.67
生态	0.75	0.90	0.67	1.00

由表 3.5 的分析结果可知：三峡水库调度多维目标生态系统中，这四个调度目标在流量、水位和水质等资源的占用方面竞争非常激烈。目标对资源的生态位重叠最低的是生态和航运，为 0.67，最高的是供水和生态，达到 0.90。

3.4.6 调度要素耦合与协同竞争关系

根据对三峡水库调度多维目标的生态位竞争研究可以发现，在竞争方面，生态目标对于各类资源的利用范围最为广泛，其生态位宽度可以达到 1.90。这主要是由于在调度过程中，生态目标对水量、水质和水位等调度要素的需求类别更加多样，对于资源的需求量更大，因此，其在整个调度目标构成的生态系统中的生态位宽度最大，与其他调度目标的竞争最为激烈。发电目标的生态位宽度最小，原因在于发电对于水量、水位、水质等调度要素的需求类别主要集中在水量和水位，而对于水质和生态要素的需求相对较小，因此其在整个调度目标构成的生态系统中的生态位宽度最小，与其他调度目标的竞争也最小。航运和供水目标，对各类调度要素的需求种类处于生态目标和发电目标之间，其生态位宽度也处于生态和发电目标之间。

　　根据对各调度目标耦合成的水库群调度多维目标生态系统的生态位重叠度的计算，可以发现生态目标和供水目标的生态位重叠度最大，主要是因为生态目标和供水目标对于水量、水位和水质等调度要素的需求种类均较为广泛且相似度高，因此二者在整个水库群调度多维目标生态系统中的生态位重叠度最高，表明二者在协同进化中的关系密切，在调度过程中，实现整个系统的有效协同需要协调好生态与供水目标的进化关系。生态目标和航运目标的生态位重叠度最小，这主要是因为生态目标对水量、水质和水位等调度要素的需求类别更加多样，而航运目标与生态目标在水质要素层面的需求差距较大，因此二者在整个水库群调度多维目标生态系统中的生态位重叠度最低。由各目标两两之间的生态位重叠程度分析可知，发电与其他各目标的生态位重叠均处于较高水平，原因主要在于，在目前的水库运行调度过程中，发电量是首要考虑的因素，因此发电在与其他目标的系统进化中，起到主干作用。在实际调度中，应当重点协调好发电与其他目标的协同竞争关系，从而实现整个水库群调度多维目标生态系统的协同进化发展。

3.5　三峡与上游水库发电-生态-航运多目标调度分析

3.5.1　水库发电-生态-航运多目标优化调度模型

3.5.1.1　生态调度目标

　　以往只考虑发电目标的调度方案往往会对坝下游水生生物的生存环境带来极大的破坏，还可能造成生物多样性的减少，因此在考虑兴利任务的同时注重生态的保护显得尤为重要。

　　1. 生态目标计算方法

　　（1）适宜生态径流值计算方法。适宜生态径流是指对于生态系统的稳定及保持物种多样性最为合适的径流过程。适宜生态径流值的计算通常采用逐月频率法。该法充分考虑了河流年内径流连续丰枯变化特性，弥补了 Tennant 法只适用于年内径流变化不大的河流的缺陷。其具体方法为：根据历史径流统计结果，将一年中的十二个月分为丰水期、平水期和枯水期三种类型，对各类型取不同的流量保证率，最后分别计算各个时期在不同保证率下的径流量，这样得到的即为该年的适宜生态径流过程。通常取枯水期保证率为 90%，平水期 70%，丰水期 50%。

　　（2）适宜生态径流上下限计算方法。适宜生态径流上限是指河流满足生态系统稳定和健康条件所允许的最大流量过程。当河流流量超过此过程时，会对河流生态系统结构造成重大的影响，导致某些物种消失造成不可恢复的生态灾害。

　　适宜生态径流下限是指满足生态系统稳定和健康条件所允许的最小流量过程。当河流流量低于此过程时，会造成某些物种习性改变、种群消失等灾难性后果。

适宜生态径流上下限计算方法引入了 RVA 框架的思想和建议。RVA 框架建议，取 30%逐月频率对应流量过程作为适宜生态径流上限，70%逐月频率对应流量过程作为适宜生态径流下限。其详细计算流程为：①取出该月的历史径流数据，对径流值进行排序并计算频率；②使用目估适线法或者最优适线法适配出频率曲线；③分别计算 30%和 70%频率对应的流量值，并将此计算值分别作为适宜生态径流上下限。

为了进一步从生态角度对调度方案进行评价，结合 RVA 框架基本思想，建立生态溢水量和生态缺水量评价指标。

生态溢水量 $V_{ecoOver}$ 是指水库下泄量超过适宜生态水量上限的值，其计算公式为

$$V_{ecoOver} = \sum_{t=1}^{T} dQ_{ecoHigh,t} \times \Delta t \tag{3.4}$$

式中：$dQ_{ecoHigh,t}$ 为时段 t 水库下泄流量超过适宜生态径流上限的值，当下泄流量低于该上限值时取 0；Δt 为时段长度。

生态缺水量 $V_{ecoLack}$ 是指水库下泄量低于适宜生态水量下限的值。其计算公式为

$$V_{ecoLack} = \sum_{t=1}^{T} dQ_{ecoLow,t} \times \Delta t \tag{3.5}$$

式中：$dQ_{ecoLow,t}$ 为时段 t 水库下泄流量低于适宜生态径流下限的值，当下泄流量高于该下限值时取 0；Δt 为时段长度。

（3）生态改变系数计算方法。生态改变系数 ε 是衡量水库进行调度之后的径流值相对于自然情况下径流值变异程度的指标。ε 值越小，则径流值越接近自然流量，变异程度越小，从而水库对生态的破坏程度也越小。其计算公式为

$$\begin{cases} \varepsilon = \sqrt{\dfrac{1}{T} \times \sum_{t=1}^{T} M_t^2} \\ M_t = \left| \dfrac{Q_{t,o} - Q_{t,e}}{Q_{t,e}} \right| \times 100\% \end{cases} \tag{3.6}$$

式中：M_t 为时段调度后流量值相对于自然情况下流量值的偏差百分率；$Q_{t,o}$ 为调度后流量值；$Q_{t,e}$ 为自然情况下的流量值；T 为时段总数。

2. 生态目标构建

自然情况下的径流值没有人为进行扰动，对生态的破坏程度最小，但是水库调度势必会对自然状况下的径流值产生扰动。生态改变系数越小，即水库调度后的径流值与自然状况下的径流值越接近，说明其对生态的破坏程度越小。因此本章建立梯级总生态改变系数最小为生态目标，即

$$\min f = \min \sum_{i=1}^{M} \varepsilon_i \tag{3.7}$$

$$\begin{cases} \varepsilon_i = \sqrt{\dfrac{1}{T} \times \sum_{t=1}^{T} M_{i,t}^2} \\ M_{i,t} = \left| \dfrac{Q_{i,t,o} - Q_{i,t,e}}{Q_{i,t,e}} \right| \times 100\% \end{cases} \tag{3.8}$$

式中：ε_i 为生态控制断面 i 的生态改变系数；$M_{i,t}$ 为断面 i 在时段 t 的调度后流量值与自然流量值的偏差百分率；$Q_{i,t,o}$ 为断面 i 在时段 t 调度后的流量值；$Q_{i,t,e}$ 为断面 i 在时段 t 自然的流量值；T 为时段数；M 为生态控制断面总数。

3.5.1.2　发电调度目标

梯级总发电量是水利枢纽联合运行经济效益的直接体现，作为模型的主要发电调度目标；其次考虑到梯级电站的丰枯出力差别较大，有必要兼顾梯级枢纽的容量效益，即还需要考虑时段最小出力，以保障电力系统安全稳定运行。

（1）在不考虑年末蓄能情况下的总发电量即为当年电站的直接效益，建立总发电量最大为发电目标函数，即

$$\max f = \max E = \max \sum_{i=1}^{S_{num}} \sum_{t=1}^{T} K_i \cdot H_{i,t} \cdot Q_{i,t}^f \cdot \Delta t \qquad (3.9)$$

式中：E 为梯级电站总发电量；$H_{i,t}$ 为电站 i 在时段 t 的水头；$Q_{i,t}^f$ 为电站 i 在时段 t 的发电引用流量；K_i 为电站 i 的综合出力系数；S_{num} 为电站数目；T 为时段数；Δt 为时段长度。

（2）时段最小出力最大：

$$\max f = \max N^f = \max\{\min_{t=1,2,\cdots,T} N_t^s\}$$

$$N_t^s = \sum_{i=1}^{S_{num}} N_{i,t} \qquad (3.10)$$

式中：N^f 为梯级电站在整个调度期内的时段最小出力；N_t^s 为系统在时段 t 的总出力；$N_{i,t}$ 为电站 i 在时段 t 的出力。

3.5.1.3　通航调度目标

在水库短期优化调度模型中，航运需求通常通过水位、流速和水位变幅限制。然而，在中长期水库调度中，由于时段长度太长，流速和水位变幅无法被精确考虑。本研究提出一种新的通航目标，即通航能力最大，其计算公式为

$$\max f = \max(nc) = \max\left(\frac{1}{P}\frac{1}{T}\sum_{i=1}^{P}\sum_{t=1}^{T} nc_{i,t}\right) \qquad (3.11)$$

式中：$nc_{i,t}$ 为第 i 个通航控制断面在第 t 个时段的通航能力；P 为总通航控制断面。

下泄流量和通航能力的关系可以通过历史通航数据统计得到。通航能力通过归一化某一下泄流量下通过的船只和吨位来统计得出。在历史数据中，能通过最大数目和最大吨位船只的流量所对应的通航能力是 1，不开放航道的流量对应的通航能力是 0。下泄流量和通航能力关系示意见图 3.1。当下泄流量 Q^x 低于 Q_{min}^x 或者高于 Q_{max}^x 时，出于安全的原因航道关闭，此时的通航能力为 0；当 Q^x 等于 Q_{min}^x 时，开始允许通航，随着 Q^x 的增加，nc 逐渐增加；当 Q^x 增加至区间 $[Q_1^x, Q_2^x]$ 时，nc 达到最大值，并且 nc 不再随着 Q^x 的

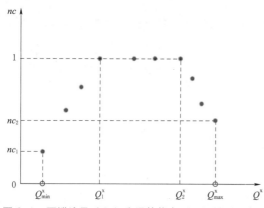

图 3.1　下泄流量（Q^x）和通航能力（nc）关系示意图

改变而改变；当 Q^x 超过 Q_2^x 时，nc 随着 Q^x 的增加而减少。

3.5.1.4 模型约束条件

（1）水位约束：

$$Z_{i,t}^{\min} \leqslant Z_{i,t} \leqslant Z_{i,t}^{\max} \tag{3.12}$$

式中：$Z_{i,t}$ 为水库 i 在时段 t 的水位；$Z_{i,t}^{\min}$、$Z_{i,t}^{\max}$ 为水库 i 在时段 t 的水位下限和水位上限，为水库自身最低、最高水位限制和调度期设定水位约束的交集；在汛期，水位上限取水库汛限水位。

（2）流量约束：

$$Q_{i,t}^{\min} \leqslant Q_{i,t} \leqslant Q_{i,t}^{\max} \tag{3.13}$$

式中：$Q_{i,t}$ 为水库 i 在时段 t 的下泄流量；$Q_{i,t}^{\min}$、$Q_{i,t}^{\max}$ 为水库 i 在时段 t 的下泄流量下限和上限，为电站最大下泄能力约束及在调度期内生态和航运对下泄流量约束的交集。

（3）出力约束：

$$N_{i,t}^{\min} \leqslant N_{i,t} \leqslant N_{i,t}^{\max} \tag{3.14}$$

式中：$N_{i,t}$ 为电站 i 在时段 t 的出力；$N_{i,t}^{\min}$、$N_{i,t}^{\max}$ 为电站 i 在时段 t 的出力下限和上限，为电站预想出力约束、保证出力约束和装机容量约束的交集。

（4）水量平衡方程：

$$V_{i,t+1} = V_{i,t} + (I_{i,t} - Q_{i,t}) \cdot \Delta t \tag{3.15}$$

式中：$V_{i,t}$、$V_{i,t+1}$ 分别为电站 i 在时段 t 的初、末库容；$I_{i,t}$ 为电站 i 在时段 t 的入库流量，通过梯级水库间的水力联系进行计算；$Q_{i,t}$ 为电站 i 在时段 t 的出库流量，为发电引用流量 $Q_{i,t}^f$ 和弃水流量 $Q_{i,t}^s$ 之和。

（5）梯级水库间的水力联系：

$$I_{i,t} = Q_{i-1,t-\tau_{i-1}} + q_{i,t} \tag{3.16}$$

其中：$I_{i,t}$ 为电站 i 在时段 t 的入库流量；$Q_{i-1,t-\tau_{i-1}}$ 为上游电站的出库流量；τ_{i-1} 为第 $i-1$ 个电站到第 i 个电站的水流时滞；$q_{i,t}$ 为电站 i 在时段 t 的区间入流。

3.5.1.5 模型约束处理方法

在进行梯级水库联合调度的过程中，随着参与调度的水库数目的增加，决策变量的数目也将随之增加，造成搜索域的范围大大增加。本章采用可行域算法在计算前将流量约束和出力约束转换为水位约束，并与之前的水位约束取交集，这样将大大减少搜索域的范围，提高收敛速度。

1. 可行域算法

可行域算法是将流量约束和出力约束转换为水位约束的一种算法，其算法步骤为：

（1）通过前一时段的水位 Z_{t-1} 分别以 $t-1$ 时段的最小下泄流量 $Q_{t-1}^{\min}$ 和最大下泄流量 $Q_{t-1}^{\max}$ 进行下泄，可以得到 t 时段的水位上下限 $[Z_1^{\min}, Z_1^{\max}]$。

（2）通过后一时段的水位 Z_{t+1} 分别让 t 时段以最大下泄流量 $Q_t^{\max}$ 和最小下泄流量 $Q_t^{\min}$ 进行下泄，反推出 t 时段的水位上下限 $[Z_2^{\min}, Z_2^{\max}]$。

（3）通过前一时段的水位 Z_{t-1} 分别以 $t-1$ 时段的最小出力 $N_{t-1}^{\min}$ 和最大出力 $Z_{t-1}^{\max}$ 进行发电，可以试算得到 t 时段的水位上下限 $[Z_3^{\min}, Z_3^{\max}]$。

（4）通过后一时段的水位 Z_{t+1} 分别让 t 时段以最大出力 $N_t^{\max}$ 和最小出力 $N_t^{\min}$ 进行发

电，反推出 t 时段的水位上下限 $\left[Z_4^{\min}, Z_4^{\max}\right]$。

（5）t 时段之前本身的水位约束为 $\left[Z_0^{\min}, Z_0^{\max}\right]$。

（6）最终 t 时段的水位约束为：$Z_t^{\min} = \max(Z_0^{\min}, Z_1^{\min}, Z_2^{\min}, Z_3^{\min}, Z_4^{\min})$；$Z_t^{\max} = \min(Z_0^{\max}, Z_1^{\max}, Z_2^{\max}, Z_3^{\max}, Z_4^{\max})$。

2. 流量约束转换为水位约束的方法

将流量约束转换为水位约束是基于水量平衡方程来进行的。

（1）以最小最大下泄流量正推产生水位上下限流程。当前一时段以最小下泄流量进行下泄时，会使该时段的水位达到最高；当前一时段以最大下泄流量进行下泄时，会使该时段的水位达到最低。基于这两个原则并通过水量平衡方程即可根据前一时段的最小最大下泄流量正推产生水位上下限，其详细流程见图3.2。

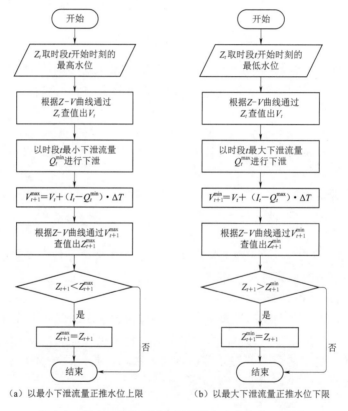

（a）以最小下泄流量正推水位上限　　　　（b）以最大下泄流量正推水位下限

图3.2　最小、最大下泄流量正推产生水位上、下限

在图3.2中，Z_t 为时段 t 起始时刻的水位；V_t 为时段 t 起始时刻的库容；Z_{t+1} 为时段 t 结束时刻的水位，也就是要计算的值；V_{t+1} 为时段 t 结束时刻的库容；I_t 为时段 t 的入库流量；$Q_t^{\min}$ 为最小下泄流量；$Q_t^{\max}$ 为最大下泄流量；$Z-V$ 曲线为水位库容曲线。

（2）以最小最大下泄流量反推产生水位上下限流程。当后一时段水位确定好之后，为了保证该时段能以最小下泄流量下泄之后达到后一时段确定的这个水位，则该时段的水位一定高于某个值；当后一时段水位确定好之后，为了保证该时段能以最大下泄流量下泄之后达到后一时段确定的这个水位，则该时段的水位一定低于某个值。基于这两个原则并通过水量平衡方程即可根据后一时段水位并让该时段分别以最小最大下泄流量下泄来反推产生水位上下限，其详细流程见图 3.3。

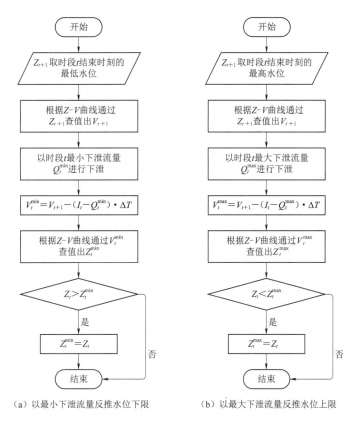

（a）以最小下泄流量反推水位下限　　　　（b）以最大下泄流量反推水位上限

图 3.3　最小、最大下泄流量反推产生水位下、上限

在图 3.3 中，Z_{t+1} 为时段 t 结束时刻的水位；V_{t+1} 为时段 t 结束时刻的库容；Z_t 为时段 t 起始时刻的水位，也为要计算的值；V_t 为时段 t 起始时刻的库容；I_t 为时段 t 的入库流量；Q_t^{min} 为最小下泄流量；Q_t^{max} 为最大下泄流量；$Z-V$ 曲线为水位库容曲线。

3. 出力约束转换为水位约束的方法

出力约束中，将最小出力约束转换为水位约束对搜索域范围的减少效果明显。以下给出通过前一时段以最小出力约束发电正推产生水位上限和后一时段让该时段以最小出力约束发电反推产生水位下限的详细流程。以最大出力约束转换为水位约束的流程和以最小出力约束转换的流程一样。

（1）以最小出力约束正推产生水位上限流程。当 1 号水库在时段 t 的起始水位 $Z_{1,t}$ 确定好之后，为了满足时段 t 的最小出力约束 $N_{1,t}^{min}$，则时段 t 的结束水位最高只能达到 $Z_{1,t+1}$，这里 $Z_{1,t+1}$ 即为从初始水位 $Z_{1,t}$ 通过最小出力约束 $N_{1,t}^{min}$ 正推出的水位上限。详细的试算流程见图 3.4。

在流程图 3.4 中，Z_t 为时段 t 起始时刻的水位，由于是正推上限，所以取时段 t 起始时刻水位的上限；V_t 为时段 t 起始时刻的库容；Z_{t+1} 为时段 t 结束时刻的水位，也就是试

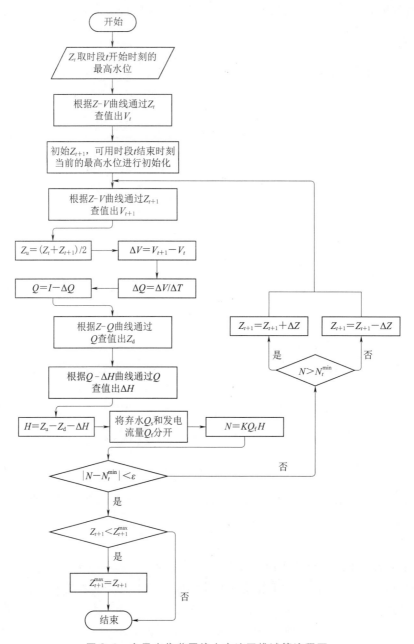

图 3.4　全局水位范围缩小方法正推试算流程图

算要确定的值；V_{t+1} 为时段 t 结束时刻的库容；Z_u 为上游平均水位；Z_d 为下游平均水位；ΔV 为时段库容变化量；ΔQ 为时段流量变化量；I 为入库流量；Q 为下泄流量；Q_s 为弃水流量；Q_f 为发电引用流量；ΔH 为水头损失；H 为水头；K 为综合出力系数；N 为出力；N_t^{min} 为最小出力约束；N_{t+1}^{max} 为时段 t 结束时刻最大水位约束；ε 用于调节试算的精度；ΔZ 为迭代过程中水位的变化量；$Z - V$ 曲线为水位库容曲线；$Z - Q$ 曲线为下游水位下泄流量曲线；$Q - \Delta H$ 为下泄流量水头损失曲线。

流程图 3.4 中描述的过程是时段 t 的试算过程，当时段 t 试算结束之后，进入下一时段的试算，直到所有时段的上限均已计算结束。

（2）以最小出力约束反推产生水位下限流程。用最小出力反推上一时段水位下限的流程是正推流程类似。当 5 号水库在时段 t 的结束水位 $Z_{5,t+1}$ 确定好之后，为了满足时段 t 的最小出力约束 $N_{5,t}^{\min}$，则时段 t 的起始水位最低不能小于 $Z_{5,t}$，这里 $Z_{5,t}$ 即为从结束水位 $Z_{5,t+1}$ 通过最小出力约束 $N_{5,t}^{\min}$ 反推出的水位下限。

图 3.5 中描述的过程是时段 t 的试算过程，当时段 t 试算结束之后，进入下一时段的

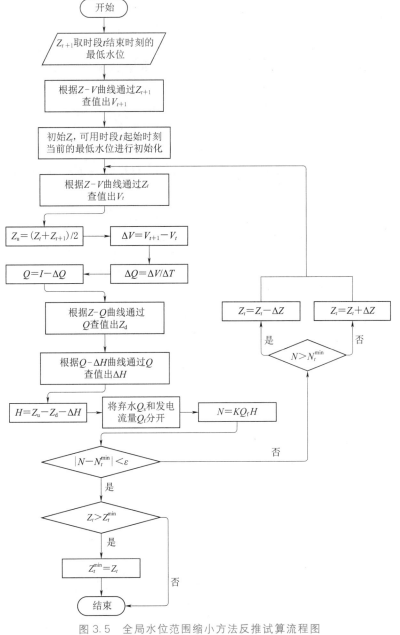

图 3.5　全局水位范围缩小方法反推试算流程图

试算，直到所有时段的上限均已计算结束。值得注意的是，在正推计算时，当计算出的出力大于最小出力时需要将 Z_{t+1} 增加一点再次进行计算；而在反推计算时，当计算出的出力大于最小出力时需要将 Z_t 减少一点再次进行计算。

4. 优化计算中缩小局部水位范围的方法

可行域算法不仅仅可以运用在优化计算前来缩小搜索域的范围，还可以在优化计算过程中针对某一个时段，在其前一时段水位和后一时段水位确定的情况下，分别运用可行域算法来缩小该时段的决策变量范围，从而提高模型求解收敛速度。

3.5.2 多目标优化调度结果及分析

本研究以总发电量最大、时段最小出力最大、生态改变系数最小和通航能力最大为目标，采用 2001 年的数据建立三峡–金沙江下游梯级水库群多目标发电–生态–航运调度模型。

3.5.2.1 调度方案集

表 3.6 是发电–生态–航运调度模型的非劣方案集。目标一（总发电量最大）的变化范围为 [2120.8，2141.2]；目标二（时段最小出力）的变化范围为 [1164.7，1472.7]；目标三（生态改变系数）的变化范围为 [4.36，4.75]；目标四（通航能力）的变化范围为 [0.76，0.99]。

表 3.6 　　　　　　　　　　　　发电–生态–航运调度模型非劣方案集

目标单位	总发电量/(亿 kW·h)	时段最小出力/万 kW	生态改变系数	通航能力
1	2120.8	1472.7	4.38	0.99
2	2121.9	1468.7	4.37	0.87
3	2122.5	1463.5	4.72	0.79
4	2123.5	1458.4	4.69	0.94
5	2124.5	1453.4	4.38	0.83
6	2125.2	1449.6	4.67	0.89
7	2125.8	1446.0	4.36	0.76
8	2126.2	1441.1	4.36	0.95
9	2126.7	1439.4	4.37	0.78
10	2127.4	1435.2	4.39	0.97
11	2127.9	1430.9	4.75	0.79
12	2128.7	1424.9	4.37	0.90
13	2129.1	1420.7	4.37	0.92
14	2129.6	1417.4	4.38	0.84
15	2130.2	1411.6	4.37	0.86
16	2131.0	1404.7	4.37	0.85
17	2131.6	1398.9	4.36	0.83
18	2132.0	1395.0	4.37	0.92

目标单位	总发电量/(亿 kW·h)	时段最小出力/万 kW	生态改变系数	通航能力
19	2132.5	1389.5	4.36	0.85
20	2133.1	1383.0	4.37	0.77
21	2133.6	1377.3	4.37	0.89
22	2134.0	1369.6	4.36	0.96
23	2134.5	1365.4	4.37	0.90
24	2134.9	1359.6	4.38	0.98
25	2135.3	1352.9	4.37	0.94
26	2135.4	1347.3	4.38	0.89
27	2135.6	1341.4	4.38	0.92
28	2136.0	1332.7	4.37	0.86
29	2136.3	1326.5	4.38	0.84
30	2136.8	1316.4	4.38	0.80
31	2137.0	1310.5	4.37	0.95
32	2137.4	1303.1	4.37	0.95
33	2137.5	1295.0	4.37	0.97
34	2138.0	1290.7	4.37	0.88
35	2138.3	1284.6	4.37	0.90
36	2138.5	1277.8	4.36	0.93
37	2138.9	1270.3	4.38	0.81
38	2139.0	1265.3	4.38	0.96
39	2139.4	1260.7	4.38	0.90
40	2139.7	1254.2	4.39	0.99
41	2139.9	1248.3	4.38	0.95
42	2140.1	1239.1	4.61	0.81
43	2140.3	1232.6	4.62	0.90
44	2140.5	1224.5	4.38	0.78
45	2140.7	1215.5	4.64	0.91
46	2141.0	1204.7	4.36	0.88
47	2141.0	1195.4	4.37	0.77
48	2141.1	1187.0	4.37	0.87
49	2141.2	1176.5	4.39	0.93
50	2141.2	1164.7	4.65	0.77

3.5.2.2 非劣前沿

图 3.6 是发电-生态-航运模型的非劣前沿分布图，其中 E、N^f、V_{eco} 和 nc 分别指总

发电量、时段最小出力、生态溢缺水量和通航能力。图中每一条线代表一个方案，从图中可以看出各条线分布均匀，说明本研究提出的算法有能力获得分布性良好的调度方案集。为了进一步分析各个目标的关系，做出非劣前沿的投影图（图 3.6）。E 和 N^f 的关系在发电-生态-航运模型中不明显，在只考虑两个发电目标的模型中，E 和 N^f 是反比关系，即随着电站发电效益的增加，电力系统的稳定性会降低。然而，生态和航运因素破坏了这种反比关系：E 和 V_{eco} 是正比关系，即发电效益越大，对生态的破坏越大；E 和 nc 是正比关系，即发电量越大，通航能力越大；N^f 和 V_{eco} 是正比关系，即电力系统越稳定，对生态的破坏越大；N^f 和 nc 是正比关系，即电力系统越稳定，通航能力越大；V_{eco} 和 nc 是正比关系，因为 V_{eco} 和 nc 及 E 和 N^f 都是正比关系，V_{eco} 和 nc 自然也是正比关系。

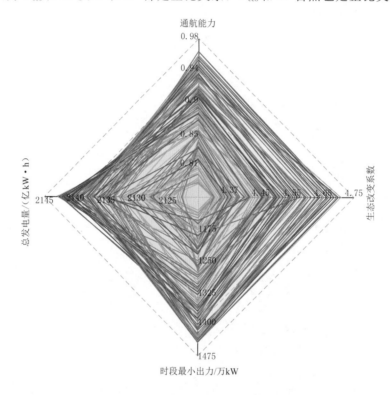

图 3.6　发电-生态-航运调度模型非劣前沿图

3.5.2.3　典型调度方案水位和下泄流量变化分析

为了进一步分析不同调度方案的异同，选取 3 个典型方案（分别对应上述发电-生态-航运调度模型非劣方案集中的 50 号、25 号、1 号方案）的水位变化过程见（图 3.7 和图 3.8），从图中可以看出，方案的水位差别主要体现在溪洛渡、向家坝和三峡水库，葛洲坝水库每个方案的水位过程均相同。生态溢缺水量大多数时候都是以溢水量的形式而不是以缺水量的形式体现的，正因如此，当总发电量增加的时候，会导致下泄流量的增加，进而导致溢水量增加，从而对生态的破坏越大，所以会让生态溢缺水量和总发电量呈现正相关。如果溢缺水量大多数是以缺水量的形式体现的话，可能总发电量和生态溢缺水量就会呈现反相关。

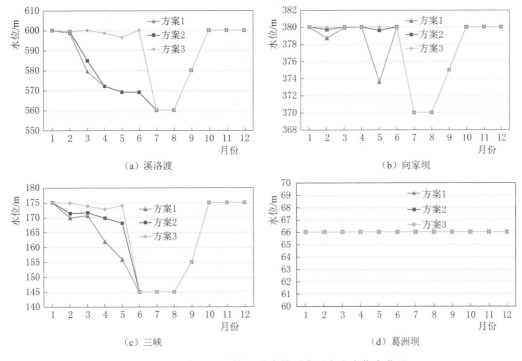

（a）溪洛渡　　　　　　　　　（b）向家坝

（c）三峡　　　　　　　　　　（d）葛洲坝

图 3.7　发电-生态-航运调度模型典型方案水位变化图

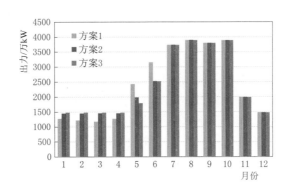

图 3.8　发电-生态-航运调度模型典型方案总出力过程图

3.6　小结

本章引入了生态学家格林内尔于 1917 年首次提出的自然生态系统的生态位概念，提出了水库调度多维目标生态系统定义：调度目标与其相互作用的供应者、需求者、竞争者、互补者、政府管理部门，以及所处的地域、政治、经济等环境所构成的一种复杂的生态系统。进一步，提出了水库调度多维目标生态理论，描述了生态位体系、要素、测度计算等内涵，并以三峡水库多目标调度为算例对理论进行了应用研究。

第 4 章

基于置换率的梯级水库目标
竞争关系分析

4.1 分析方法概述

4.1.1 多目标协同竞争可视化分析技术

在多目标优化问题中，随着目标函数的增加，人们对解的分析和理解更加困难，增加了决策者的决策难度。虽然目前对于多目标决策的分析方法很多，但多数研究都缺少对中间过程的形象展示。传统的多目标分析方法只能以简单图表的方法分析多目标，无法对各目标间的竞争协同关系进行直观展示。因此，根据决策需求，借助一定的展示工具，并结合相应的评价方法或筛选工具，在逐步降低多目标优选决策问题复杂性的同时，将决策过程形象地展示出来，为决策者提供可视化的、定性与定量相结合的优选决策过程，具有重要意义。

可视化技术通过对最优前沿解的可视化展现与分析，为决策者决策和算法优化提供了很好的辅助作用，因此成为目前多目标优化方案优选问题研究的热点之一。高维多目标优化问题可视化技术的实现，关键在于对数据的分析以及对分析结果的可视化显示。目标数据的可视化显示中，显示工具的构成元素主要包括以下方面。

（1）空间三维图形。对于不同的目标维度，以不同图形元素的组合和变换来表示。通过图形的密度和颜色分布情况，可以给出决策者优化目标分布情况以及目标之间的相关性等信息。

（2）颜色图。主要包括彩色图和灰度图两种。彩色图中不同的颜色代表不同属性维中数据的大小，而灰度图中则利用颜色的深浅来表示数据量的属性值大小，其中，颜色的深浅分布代表目标整体的分布情况。

（3）亮度。用不同的亮度来标识特定的区域，辅助人眼对特殊区域的观察。

可视化技术极大地提高了数据计算的速度和质量，它使计算中产生的大量高维数据，通过可视化技术变成图形，激发人们的形象思维能力，增强对数据理解的深度与广度。

DecisionVis 软件是一个完全交互式的、可对多维数据进行可视化分析的工具。它可以明确地处理许多目标，展示每个目标的变化趋势，敏锐地识别出拐点。可视化软件为之后的五维目标之间的竞争协调关系的分析和展示提供了技术支持。以图 4.1 为例，五维目

标分别用 x、y、z 轴的数值和颜色及标志的大
小来表示，可以直观初步分析目标之间的竞争协
同关系。

对四维目标的可视化，可以利用矩阵散点图
进行投影分析，示例见图 4.2。

4.1.2 水库目标竞争定量分析

随着水库等水工建筑物的建设，其对于河道
自然情况及资源利用的影响受到越来越多的关注
和重视，如何正确地对水库进行调度，以便在满
足一系列约束限制条件的基础上达到效益最大

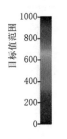
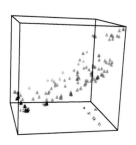

图 4.1 五维目标 DecisionVis 分析示例

化，是当今较为热点也较为紧迫的问题和关注点。水库承担防洪、发电、供水、航运等多
个任务，使得在对水库进行调度的过程中，必须考虑各个目标之间对有限水资源的共同需
求和不同的水资源利用方式带来的竞争问题。张睿、张利升等对金沙江下游梯级水库群的
发电效益、航运效益和容量效益间的竞争关系进行研究，以实现梯级水库效益最大化。李
纯龙等针对长江上游大型梯级水库群的水资源优化配置问题，利用改进的进化-动态规划
混合优化算法为长江上游水库群联合调度补偿效益及分配方法提出建设性意见。许继军等

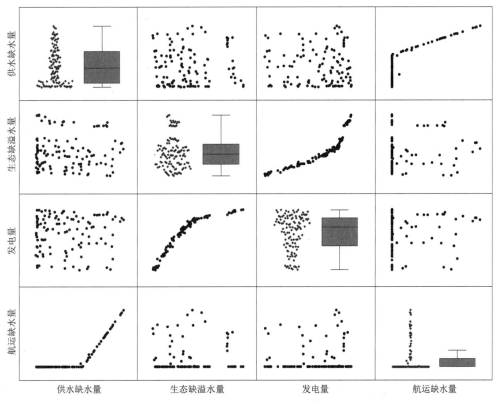

图 4.2 四维矩阵散点图

从定性角度讨论水库群联合调度的布局问题。刘丹雅等讨论三峡以上水资源综合利用目标协调问题，以及其他学者针对长江梯级水库群运行下游供水、防洪、发电以及生态的影响等开展的研究。这些研究中，多着重于优化算法的开发，以及对优化算法计算结果的简单定性分析，在一定程度上说明了研究区水库在实现多目标利益时存在的竞争性关系，以结论性的方式为水库多目标优化调度决策提供理论支撑。但是，目前对多目标间竞争关系的表述比较浅显，仅止步于概念性的、性质上的总结，而缺少运用合理的数学方法，从数量关系的角度加以描述。这一方面难以佐证定性描述的竞争关系的合理性，另一方面无法更加细致地表现出目标间竞争关系的特征，例如竞争关系的强弱变化规律等。因此本次研究将引入置换率的概念，对优化算法计算结果进行处理，从而可以定量分析水库多目标之间的竞争关系。

4.1.3 置换率评价方法

在定量分析水库多目标之间的竞争关系时，主要工作是在采用多目标优化算法求解水库多目标调度模型后对所得非劣前沿的特性进行分析。本次研究采用置换率的概念分析非劣前沿，从而可以分析目标间影响程度的变化率。同时，为后续建立评价指标体系，从非劣解集中选出最佳协调解，提供一定的依据。置换率的概念可以类比于边际替代率和边际效益。

4.1.3.1 边际替代率

边际替代率（marginal rate of substitution，MRS）是指两种物品可以按某种比率替换，在维持满足程度不变的前提下（即在同一条无差异曲线上），消费者增加 1 个单位的某一种物品所需放弃的另一种物品的消费数量。边际替代率在图形上可以用无差异曲线上两点连线的斜率来表示。它衡量的是，从无差异曲线上的一点转移到另一点时，为保持满足程度不变，两种商品之间的替代比例。边际替代率是一个点概念，即其在无差异曲线上的各点取值不同。在无差异曲线上任一点的边际替代率等于该点上无差异曲线的斜率的绝对值。其计算公式为

$$MRS_{XY} = \left| \frac{\Delta Q_Y}{\Delta Q_X} \right| \tag{4.1}$$

式中：ΔQ_Y 和 ΔQ_X 分别为物品 Y 和物品 X 的增加或放弃量。

边际替换率计算的前提是在一条维持效益满足不变的无差异曲线上，即曲线上任一点带来的总效益值总是一个固定的值。

4.1.3.2 边际效益

边际效益是经济学中的一个概念。其含义是指卖主在市场上多投入 1 个单位产量所得到的追加收入与所支付的追加成本的比较。当这种追加收入大于追加成本时，卖主会扩大生产；当这种追加收入等于追加成本时，卖主可以得到最大利润，即达到最大利润点；如果再扩大生产，追加收入就有可能小于追加成本，卖主会亏损。也可以理解为在一定时间内消费者增加 1 个单位商品或服务所带来的新增效用，也就是总效用的增量。在水库多目标问题中边际效用即是边际增加 1 个单位对某个特定用水户的供水，所导致的其调度目标的提升值，在水资源总量一定的前提下，边际效益也可以表现为通过对某个调度目标值的

降低，而达到的对其他目标的改善程度。

4.1.3.3 置换率

对于非劣前沿来说，目标间的偏置换率表示在局部非劣面上某点，在其他目标函数的值均固定不变的情况下，当第 j 个目标函数的值被提高（或降低）1 个单位，必须由第 i 个目标函数的值降低（或提高）T_{ij} 个单位补偿，即通过目标的置换量反映目标间的影响的程度。其计算式为

$$\lambda_{ij} = \frac{\partial f_j}{\partial f_i} \tag{4.2}$$

式中：f_i、f_j 为参与置换率分析的目标函数；λ_{ij} 为两目标函数之间的置换率。

置换率的概念与边际替代率之间的差异在于，置换率是发生在非劣前沿上的，总效益的衡量方式更为复杂。

在计算置换率时，将用多目标算法得到非劣解，针对待分析的两个目标进行平面投影，并将投影结果拟合成函数形式，再对拟合的结果求其一阶导数，得到的相应数学表达式即为置换率函数。由该计算过程，置换率也可理解为当第 j 个目标为某一定值时，第 i 个目标的变化速率，从而反映两目标间的定量关系。在后续分析过程中，根据主观的变化速率等要求确定目标值，有利于决策的制定和目标优化的深入分析。在实际运用中常常将置换率与决策者理想边际效益和边际替换率相比较，从而得到符合决策者要求的决策方案。

4.1.4 水库目标竞争定量分析技术

水库多目标优化调度问题，是一类大规模、非凸、非线性、强耦合并伴有复杂约束的多目标优化问题。针对这一问题，国内外学者从问题建模和模型高效求解方面入手，开展了大量研究并取得了一定的成果，为大型水利工程实现多目标调度提供了理论依据和技术支撑。水库多目标优化问题的核心，就是如何权衡各个用水要求之间的利益关系，例如如何同时满足水电站发电效益最大、水库防洪效益最大、城市供水效益最大等最优理想效益。针对这一类问题研究，学者提出大量适宜于水库调度领域的求解方法，目前常采用的对于多目标优化问题的一种解法是引入 Pareto 和支配关系的理念，运用多目标智能算法实现模型的高效求解，使得随着进化的过程，群体中的个体会越来越靠近最优解集，逐渐收敛于 Pareto 最优前沿。

通常多目标优化，问题可以描述为

$$\min y = F(x) = (f_1(x), f_2(x), \cdots, f_n(x)) \tag{4.3}$$

式中：$x \in \Omega$，x 称为决策变量，Ω 为决策空间；$f_1(x)$、$f_2(x)$、$\cdots$、$f_n(x)$ 为多个目标的目标值函数；y 为目标函数值，$y \in \Lambda$，Λ 为目标函数空间。

通常优化的搜索过程发生在目标函数空间。多目标优化问题涉及两个重要的定义。

定义 1 占优。对于任意向量 u，$V \in \Lambda$，$u = \{u_1, u_2, \cdots, u_k\}$，$v = \{v_1, v_2, \cdots, v_k\}$，对于所有 $i \in \{1, 2, \cdots, k\}$ 满足 $u_i \leqslant v_i$，并且存在 $j \in \{1, 2, \cdots, k\}$ 使得 $u_j < v_j$，则称向量 u 优于向量 v。

定义 2 Pareto 最优解。在决策空间 Ω 中，对任意解 x，不存在 $x' \in \Omega$，使得 $F(x') = (f_1(x'), f_2(x'), \cdots, f_n(x'))$ 优于 $F(x) = (f_1(x), f_2(x), \cdots, f_n(x))$，则

称 x 为 Ω 上的 Pareto 最优解。由所有的 Pareto 最优解组成的集合称为 Pareto 最优解集。Pareto最优前沿指的是 Pareto 最优解集在目标函数空间中的像。非劣解是指 Pareto 最优解通过目标函数 F 映射到目标函数空间中的向量。

因此，从多目标问题及其算法的机理来看，求解多目标优化问题就是要求出一组折中解，使得所遇到的问题的多个目标在某种意义之下同时达到最优，这组折中解称为 Pareto 最优解。多目标问题求解的最终目的是求得尽可能多（甚至是全部）的 Pareto 最优解。在 Pareto 非劣前沿上的点相互之间不具有支配关系，即任意两个点之间，其所产生的总效益的好坏程度是一样的，不能简单地从数值上进行比较，如果要利用非劣前沿的结果作为水库调度的决策，则还需要其他的主观评判标准。通过所得的非劣前沿，可以直观地表现出当一个目标的效益增加时其他目标是呈现效益增加或是效益降低的趋势，从而可以判定两目标间是否存在竞争，此时再通过置换率的计算，就可以更深入地对目标间竞争的特性进行分析和描述。

因此在本次研究中，为实现水库多目标竞争关系的定量分析，需要选择长江上游水库群作为研究对象，利用长系列或典型年水文资料，针对不同目标选择适合该目标特征以及研究区特性的目标函数，确定约束条件，建立水库多目标优化模型，并选择 NSGA -Ⅱ优化算法计算得到优化的非劣前沿，从而可以进行置换率的计算，实现对水库多目标竞争关系的定量分析。

对水库群多目标竞争关系进行定量分析的具体过程见图 4.3。

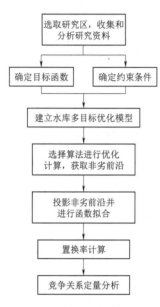

图 4.3　水库群多目标竞争关系分析流程图

4.2　径流资料分析

本研究使用了长江上游地区 30 座水库 1957—2012 年共 56 年的实测入流资料。由于多年长系列实测径流资料并不能准确反映流域原始的水文过程，因此需要对流量资料进行突变点分析，确定出长江上游受人类活动影响较小的时段，并在该时段中结合水文分析计算的结果，选择出长江上游不同频率下的天然来水。

以金沙江下游梯级水库群为例，选取乌东德水库入流 1957—2007 年的入流资料进行突变分析，求出径流的突变年份，并在突变年份以前根据频率分析的结果选取典型年。

4.2.1　突变点分析

突变现象，相对于连续变化，是指从一种稳定状态变化到另一种稳定状态。突变发生的原因，人为或非人为皆有可能。识别突变现象需要对其检验，目前常用的检验方法有：有序聚类分析法、Mann - Kendall（M - K）检验法、滑动 t 法、Yamamoto 方法、滑动游程检验法、Pettitt 方法、滑动秩和检验法、信噪比法和 BG 分割算法等。选用 M - K 检验法，通过对干支流第一个水库的径流资料进行突变分析，结合干支流水库修建的时间，确定出干支流径流量序列的突变点。

在 M-K 检验中，检验的统计量 S 为

$$S = \sum_{k=1}^{n-1} \sum_{j=k+1}^{i} \text{sgn}(X_j - X_k) \tag{4.4}$$

其中
$$\text{sgn}(X_j - X_k) = \begin{cases} +1 & (X_j - X_k) > 0 \\ 0 & (X_j - X_k) = 0 \\ -1 & (X_j - X_k) < 0 \end{cases} \tag{4.5}$$

S 服从正态分布，其均值为 0，方差 $\text{var}(S) = n(n-1)(2n+5)/18$。当 $n > 10$ 时，标准的正态变量 Z 通过下式计算：

$$Z = \begin{cases} \dfrac{S-1}{\sqrt{\text{var}(S)}} & S > 0 \\ 0 & S = 0 \\ \dfrac{S+1}{\sqrt{\text{var}(S)}} & S < 0 \end{cases} \tag{4.6}$$

在置信水平 α 上，当 $|Z| \geqslant Z_{\alpha/2}$ 时，说明该时间序列有明显的上升或下降趋势；当 $Z > 0$ 时认为该时间序列呈上升趋势；$Z < 0$ 时认为该时间序列呈下降趋势。

当 M-K 检验用于检验序列突变时，检验统计量通过构造序列：

$$S_k = \sum_{i=1}^{k} \sum_{j}^{i-1} a_{ij} \quad (k = 1, 2, \cdots, n)(1 \leqslant j < i) \tag{4.7}$$

构造统计变量：

$$UF_k = \frac{S_k - E(S_k)}{\sqrt{\text{var}(S_k)}} \quad (k = 1, 2, \cdots, n) \tag{4.8}$$

其中
$$\begin{cases} E(S_k) = \dfrac{k(k-1)}{4} \\ \text{var}(S_k) = \dfrac{k(k-1)(2k+5)}{72} \end{cases} \quad (k = 2, 3, \cdots, n) \tag{4.9}$$

将时间序列 x 按逆序排列，再按下式计算：

$$UB_k = -UF \quad (k = n, n-1, \cdots, 1) \tag{4.10}$$

通过分析统计量 UF_k 和 UB_k 则可以进行时间序列 x 的突变性分析（图 4.4～图 4.10），如果 UF_k 和 UB_k 两条统计曲线有交点且在两条临界直线之间，说明发生了突变，且该交点即为突变点。

采用 M-K 检验法对长江上游干支流的年均流量系列进行突变性分析。M-K 检验时，UF_k 曲线与 UB_k 曲线存在交点，且交点在两条临界直线（置信区间）之间时，则可认为年径流出现突变，但由于序列初和序列末的交点不确定性大，不纳入考虑范围。

分析图 4.4～图 4.10 可以发现，长江上游各个片区在 1990 年前后出现了一次较为明显的突变，而乌江和长江干流还在 2000 年左右出现了一次突变。因此，研究在选择典型年份 1957—1990 年的范围进行考虑。

图 4.4　雅砻江流域 M-K 检验突变分析

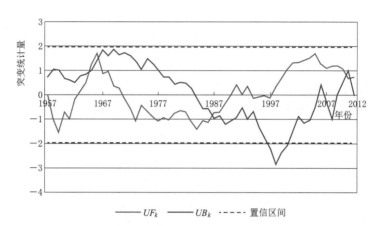

图 4.5　金沙江流域 M-K 检验突变分析

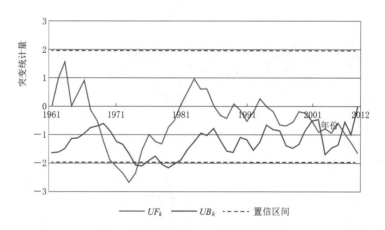

图 4.6　岷江流域 M-K 检验突变分析

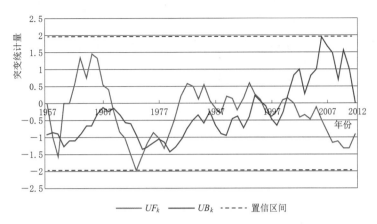

图 4.7　大渡河流域 M-K 检验突变分析

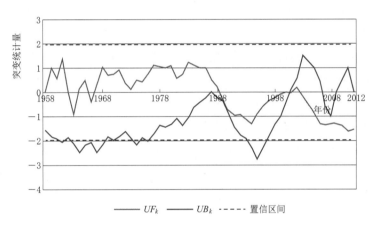

图 4.8　嘉陵江流域 M-K 检验突变分析

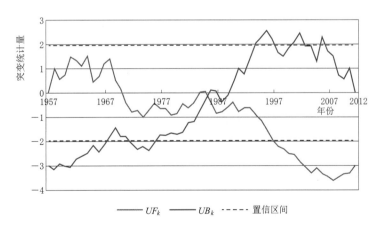

图 4.9　乌江流域 M-K 检验突变分析

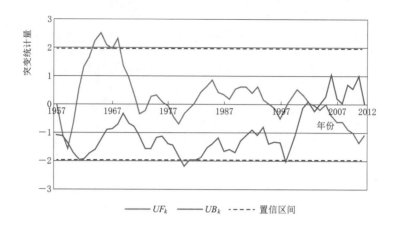

图 4.10　长江上游干流 M-K 检验突变分析

4.2.2　典型年选择

对于各流域的全年兴利调度而言，对各子流域首库之前站点 1957—1990 年的径流系列计算距平百分率，以距平百分率 25%、50% 和 75% 的年份作为枯水年、平水年和丰水年，选择结果见表 4.1。

表 4.1　　　　　　　　　　　　各流域兴利调度典型年

流域	枯水年年份	平水年年份	丰水年年份	流域	枯水年年份	平水年年份	丰水年年份
金沙江	1984	1970	1974	嘉陵江	1959	1962	1964
雅砻江	1958	1963	1974	乌江	1966	1973	1964
岷江	1959	1974	1964	长江干流	1959	1966	1964
大渡河	1959	1966	1965				

对于各流域的汛期防洪-发电优化调度而言，选择峰高量大、主峰偏后的典型年洪水过程，可以从偏工程安全的角度探究水库群汛期防洪发电目标之间的变化关系，在保证防洪安全的前提下尽可能提高发电量，创造可观的收益。因此在各个流域按照汛期洪量进行排频，选取 1957—1990 年实测洪水最大的年份作为典型年，其结果见表 4.2。

表 4.2　　　　　　　　　　　　各流域汛期典型年

流域	最 大 洪 量		次 大 洪 量	
	年份	重现期	年份	重现期
金沙江	1974	约 30 年	1962	约 20 年
雅砻江	1965	约 60 年	1982	约 20 年
岷江	1957	约 70 年	1958	约 40 年
大渡河	1965	约 40 年	1960	约 20 年
嘉陵江	1967	约 30 年	1961	约 25 年
乌江	1977	约 30 年	1964	约 20 年
长江干流	1974	约 30 年	1968	约 20 年

对于全流域兴利调度而言，根据 1957—1990 年宜昌站的径流系列，选取了 1959 年、1988 年和 1964 年作为枯水年、平水年和丰水年典型年，其频率分别为 22.3%、47.1% 和 82.5%。

4.3 水库调度目标识别

4.3.1 水库群系统组成

长江上游水库群是指在长江上游的干支流上已建、在建及规划建设的一系列控制性水库，它们在一定程度上能够互相协作，共同调节径流，从而组成一个水库整体。长江上游水库群的特点有共同性、复杂性和联系性：共同性即组成水库群的水库共同调节径流，且共同为一些开发目标服务；复杂性是指长江上游流域面积大、开发业主众多、水库群结构复杂；联系性是指在水库群的各水库间存在的水文联系、水力联系和水利联系。

以《2017 年长江上游水库群联合调度方案》为基础，长江上游水库群可以划分成金沙江片区、雅砻江片区、岷江片区、大渡河片区、嘉陵江片区、乌江片区、长江干流片区等 7 个片区水库群。水库群的水库不仅包括已建的 21 座控制性水库，也包括在建及规划的重要控制性水库。其中金沙江片区的水库群包括梨园、阿海、金安桥、龙开口、鲁地拉、观音岩、乌东德、白鹤滩、溪洛渡、向家坝 10 座水库；雅砻江片区包括两河口、锦屏一级、二滩 3 座水库；岷江片区包括紫坪铺水库；大渡河片区包括下尔呷、双江口、瀑布沟 3 座水库；嘉陵江片区包括碧口、宝珠寺、亭子口、草街 4 座水库；乌江片区包括洪家渡、东风、乌江渡、构皮滩、思林、沙沱、彭水 7 座水库；干流片区包括三峡和葛洲坝 2 座水库。长江上游水库群系统见图 4.11。

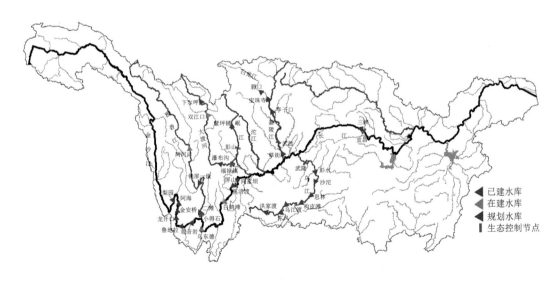

图 4.11　长江上游水库群系统

以工程节点、控制节点河道作为建立系统图的基本要素,按照概化的水量传输关系绘制水库群系统概化图,并明确水资源系统中主要的水量传递过程,反映天然水循环与人工侧支循环相结合的耦合过程。

长江上游水库群系统中具有众多的元素和显性或隐性的相互关联过程,必须通过识别系统主要过程和影响因素抽取其中的主要和关键环节并忽略次要信息,建立从系统实际状况到数学表达的映射关系,进而实现系统模拟。对长江上游水库群系统进行准确可控的数学模拟和描述,需要基于正确合理的抽象与简化。抽象和简化带来的好处是能够清晰反映系统中元素之间的关系,有意识地忽略事物的某些次要特征,实现对系统完整的认识和把握。系统概化正是实现这种抽象简化并建立的必然途径,实现长江上游水库群系统到数学表达的映射和转换。长江上游水库群系统概化时遵循以下原则:

(1) 水资源系统的各组成元素具有众多显性或隐性的关系,通过分析系统水资源取、供、用、耗、排过程和水资源管理情况等特征提取关键要素。

(2) 系统概化主要根据区域水资源开发利用特点、主要取水口位置、水资源分区、行政区划、水利工程布局等条件,将社会经济、水资源、生态环境三个系统的主要因素经过简化(如同一计算单元同类型多个取水口的简化)和抽象(如计算单元的回归水和处理后排放的污水均视为该单元的退水),整合为取退水节点、计算单元水传输系统、流域单元水传输系统三类元素,建立从系统实际状况到数学表达的映射关系,实现对水资源系统完整且合理的概化。

长江上游水库群系统的主要元素包括点、线元素及其对应的实体,见表 4.3。

表 4.3　　　　　　　　　　　　长江上游水库群系统的主要元素

基本元素	类型	所代表系统实体
点	工程节点	蓄引提工程(包括水库)
	用水单元	一定区域范围内多类实体的概化集合,包括区域内用水户、面上分布的用水工程等
	水汇	汇水节点,系统水源最终流出处
	控制节点	有水量或水质控制要求的河道或渠道断面
线	河道/渠道	代表水源流向和水量相关关系的节点间有向险段,如天然河道、供水渠道等

通过概化得到的点、线类元素间的联系,即可描述水资源系统中的主要水量传递过程,长江上游水库群的概化图见图 4.12。

4.3.2　发电目标

对于绝大多数水库(水电站)群而言,发电效益最大一般是其优化调度的首要目标,主要在汛期发电以提高全年发电总量,在枯水期按保证出力发电以满足电力系统的最低负荷需求。随着水电在电力系统中所占的比重越来越大,对枯水期的出力需求也随之提高,然而增大枯水期出力势必会引起库水位降低,从而减少全年发电总量,故对于发电目标,研究中以梯级总发电量最大作为目标函数:

$$\max f = \max E = \sum_{i=1}^{M} \sum_{t=1}^{T} N_i^t \Delta T \tag{4.11}$$

式中：E 为梯级总发电量；N_i^t 为第 i 个水电站在第 t 时段的出力；M 为梯级电站个数；T 为总时段长度；ΔT 为某一时段长度。

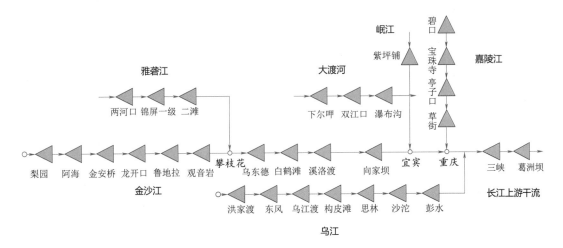

图 4.12 长江上游水库群的概化图

4.3.3 防洪目标

不少学者对防洪目标已经做了深入研究，构造了多种不同侧重方式的防洪函数。在本研究中，考虑到下游地区的防洪要求，将水库群最下游水库的下泄流量平方和作为防洪目标：

$$\min f = \sum_{t=1}^{T} q_{\text{last},t}^2 \tag{4.12}$$

式中：T 为整个汛期天数；$q_{\text{last},t}$ 为第 t 日最下游水库的下泄流量。

4.3.4 生态目标

本研究过程参考《长江流域综合规划(2012—2030 年)》中关于控制断面生态环境下泄流量的研究成果。该生态基流对应最小生态流量，定义为维持河床基本形态、保障河道输水能力、防止河道断流、保持水体一定的自净能力的最小径流量，是维系河流的最基本环境功能不受破坏，且必须在河道中常年流动着的最小水量阈值。控制断面生态环境下泄流量对应适宜生态流量，定义为在综合考虑了河流径流量的分布特性、生态保护特殊要求、输沙需求等因素后，在正常来水条件下维持较好的河流生态系统形态和功能而需要保留在河道内的水量。长江上游生态控制节点适宜生态流量见表 4.4。

表 4.4　　　　　　　　　　长江上游生态控制节点适宜生态流量表

序号	河道	节点	汛期流量/(m³/s)	非汛期流量/(m³/s)
1	金沙江干流	屏山	1954	1164
2	雅砻江	小得石	715	392
3	嘉陵江	武胜	341	221

序号	河道	节点	汛期流量/(m³/s)	非汛期流量/(m³/s)
4	嘉陵江	北碚	1031	417
5	岷江	彭山	183	95
6	岷江	五通桥	936	746
7	岷江	高场	1297	576
8	长江干流	朱沱	3427	2371
9	长江干流	寸滩	4244	3270
10	长江干流	宜昌	4895	4895
11	乌江	思南	721	361
12	乌江	武隆	721	361
13	大渡河	福禄镇	613	575

选取生态控制断面适宜生态需水量作为研究对象，因此对于生态目标，研究过程中以适宜生态缺溢水量平方和最小作为目标函数：

$$\min f = \sum_{t=1}^{T} \sum_{l=1}^{L} (R_{lt} - E_{lt}^{app})^2 \tag{4.13}$$

式中：L 为生态控制断面总数；E_{lt}^{app} 为断面 l 时段 t 的适宜生态流量；R_{lt} 为断面 l 时段 t 的实际流量。

4.3.5　供水目标

关于水库多目标联合调度中的供水目标，其核心是在非汛期保证用水户可供水量的同时，尽可能实现发电量最大的目标。长江上游的供水主要包括生活用水、工业用水和农业用水，河道外用水需求较小，河道内主要为发电用水；从用水情况来看，长江流域城市供水主要依靠地表水，受径流变化影响很大，因此不同的目标函数可以得到不同的运行结果。

供水和发电之间的关系取决于两者的需求量大小关系，当供水水量极大时，需水量超过了机组满发时的水量，就会造成弃水，同时减小了水库蓄水量，当时段来水不足时，则今后时段的发电量会受到影响；当供水要求极小时，发电量增加，供水效益不增加，水库蓄水减小，对后期调度存在影响；当供水水量处于极大值和极小值之间时，供水量增加、供水效益增加的同时，机组的发电水量增加、发电量增大，呈现协同关系。

根据相关文献资料等，常用的供水目标主要为可供水量最大目标或缺水量最小目标。在仅考虑来水的情况下，随着发电量增大，可供水量也增大即供水效益增加，但由于研究区域为长江上游，来水相对充沛，尤其汛期来水量较大，若大于需水量，一味地增加供水量不能反映供水效益，选用可供水量最大目标时会造成弃水，不能很好地反映发电与供水的竞争协同关系，因此不用该目标。

从供给侧（水库群）和需求侧的角度出发，选用缺水率最小目标以最小化供水的缺水程度，缺水率越大，对供水效益的影响程度也越大，因此，该目标可以很好地反映水库联合调度中的供水目标。

缺水率最小：

$$\min f = \sum_{t=1}^{T} \sum_{k=1}^{K} \frac{q_t - D_{kt}}{D_{kt}} \tag{4.14}$$

式中：q_t 为供水断面流经水量；K 为社会经济需水区数目；D_{kt} 为时段 t 需水区 k 的总社会经济需水量。

长江上游水库群供水断面控制流量见表 4.5。

表 4.5　　　　　　　　　　　长江上游水库群供水断面控制流量

序号	河道	水库	下游供水断面控制流量/(m³/s)	序号	河道	水库	下游供水断面控制流量/(m³/s)
1	金沙江干流	乌东德	906	9	嘉陵江	宝珠寺	90.3
2	金沙江干流	白鹤滩	910	10	嘉陵江	亭子口	89.5
3	金沙江干流	溪洛渡	1200	11	乌江	洪家渡	20
4	雅砻江	锦屏	122	12	乌江	乌江渡	100
5	雅砻江	二滩	403	13	乌江	构皮滩	200
6	大渡河	两江口	52	14	乌江	彭水	280
7	大渡河	瀑布沟	477	15	长江干流	三峡	6000
8	岷江	紫坪铺	109				

4.3.6　航运目标

在天然状态下，一般来说，山区河流汇流面积小，汇流时间短，径流系数大，加之河谷狭窄，河槽调蓄能力低，暴雨强度又大，则使水位暴涨暴落。有些河段在一昼夜时间，水位涨落即可达 10m 以上，洪水过程线表现为急剧变化的多峰形。在峡谷和宽浅河段，因河面宽度不一，即使流量相同，各处水位变幅相差也很大。山区河流流量和水位变化一样，主要是受降水的影响。往往暴雨过后，流量猛增，短时期内又退落下去。而枯水流量一般都比较稳定，变化不大，历时较长。山区河流的洪枯流量相差都较悬殊，对航运极为不利。

因此，山区河流天然状态下航运大大受到限制，其水运巨大潜力有待进一步发挥。随着工业生产和经济发展对电力需求的增加，山区河流上修建的水电枢纽越来越多，往往是进行连续梯级开发。枢纽建成后，两坝间的航道既有水库的某些特性又有天然河道的某些特性。因此，水电枢纽对航运既有利，又有一定的影响：一方面，由于梯级枢纽中反调节枢纽作用，两坝间河道水位有所抬高，因而提高了通航等级；另一方面，由于上游枢纽进行调节，下泄流量不恒定，变化较大，河道的水位变幅、涨率、流速等比天然河道变化大。船舶航行时，水库调节主要与河道水位与流速有关，河道断面的变化一般需要较长时间，因此在断面条件相同的情况下，流速仅与下泄流量有关。

本研究选取航运目标为航运水位要求破坏程度最小，其中包括下游水位变幅要求以及下游允许水位区间要求：

$$\min f = \sum_{t=1}^{T} Z_{1,t}^2 + \sum_{t=1}^{T-1} Z_{2,t}^2 \tag{4.15}$$

其中
$$Z_{1,t}=\begin{cases}Z_{\min}-Z_t & Z_t<Z_{\min}\\0 & Z_{\min}\leqslant Z_t\leqslant Z_{\max}\\Z_t-Z_{\max} & Z_t>Z_{\max}\end{cases}\qquad(4.16)$$

$$Z_{2,t}=\begin{cases}|Z_{t+1}-Z_t|-\Delta Z_{\max} & |Z_{t+1}-Z_t|>\Delta Z_{\max}\\0 & |Z_{t+1}-Z_t|\leqslant\Delta Z_{\max}\end{cases}\qquad(4.17)$$

式中：Z_t 为航道上游水库 t 时刻的下游水位；$Z_{\min}$、$Z_{\max}$ 为满足航运下泄流量要求时对应的下游水位的最小值和最大值；$\Delta Z_{\max}$ 为满足航运要求的下游水位变幅最大值；T 为计算周期时长。

4.4　水库群多目标优化调度模型构建方式

长江上游水库众多，形成了复杂的大规模水库群。由于长江上游具有水能丰富的特点，对于大多数水库而言，发电量最大或发电效益最大这类效益型指标在优化调度时会重点考虑。发电调度决策的正确与否不仅关系到发电企业的经济效益，而且关系到电网的安全运行。此外，发电目标与供水、航运、生态、防洪目标间存在矛盾及不可公度的竞争关系，对比分析发电与其余四个目标，可以较直观地发现不同目标间的竞争关系，探究相互影响的方式和程度。因此，本研究将发电目标同其他目标分别组合优化，构建长江上游水库群两目标调度模型。

4.4.1　汛期防洪调度模型

（1）决策变量。长江上游水库群调度时，要实现流域上下游协调、干支流兼顾，保障流域防洪安全，充分发挥水库群综合效益。此外，还要坚持兴利服从防洪调度的原则，各水库需要按照《长江流域综合规划（2012—2030 年）》和《长江流域防洪规划》的要求，汛期留足防洪库容。水库防洪调度的调节时期为汛期，以水库下泄流量 q 为决策变量，以天为计算时段，并按时历顺序，进行逐时段的水库水量平衡运算，以求得水库水位和水量的蓄泄变化过程。长江上游各水库度汛规划见表 4.6。

表 4.6　　　　　　　　　　长江上游各水库度汛规划

序号	河段	水库	汛期时段（月.日—月.日）	防洪高水位/m
1		梨园	7.1—7.31	1605
2		阿海	7.1—7.31	1493.3
3		金安桥	7.1—7.31	1410
4		龙开口	7.1—7.31	1289
5	金沙江	鲁地拉	7.1—7.31	1212
6		观音岩	7.1—7.31	1122.3
			8.1—9.30	1128.8
7		溪洛渡	7.1—9.10	560
8		向家坝	7.1—9.10	370

序号	河段	水库	汛期时段（月.日—月.日）	防洪高水位/m
9	雅砻江	锦屏一级	7.1—7.31	1859
10		二滩	6.1—7.31	1190
11	岷江	紫坪铺	6.1—9.30	850
12	大渡河	瀑布沟	6.1—7.31	836.2
			8.1—9.30	841
13	嘉陵江	碧口	5.1—6.14	697
			6.15—9.30	695
14		宝珠寺	7.1—9.30	583
15		亭子口	6.21—8.31	447
16		草街	6.1—8.31	200
17	乌江	构皮滩	6.1—7.31	626.24
			8.1—8.31	628.12
18		思林	6.1—8.31	357
19		彭水	5.21—8.31	287
20	干流	三峡	6.10—9.30	145

（2）目标函数：

$$\min f = \sum_{t=1}^{T} q_{last,t}^2 \tag{4.18}$$

式中：T 为整个汛期天数；$q_{last,t}$ 为第 t 日最下游水库的下泄流量。

4.4.2 全年兴利调度模型

（1）决策变量。长江上游水库群调度时，要通过调度实现流域上下游协调、干支流兼顾，保障流域生态安全，充分发挥水库群综合效益。调度时，枯水期合理运用调节库容，统筹协调发电与生态等方面对水资源的需求，水库下泄流量不小于规定的下限值，水库供水调度的调节时期为整个水利年，具体为 11 月 1 日至次年 10 月 31 日，以旬为计算时段，共划分为 36 个计算时段，并按时历顺序，进行逐时段的水库水量平衡运算，以求得水库水位水量的蓄泄变化过程。

（2）目标函数。全年兴利存在四个目标，分别为发电、生态、供水、航运。

1）发电。研究过程中以总发电量最大作为目标函数，梯级电站总发电量最大：

$$\max f = \max E = \sum_{i=1}^{M} \sum_{t=1}^{T} N_i^t \cdot \Delta T \tag{4.19}$$

式中：E 为梯级电站总发电量；N_i^t 为第 i 个水电站在第 t 时段的出力；M 为梯级电站个数；T 为总时段长度；ΔT 为某一时段长度。

2）生态。研究过程中以适宜生态缺溢水量最小作为目标函数，适宜生态缺溢水量最小：

$$\min f = \sum_{t=1}^{T} \sum_{l=1}^{L} (R_{lt} - E_{lt}^{\mathrm{app}})^2 \tag{4.20}$$

式中：L 为生态控制断面总数；E_{lt}^{app} 为断面 l 时段 t 的适宜生态流量；R_{lt} 为断面 l 时段 t 的实际流量。

3）供水。研究过程中以缺水率最小作为目标函数：

$$\min f = \sum_{t=1}^{T} \sum_{k=1}^{K} \frac{q_t - D_{kt}}{D_{kt}} \tag{4.21}$$

式中：q_t 为供水断面流经水量；K 为社会经济需水区数目；D_{kt} 为时段 t 需水区 k 的总社会经济需水量。

4）航运。选取的航运目标为航运水位破坏程度最小，其中包括下游水位变幅要求以及下游允许水位区间要求：

$$\min f = \sum_{t=1}^{T} Z_{1,t}^2 + \sum_{t=1}^{T-1} Z_{2,t}^2 \tag{4.22}$$

其中

$$Z_{1,t} = \begin{cases} Z_{\min} - Z_t & Z_t < Z_{\min} \\ 0 & Z_{\min} \leqslant Z_t \leqslant Z_{\max} \\ Z_t - Z_{\max} & Z_t > Z_{\max} \end{cases} \tag{4.23}$$

$$Z_{2,t} = \begin{cases} |Z_{t+1} - Z_t| - \Delta Z_{\max} & |Z_{t+1} - Z_t| > \Delta Z_{\max} \\ 0 & |Z_{t+1} - Z_t| \leqslant \Delta Z_{\max} \end{cases} \tag{4.24}$$

式中：Z_t 为航道上游水库 t 时刻的下游水位；$Z_{\min}$、$Z_{\max}$ 为满足航运下泄流量要求时对应的下游水位的最小值和最大值；$\Delta Z_{\max}$ 为满足航运要求的下游水位变幅最大值；T 为计算周期时长。

4.4.3 模型约束条件

4.4.3.1 水库节点约束

（1）水库水量平衡约束。单时段水库水量平衡方程为

$$V_{i,t} - V_{i,t-1} = (Q_{i,t} - q_{i,t} - E_{i,t}) \Delta t \tag{4.25}$$

式中：$V_{i,t}$、$V_{i,t-1}$ 为 i 水库 t 时段末、初水库的库容；$Q_{i,t}$ 为 i 水库 t 时段内平均入库流量；$q_{i,t}$ 为 i 水库 t 时段平均出库流量；$E_{i,t}$ 为 i 水库 t 时段损失流量；Δt 为计算时段长。

（2）水库出流限制。水库出库流量应当满足最大、最小下泄流量限制的要求，且下泄水量先通过水轮机进行发电，当大于水轮机的最大过流能力时产生弃水。

$$q_{i,t,\min} \leqslant q_{i,t} \leqslant q_{i,t,\max} \tag{4.26}$$

$$q_{i,t}^{\mathrm{E}} \leqslant q_{i,t,\max}^{\mathrm{E}} \tag{4.27}$$

$$q_{i,t}^{\mathrm{S}} = q_{i,t} - q_{i,t}^{\mathrm{E}} \tag{4.28}$$

式中：$q_{i,t,\min}$ 为 i 水库 t 时段最小允许出库流量；$q_{i,t,\max}$ 为 i 水库 t 时段最大允许出库流量；$q_{i,t}^{\mathrm{E}}$ 为 i 水库 t 时段水轮机组下泄流量；$q_{i,t,\max}^{\mathrm{E}}$ 为 i 水库 t 时段水轮机组最大过水流量；$q_{i,t}^{\mathrm{S}}$ 为 i 库 t 时段未经过水轮机的弃水流量。

（3）水库水位限制。各水库各时段运行水位 $Z_{i,t}$ 都应该满足水位限制：

$$Z_{i,t,\min} \leqslant Z_{i,t} \leqslant Z_{i,t,\max} \tag{4.29}$$

式中：$Z_{i,t,\max}$ 为 i 水库 t 时段末最大允许水位，在汛期为防洪高水位，在非汛期为正常蓄水位；$Z_{i,t,\min}$ 为 i 水库 t 时段末最小允许水位，即为死水位。

（4）出力限制。水库各时段实际出力 $N_{i,t}$ 要满足出力限制：

$$N_{i,t,\min} \leqslant N_{i,t} \leqslant N_{i,t,\max} \tag{4.30}$$

式中：$N_{i,t,\min}$ 为 i 水库 t 时段最小出力，万 kW；$N_{i,t,\max}$ 为 i 水库 t 时段最大出力，万 kW。

（5）下泄流量变幅约束。水库下泄流量应该尽量稳定，过程不能剧烈抖动，因此对水库下泄能力加以变幅约束，即

$$|q_{i,t} - q_{i,t-1}| \leqslant \Delta q_i \tag{4.31}$$

式中：Δq_i 为第 i 个水库出流的最大变幅。

4.4.3.2 断面水量约束

（1）引水量约束。河段供水的水量要小于等于需水约束：

$$QA_{i,t} \leqslant DA_{i,t} \tag{4.32}$$

式中：$QA_{i,t}$ 为 i 断面 t 时段的引水量；$DA_{i,t}$ 为 i 断面 t 时段的需水量。

（2）引水断面水量平衡约束。引水断面下泄流量应当满足节点入流量与供水量之差：

$$R_{i,t} = I_{i,t} - QA_{i,t} \tag{4.33}$$

式中：$R_{i,t}$ 为 i 断面 t 时段的下泄流量；$I_{i,t}$ 为 i 断面 t 时段的入流量。

（3）断面下泄流量约束。各断面下泄流量应该大于等于最小下泄流量，以保证生态等目标的实现：

$$R_{i,t} \geqslant R_{i,t,\min} \tag{4.34}$$

式中：$R_{i,t,\min}$ 为 i 断面 t 时段最小必须下泄流量。

其中对于生态控制断面来说，要求在调度过程中保证断面流量达到生态控制指标，以便确保各河段的生态需水。

（4）节点间水量平衡关系约束。断面节点之间需要综合考虑河道水量演算，数学表达式为

$$Q_{i,t} = \frac{\tau_{i,t}}{\Delta t} Q_{i-1,t-1} + \frac{\Delta t - \tau_{i,t}}{\Delta t} (Q_{i-1,t} - Q_{i\text{取},t}) + Q_{i\text{入},t} + Q_{i\text{退},t} - Q_{i\text{损},t} \tag{4.35}$$

式中：$Q_{i,t}$ 为 i 断面 t 时段的平均流量；$Q_{i-1,t-1}$ 为 $i-1$ 断面 $t-1$ 时段的平均流量；$Q_{i\text{取},t}$ 为 $i-1$ 断面到 i 断面河段 t 时段的取水流量；$Q_{i\text{入},t}$ 为 $i-1$ 断面到 i 断面河段 t 时段的区间入流流量；$Q_{i\text{退},t}$ 为 $i-1$ 断面到 i 断面河段 t 时段的退水流量；$Q_{i\text{损},t}$ 为 $i-1$ 断面到 i 断面河段 t 时段的损失流量；$\tau_{i,t}$ 为 $i-1$ 断面到 i 断面河段 t 时段流量的传播时间。

4.4.3.3 变量非负约束

所有变量非负，即

$$x_i \geqslant 0 \tag{4.36}$$

4.4.4 多目标竞争关系分析

对于多目标协同竞争关系，由于水库除防洪外最大的兴利效益为发电效益，因此选择以发电效益为主要比较轴，首先对五维目标进行二元分析，初步探讨在没有其他目标复杂

影响的情况下，各目标之间的二元协同竞争关系。对防洪目标和航运目标，按照项目要求，仅考虑金沙江下游区，对生态目标和供水目标则考虑长江上游全部片区。

研究首先全面分析长江上游水库群系统的目标协同竞争关系，再分片区详细分析各个片区内部的目标关系，选用本章所述的典型年选择和模型，采用 NSGA-Ⅱ 算法进行求解，结果和分析见 4.5～4.8 节。

4.5　发电与防洪竞争关系分析

4.5.1　非劣前沿

图 4.13 显示了典型年 1974 年汛期防洪目标与发电目标之间的 Pareto 前沿，所得发电量平均值为 779 亿 kW・h，下泄流量平方和为 8.87×10^9，由于汛期水量充沛，发电量和下泄流量平方和都明显较大。

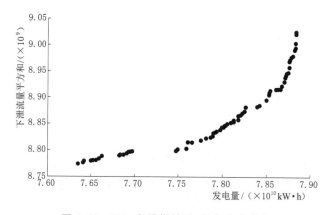

图 4.13　1974 年汛期防洪-发电非劣前沿

从图中可以看到，随着发电量的增加，下泄流量平方和（防洪风险）随之增加，因此防洪发电在汛期均呈现竞争关系。通过拟合曲线，1974 年实测洪水所求得的 Pareto 前沿拟合曲线为

$$y = 0.0248\tan(1.709x - 5.713) + 8.737 \tag{4.37}$$

4.5.2　置换率分析

置换率是表征两目标之间相互转化的指标，其实质是对前沿拟合曲线的求导，可以定量度量单位目标的变化对另外目标的改变程度。通过绘制置换率曲线，随着发电量的增加，提高单位发电量导致的防洪风险越来越大。实测洪水和设计洪水的两目标置换关系为

$$g = 0.0424\sec^2(1.709x - 5.713) \tag{4.38}$$

根据置换关系曲线绘制在发电量范围内的置换关系曲线，见图 4.14。

结果表明：在汛期洪水过程中，置换率随着发电量的增加而增加，即随着发电量的增加，每增加单位发电量，防洪风险的增幅越来越大。这就意味着，在低发电量时，提高发

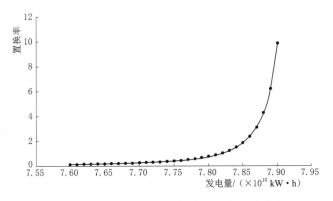

图 4.14 1974 年汛期防洪-发电置换关系曲线

电量置换的下泄流量平方和提高并不显著，而在高发电量时，再追求提高发电量，将明显地增加下泄流量平方和，为下游地区带来明显的防洪风险。因此，针对不同的决策者偏好（偏防洪、均衡、偏发电），可以合理选择水库的运行方式，在防洪、发电的博弈中选取偏好解。

4.5.3 典型调度方案

在非劣解集中挑选出偏发电、均衡和偏防洪方案（见表 4.7），绘制其水位与流量过程线，见图 4.15。

表 4.7 发电-防洪典型方案目标值

方案	发电量/（×10^{10} kW·h）	下泄流量平方和/（×10^9）（防洪风险）
偏防洪方案	7.66	8.79
均衡方案	7.79	8.84
偏发电方案	7.87	8.98

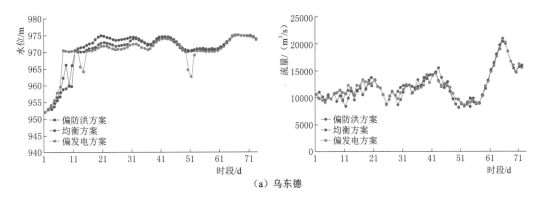

（a）乌东德

图 4.15 （一） 发电-防洪典型方案运行水位及流量过程线

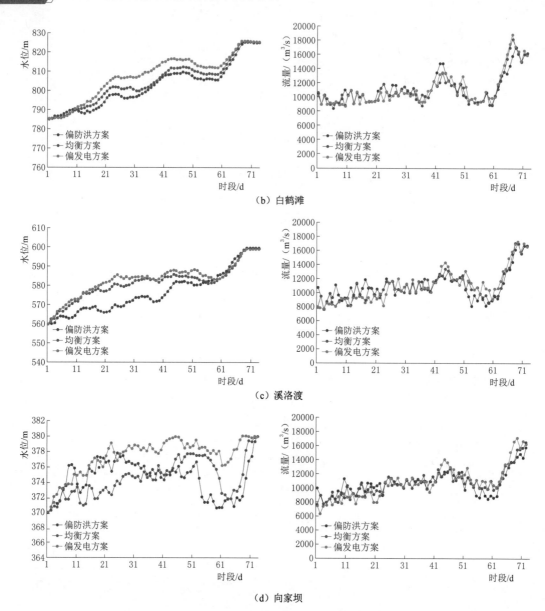

（b）白鹤滩

（c）溪洛渡

（d）向家坝

图 4.15（二）　发电-防洪典型方案运行水位及流量过程线

4.6　发电与生态竞争关系分析

对长江上游水库群进行分析，并以金沙江下游梯级为算例进行说明。

4.6.1　全流域水库群

4.6.1.1　非劣前沿

图 4.16 显示了发电目标与生态目标之间的 Pareto 前沿。

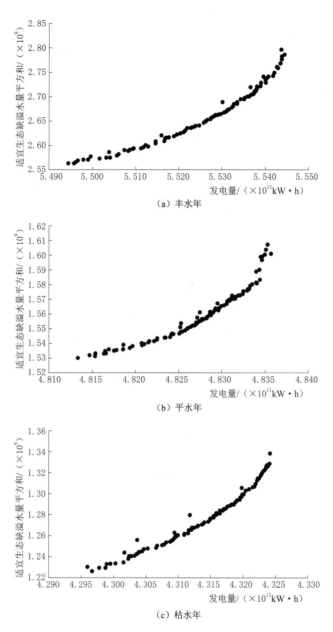

（a）丰水年

（b）平水年

（c）枯水年

图 4.16　全流域发电-生态非劣前沿

在三种来水情况下，发电和生态之间均呈现明显的竞争关系，随着发电量的增加，生态适宜情况的破坏程度越来越大。来水较少时，为保证发电需要而减少下泄，以抬高发电水头，导致下游生态断面流量更小；而来水较大时，水库可以长时间维持在正常高水位运行，这时加大下泄以提高发电效益，导致下游生态断面流量过大，破坏程度增加。各来水年之间比较：平水年的生态破坏程度最小，主要是由于根据逐月频率法，在计算适宜生态流量值时采用 50％保证率，平水年的流量过程更加贴近于此时计算出的适宜生态流量值；丰水年来水多，可以通过对水量在系统内部进行时空上的调度，从而更大程度地使水库泄流贴近下游生态控制断面适宜流量；枯水年可调节的水量少，因而导致破坏程度大。

拟合丰、平、枯水年非劣前沿曲线结果：

$$y_丰 = p_1 + p_2 x + p_3 x \ln x + p_4 x^{0.5} \ln x + p_5 (\ln x)^2 \tag{4.39}$$

其中，$p_1 = -5681050.689$；$p_2 = -597.1692334$；$p_3 = 20.43364836$；$p_4 = 1246796.583$；$p_5 = -496951981$

$$y_平 = p_1 + p_2 x + p_3 x^{0.5} \ln x + p_4 (\ln x)^2 + p_5 \ln x \tag{4.40}$$

其中，$p_1 = 2.8185 \times 10^{12}$；$p_2 = 34.89912627$；$p_3 = -1721656.858$；$p_4 = -220.8682085$；$p_5 = 4.65265 \times 10^{11}$

$$y_枯 = p_1 + p_2 x + p_3 x^{0.5} \ln x + p_4 (\ln x)^2 + p_5 \ln x \tag{4.41}$$

其中，$p_1 = -8.46374 \times 10^{11}$；$p_2 = 16.49527195$；$p_3 = -814002.5263$；$p_4 = 11226145062$；$p_5 = -86224166.17$

4.6.1.2 置换率分析

对三个典型年发电-生态之间的两目标非劣前沿（图 4.17）求导，得到置换关系曲线：

$$g_丰 = p_2 + p_3 + p_3 \ln x + (0.5 p_4 \ln x + p_4) x^{-0.5} + \frac{2 p_5 \ln x}{x} \tag{4.42}$$

其中，$p_2 = -597.1692334$；$p_3 = 20.43364836$；$p_4 = 1246796.583$；$p_5 = -496951981$

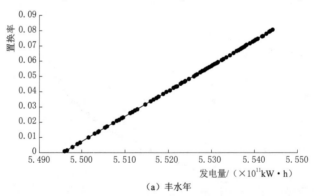

（a）丰水年

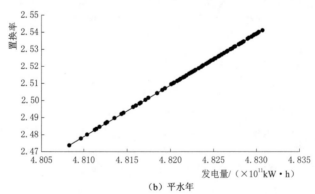

（b）平水年

图 4.17（一） 全流域发电-生态置换关系曲线

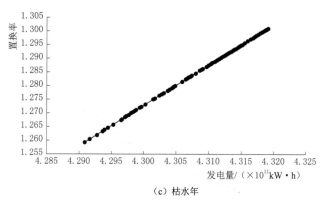

（c）枯水年

图 4.17（二） 全流域发电-生态置换关系曲线

$$g_{平}=p_2+(0.5p_3\ln x+1)x^{-0.5}+\frac{2p_4\ln x+p_5}{x} \quad (4.43)$$

其中，$p_2=34.89912627$；$p_3=-1721656.858$；$p_4=-220.8682085$；$p_5=4.65265\times10^{11}$

$$g_{枯}=p_2+(0.5p_3\ln x+1)x^{-0.5}+\frac{2p_4\ln x+p_5}{x} \quad (4.44)$$

其中，$p_2=16.49527195$；$p_3=-814002.5263$；$p_4=11226145062$；$p_5=-86224166.17$

根据置换率关系曲线（图 4.17）可知，置换率随着发电量的增加而增加，随着发电量的增加，每增加单位发电量，生态破坏程度的增加幅度也越来越大。

4.6.2 金沙江下游片区

4.6.2.1 非劣前沿

图 4.18 显示了金沙江下游全年生态目标与发电目标之间的非劣前沿。

从图中可以看出，生态和发电在总体上呈现竞争关系。相同来水条件下，发电量越大，生态缺溢水量越大。不同来水条件下，可以看到丰水年的生态缺溢水量几乎为枯水年的 3 倍，这是因为丰水年的来水往往会大大超过适宜生态流量，使得累计的生态缺溢水量较其他年份会有一个显著的提升。另外，对比三种典型年可以发现，枯水年的生态缺溢水量最小，即生态效益最好。在本次研究中，该流域生态控制断面所取适宜生态流量较小，汛期与非汛期分别为 $1954\mathrm{m^3/s}$ 和 $1164\mathrm{m^3/s}$，而该流域枯水年的入流在汛期与非汛期的均值分别为 $7580\mathrm{m^3/s}$ 和 $2088\mathrm{m^3/s}$。相比较另两种典型年，枯水年的入流与适宜生态流量的接近程度最高，即使经过水库群调蓄之后，水库的下泄量依然是最接近适宜生态流量的。因此在本流域中，枯水年的生态效益最佳。

通过多项式拟合丰、平、枯三年的 Pareto 前沿，得到拟合曲线：

$$y_{丰}=\frac{x+p_1}{p_3x+p_2}+p_4x^2 \quad (4.45)$$

其中，$p_1=-2.09246399375396$；$p_2=21.5173317212075$；$p_3=-10.2670083829187$；$p_4=3.03659759632813$

$$y_{平}=\frac{x+p_1}{p_3x+p_2}+p_4x^2 \quad (5.46)$$

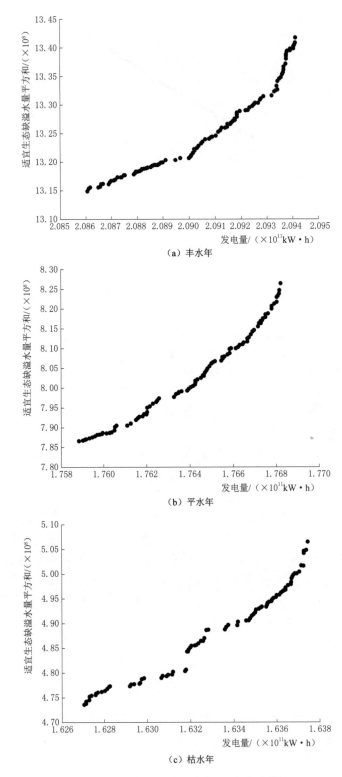

图 4.18　金沙江下游片区发电-生态非劣前沿

其中，$p_1=-1.74571596392968$；$p_2=15.2886312242764$；$p_3=-8.61374063918029$；$p_4=-2.51059880646461$

$$y_{枯}=p_4(\ln x)^2+\frac{x+p_1}{p_3x+p_2} \tag{4.47}$$

其中，$p_1=-1.63733739752865$；$p_2=7.40264872909621$；$p_3=-4.51041376276877$；$p_4=20.7010692932451$

4.6.2.2 置换率分析

对拟合前沿进行求导，得到丰、平、枯水年两目标置换关系曲线：

$$g_{丰}=\frac{1}{p_3x+p_2}-\frac{p_3(x+p_1)}{(p_3x+p_2)^2}+2p_4x \tag{4.48}$$

其中，$p_1=-2.09246399375396$；$p_2=21.5173317212075$；$p_3=-10.2670083829187$；$p_4=3.03659759632813$

$$g_{平}=\frac{1}{p_3x+p_2}-\frac{p_3(x+p_1)}{(p_3x+p_2)^2}+2p_4x \tag{4.49}$$

其中，$p_1=-1.74571596392968$；$p_2=15.2886312242764$；$p_3=-8.61374063918029$；$p_4=-2.51059880646461$

$$g_{枯}=\frac{2p_4\ln(x)}{x}+\frac{1}{p_3x+p_2}-\frac{p_3(x+p_1)}{(p_3x+p_2)^2} \tag{4.50}$$

其中，$p_1=-1.63733739752865$；$p_2=7.40264872909621$；$p_3=-4.51041376276877$；$p_4=20.7010692932451$

根据置换关系曲线绘制在发电量范围内的置换关系，见图4.19。

结果表明：相同来水情况，随着发电量的增加，单位发电量增加所导致的适宜生态缺溢水量也会随之增加，且增加幅度越来越大。在不同来水情况下，随着来水量的增加，发电与生态之间的竞争关系越发强烈，这就意味着，在来水较大时，当水库为了追求高发电量而选择高水位、大流量运行时，单位发电量的增加将显著导致适宜生态缺溢水量的增加。而在来水量较小的情况下，因为竞争关系不是很明显，决策者在选择水库运行方式时所受的约束可能较为宽松。综上，针对不同的决策者偏好，可以合理选择水库的运行方式，在生态、发电的博弈中选取偏好解。

4.6.2.3 典型调度方案

为进一步说明金沙江下游梯级各电站运行情况，在非劣解集中挑选三个差异较大点形成偏生态用水方案、偏发电方案和均衡方案的各电站运行水位过程，见表4.8和图4.20～图4.22。

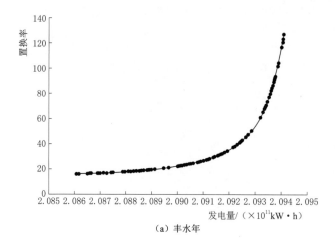

（a）丰水年

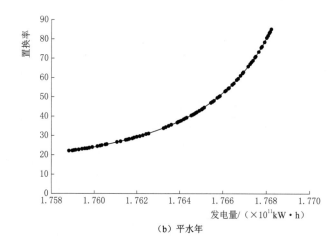

（b）平水年

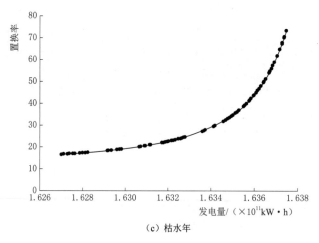

（c）枯水年

图 4.19 金沙江下游片区发电-生态置换关系曲线

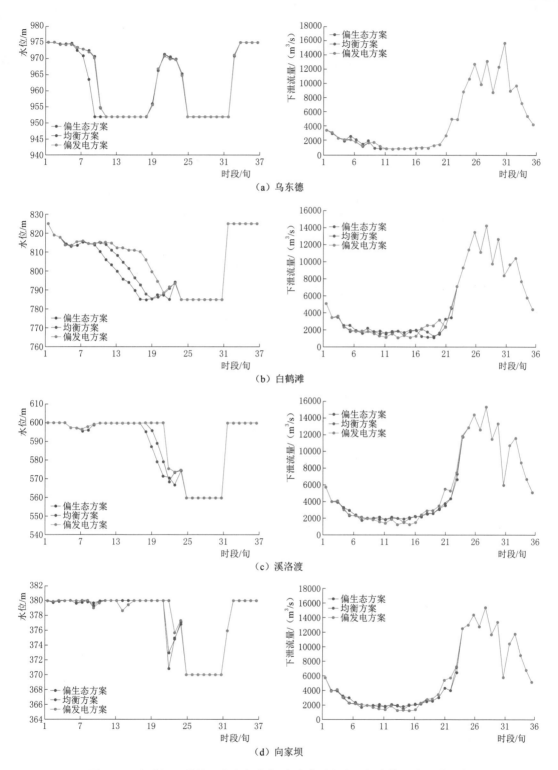

（a）乌东德

（b）白鹤滩

（c）溪洛渡

（d）向家坝

图 4.20　金沙江下游片区丰水年发电-生态典型方案运行水位及流量过程线

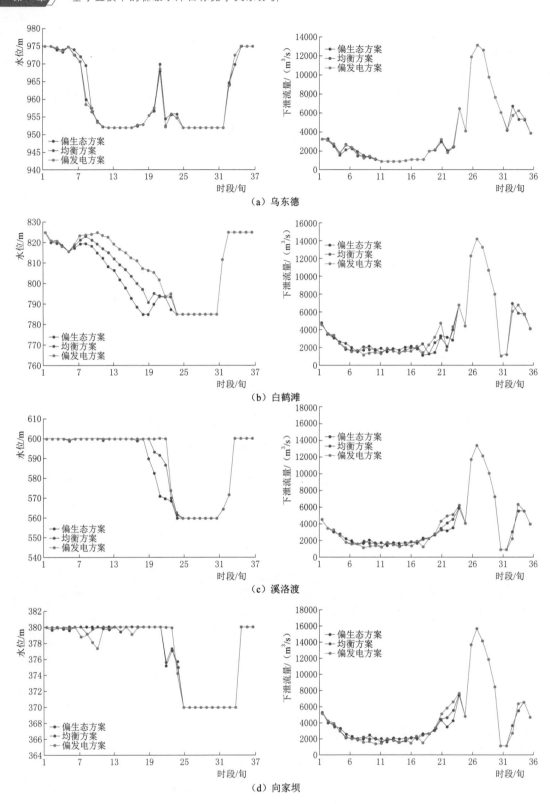

（a）乌东德

（b）白鹤滩

（c）溪洛渡

（d）向家坝

图 4.21　金沙江下游片区平水年发电-生态典型方案运行水位及流量过程线

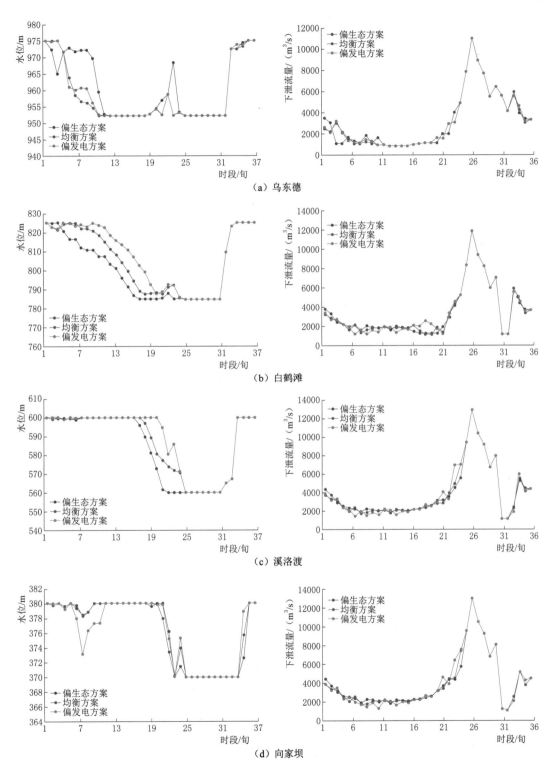

图 4.22　金沙江下游片区枯水年发电-生态典型方案运行水位及流量过程线

表 4.8　　　　　　　　　　　金沙江下游片区发电-生态典型方案目标值

方　　案		发电量/($\times 10^{11}$kW·h)	适宜生态缺溢水量平方和/($\times 10^8$)
丰水年	偏生态方案	2.086	13.150
	均衡方案	2.090	13.233
	偏发电方案	2.094	13.416
平水年	偏生态方案	1.759	7.867
	均衡方案	1.764	8.002
	偏发电方案	1.768	8.264
枯水年	偏生态方案	1.627	4.736
	均衡方案	1.632	4.856
	偏发电方案	1.637	5.065

4.7　发电与供水竞争关系分析

对长江上游水库群进行分析,并以控制中下游供水的核心水库——三峡作为算例进行说明。

4.7.1　全流域水库群

4.7.1.1　非劣前沿

图 4.23 显示了发电目标与供水目标之间的 Pareto 前沿。

在三种来水情况下,发电和供水之间均呈现明显的竞争关系,随着发电量的增加,缺水率越来越大。水库群系统为保证发电需要而减少下泄,以抬高发电水头,导致下泄流量减小,供水量减小。随着来水量的增加,长江上游全流域的缺水率在减少,有更多的水可以通过系统内调节满足流域内的供水需求,来水增加、缺水率减少这一现象也是符合认知的。丰、平、枯水年 Pareto 前沿拟合曲线结果为

$$y_丰 = (16.9 - 2.86x)^{-144.3} \tag{4.51}$$

$$y_平 = \cfrac{1}{p_1 + p_2 x^{0.5} + \cfrac{p_3}{\ln x}} \tag{4.52}$$

$$y_枯 = 3 \times 10^8 x^5 - 7 \times 10^9 x^4 + 6 \times 10^{10} x^3 - 3 \times 10^{11} x^2 + 6 \times 10^{11} x - 5 \times 10^{11} \tag{4.53}$$

其中,$p_1 = 43733.53528$,$p_2 = -0.06581695$,$p_3 = 57605.27438$。

4.7.1.2　置换率分析

对三个典型年发电-供水非劣前沿,求导得到置换关系曲线分别为

$$g_丰 = 9 \times 10^{-29} x^2 - 8 \times 10^{-17} x + 0.00002 \tag{4.54}$$

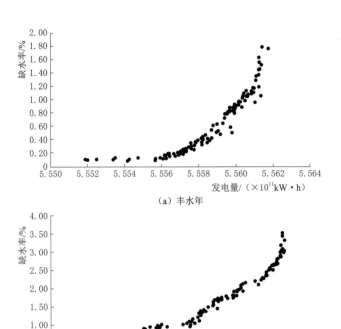

（a）丰水年

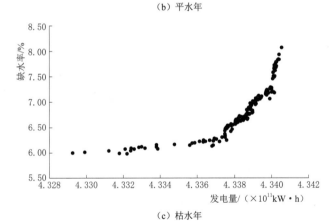

（b）平水年

（c）枯水年

图 4.23　全流域发电-供水非劣前沿

$$y_{\text{平}} = \frac{\dfrac{p_3}{x \ln x^2} - 0.5 p_2 x^{-0.5}}{\left(p_1 + p_2 x^{0.5} + \dfrac{p_3}{\ln x}\right)^2} \tag{4.55}$$

$$g_{\text{枯}} = 1.5 \times 10^9 x^4 - 2.8 \times 10^{10} x^3 + 1.8 \times 10^{11} x^2 - 6 \times 10^{11} x + 6 \times 10^{11} \tag{4.56}$$

其中，$p_1 = 43733.53528$，$p_2 = -0.06581695$，$p_3 = 57605.27438$。

根据置换率关系曲线（见图 4.24），置换率随着发电量的增加而增加。随着发电量的增加，每增加单位发电量，缺水率的增加幅度越来越大。其中，平水年缺水率增幅激增，表明平水年随着发电量的增加，缺水率增加得非常快，两者之间的竞争关系非常明显。

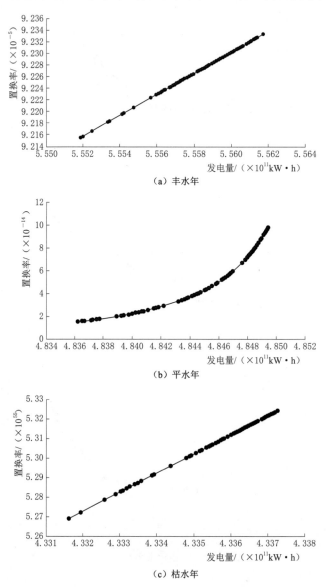

（a）丰水年

（b）平水年

（c）枯水年

图 4.24　全流域发电-供水置换关系曲线

4.7.2　长江上游干流

4.7.2.1　非劣前沿

图 4.25 显示了长江上游干流全年供水与发电目标之间的 Pareto 前沿。可以看出，供水和发电在总体上呈现竞争关系。相同来水条件下，发电量越大，缺水率越大，且竞争机制逐渐增强。梯级发电量的增加开始较为平缓，竞争关系较弱，说明在控制的发电量内，

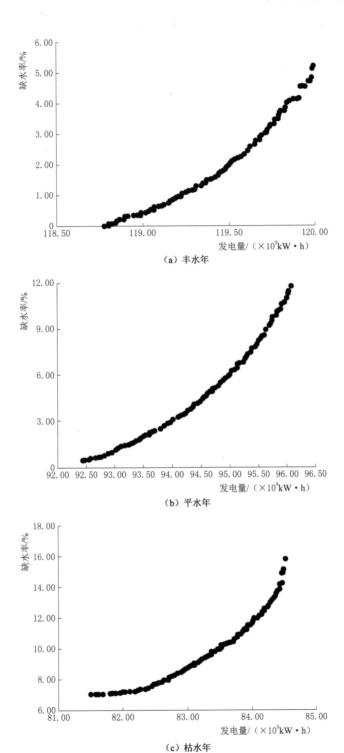

（a）丰水年

（b）平水年

（c）枯水年

图 4.25 长江上游干流发电-供水非劣前沿

来水量可以满足供水要求；当发电量大于某一定值时，供需水平方和随发电量增加呈增长趋势，且斜率逐渐增大，竞争关系增强，发电量增加造成的供水破坏程度呈增大趋势。不同来水条件下，随着来水量的减小，缺水率逐渐增大，供水效益难以完全满足，当水库群为了追求高发电效益时，丰水年最高缺水率为 5.24%，平水年最高缺水率为 11.79%，枯水年最高缺水率为 15.78%。在本次研究中，三峡水库站下游供水断面控制流量 1—10 月为 $6000\mathrm{m}^3/\mathrm{s}$，11 月为 $8000\mathrm{m}^3/\mathrm{s}$，12 月为 $10000\mathrm{m}^3/\mathrm{s}$。

通过多项式拟合丰、平、枯三年的 Pareto 前沿，得到拟合曲线：

$$y_{丰}=p_1+p_2x+p_3x^{1.5}+\frac{p_4}{x^{1.5}} \tag{4.57}$$

其中，$p_1=5046969.18047946$，$p_2=-76627.8756008003$，$p_3=3909.85692130903$，$p_4=-1303044321.07575$。

$$y_{平}=p_1+p_2x^2+p_3x^4+p_4x^6 \tag{4.58}$$

其中，$p_1=-18032.7235631369$，$p_2=6.23593476912632$，$p_3=0.000719789186563541$，$p_4=2.77335120327344\times10^{-8}$。

$$y_{枯}=p_1+p_2x+p_3x^{1.5}+p_4x^3+p_5x^{0.5} \tag{4.59}$$

其中，$p_1=276763.621551224$，$p_2=32218.6458988935$，$p_3=-2002.23093459793$，$p_4=0.220706492339631$，$p_5=-171570.403880368$。

4.7.2.2 置换率分析

对拟合前沿进行求导，得到丰、平、枯水年两目标置换关系曲线：

$$g_{丰}=p_2+1.5\times p_3x^{0.5}-\frac{1.5p_4}{x^{2.5}} \tag{4.60}$$

其中，$p_2=-76627.8756008003$，$p_3=3909.85692130903$，$p_4=-1303044321.07575$。

$$g_{平}=2p_2x+4p_3x^3+6p_4x^5 \tag{4.61}$$

其中，$p_2=6.23593476912632$，$p_3=0.00071978918656354$，$p_4=2.77335120327344\times10^{-8}$。

$$g_{枯}=p_2+1.5p_3x^{0.5}+3p_4x^2+0.5p_5x^{-0.5} \tag{4.62}$$

其中，$p_2=32218.6458988935$，$p_3=-2002.23093459793$，$p_4=0.220706492339631$，$p_5=-171570.403880368$。

根据置换关系曲线绘制在发电量范围内的置换关系曲线见图 4.26。

结果表明：相同来水情况，随着发电量的增加，单位发电量增加所导致的缺水率也会随之增加，且增加幅度越来越大。在不同来水情况下，随着来水量的增加，发电与缺水率之间的竞争关系越发强烈，这就意味着，在来水较大时，当水库为了追求高发电量而选择高水位、大流量运行时，单位发电量的增加将显著导致缺水率的增加。综上，针对不同的决策者偏好，可以合理选择水库的运行方式，在供水、发电的博弈中选取偏好解。

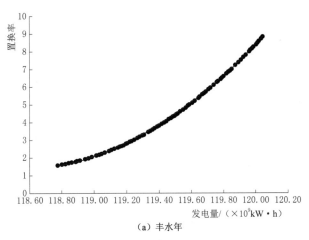

（a）丰水年

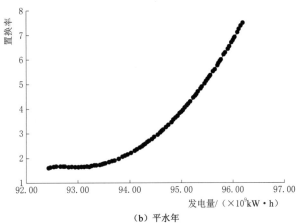

（b）平水年

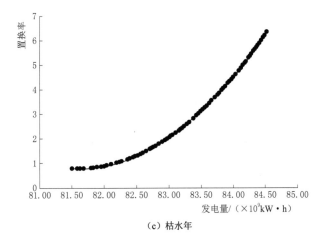

（c）枯水年

图 4.26　长江上游干流发电-供水置换关系曲线

4.7.2.3 典型调度方案

根据上述分析，将方案集根据偏好列出，见表 4.9 和图 4.27～图 4.29。

表 4.9　　长江梯级发电-供水典型方案目标值

方案		发电量/(×10⁹kW·h)	缺水率/%
丰水年	偏供水方案	118.78	0
	均衡方案	119.53	2.17
	偏发电方案	120.00	5.24
平水年	偏供水方案	92.44	0.48
	均衡方案	94.70	4.98
	偏发电方案	96.08	11.76
枯水年	偏供水方案	81.51	7.06
	均衡方案	83.47	9.95
	偏发电方案	84.53	15.78

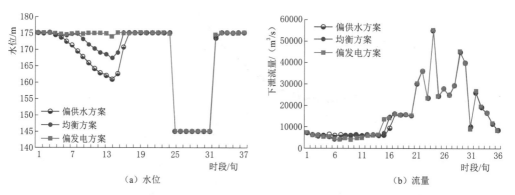

（a）水位　　　　　　　　　　　（b）流量

图 4.27　三峡水库丰水年发电-供水典型方案运行水位及流量过程线

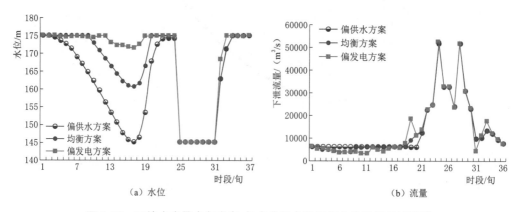

（a）水位　　　　　　　　　　　（b）流量

图 4.28　三峡水库平水年发电-供水典型方案运行水位及流量过程线

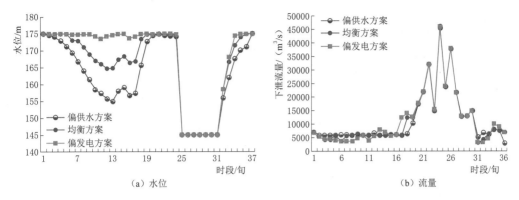

图4.29　三峡水库枯水年发电-供水典型方案运行水位及流量过程线

发电与航运竞争关系分析

4.8.1　非劣前沿

金沙江下游梯级四库——乌东德、白鹤滩、溪洛渡、向家坝均承担发电任务，其中向家坝下游为金沙江下游主要通航水道。

考虑到若以全年为调度周期，需使用旬或月作为步长时，这一方面坦化了计算时段内的来水量和来水变化幅度，另一方面不符合实际调度中河道每天都发挥其航运功能的事实，因此讨论发电和航运竞争关系时以天为计算步长。此外，金沙江下游流域水量丰沛，基本不存在因流量不足而导致的断航情况。在此背景下，相比于其他时期，较为稳定的来水过程使航运条件易于满足，河道在汛期来水量大且来水过程的变化幅度大，同时航运目标对水库下泄流量的上下限制和下游水位变幅都有一定的要求，汛期水量对航运目标的影响最为明显，在一年中也更具有代表性。因此选择汛期发电与航运之间的竞争关系。

利用NSGA-Ⅱ算法对金沙江下游发电与航运的竞争关系进行研究。选取典型年进行竞争关系分析，计算的非劣前沿见图4.30。

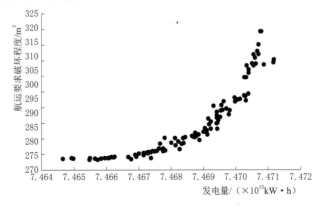

图4.30　1974年汛期发电-航运非劣前沿

图 4.30 显示，梯级水库的发电和航运效益之间存在明显的竞争关系，即当梯级发电量增加时，航运要求得到满足的程度下降，两者效益的最大化不可同时兼得，汛期来水较多会导致航运条件破坏程度较高。对发电与航运竞争优化结果的非劣前沿进行函数拟合，拟合结果为

$$y = p_1 + p_2 x \ln x + \frac{p_3 x}{\ln x} + p_4 \ln x \tag{4.63}$$

其中，$p_1 = 2991194407$，$p_2 = 1.43 \times 10^{-5}$，$p_3 = 0.033785372$，$p_4 = -124568813.4$。

4.8.2 置换率分析

对两目标非劣前沿拟合结果求导，得到置换关系曲线：

$$g = p_2 \ln x + p_2 + \frac{p_3 \ln x - p_3}{(\ln x)^2} + \frac{p_4}{x} \tag{4.64}$$

其中，$p_2 = 1.43 \times 10^{-5}$，$p_3 = 0.033785372$，$p_4 = -124568813.4$。

根据置换关系曲线绘制在发电量范围内的置换关系曲线，见图 4.31。

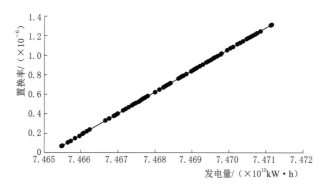

图 4.31　1974 年汛期发电-航运置换关系曲线

结果表明：随着发电量的增加，单位发电量增加使得航运破坏程度上升，且增加幅度越来越大。因此在计算期若水库选择低水位、低流量运行时，单位发电量的增加不会显著导致航运条件破坏程度的增加；而当水库为了追求高发电量而选择高水位、大流量运行时，单位发电量的增加将显著导致航运条件破坏程度的增加。综上，针对不同的决策者偏好（乐观、中立、悲观），可以合理选择水库的运行方式，在发电、航运的博弈中选取偏好解。

4.8.3 典型调度方案

梯级发电量和航运水位要求满足之间存在一定的相互制约关系，这种关系在丰水年和平水年比较明显，而枯水年汛期来水量比较少且均匀，导致枯水年的航运要求被满足的程度比较高，此时发电目标和航运目标之间不存在竞争性，水库在调度时只需要满足发电量最大即可。

为进一步体现金沙江梯级水库发电目标和航运目标之间的作用关系，说明金沙江下游梯级各电站运行情况，在非劣解集中分别挑选了偏发电方案、偏航运方案和均衡方案（表 4.10），在枯水年选取了发电量最大方案，进行各方案下水库调度的比较（图 4.32）。

表 4.10 发电-航运典型方案目标值

方案	发电量/($\times 10^{10}$ kW·h)	航运水位要求的破坏程度/m²
偏航运方案	7.4657	273.6991
均衡方案	7.4687	282.1707
偏发电方案	7.47107	318.8747

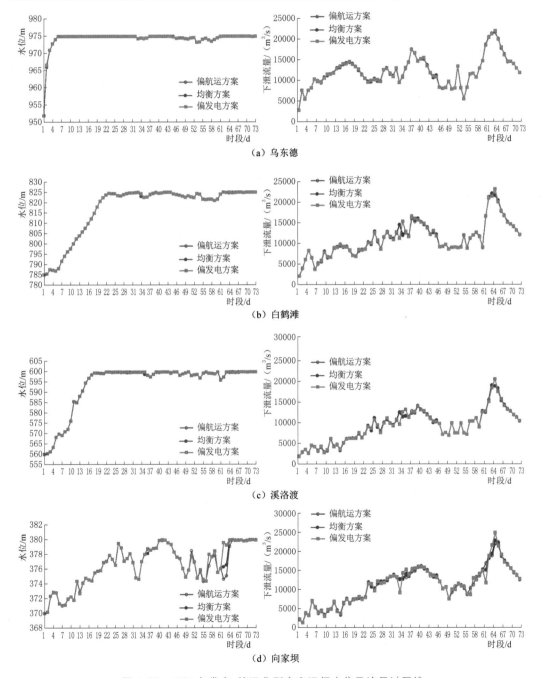

图 4.32 1974 年发电-航运典型方案运行水位及流量过程线

4.9 小结

本章针对高维目标优化问题中，人们对解的分析理解存在的困难，引入了多维可视化技术，通过对空间三维图形、颜色图、亮度等要素的灵活应用，实现对最优前沿解的可视化展现与分析，为决策者决策和算法优化提供了良好辅助作用，并展示了五维目标解的可视化效果。在此基础上，结合经济学中的边际效益和边际替代率思想，提出优化调度目标置换率的概念，以此适应水库多目标优化调度问题的大规模、非凸、非线性、强耦合并伴有复杂约束的特点，在相互之间不具有支配关系的非劣前沿中，加入其他的主观评判标准加以判定，即当一个目标的效益增加时，其他的目标是呈现效益增加或是效益降低的趋势，从而可以判定两目标间是否存在竞争，此时再通过置换率的计算，更深入地对目标间竞争的特性进行分析和描述。

进一步，明确水库群多目标调度中的防洪、生态、供水、发电、航运等目标的表达方式，初步构建多目标优化模型，以此对发电与防洪、发电与生态、发电与供水、发电与航运等目标间的关系为研究对象，结合雅砻江、金沙江、岷江、大渡河、嘉陵江、乌江、长江干流的不同情况，进行目标间的响应关系分析，分别得到了不同条件下的目标间关系趋势。

第 5 章

不同周期下的水库群目标间互馈关系

5.1 全周期划分

全周期，是指当一个事物或现象按同样的规律反复时，完成这一组事物或现象的时间。水库调度是在来水条件有所变化的条件下，按同样的规律有序蓄泄，故水库调度的时长（从年初至年末）可以视为一个全周期。根据长江流域的特点，全年划分为汛前期、主汛期、汛期末段、蓄水期、供水期以及汛前消落期，这 6 个不同时段构成了水库调度的全周期。传统的分汛期方式过于保守，导致水库在长久的时间段内以汛限水位迎汛，而蓄水期又过于靠后，导致无法蓄至正常高水位。合理的分期方式既可以确定水库优化调度的边界条件，又对实现洪水资源化具有重要指导意义。

通常而言，全周期的划分重点在于汛期内部的划分，也就是汛期分期。我国汛期分期最早起步于 20 世纪 50 年代，根据水文要素采用简单的数理统计法进行分期。随着 1979 年《水利水电工程设计洪水计算规范》（SDJ 22—79）正式将汛期分期以及分期确定汛限水位方法作为法规实施，汛期分期研究进入新阶段。20 世纪 80 年代，将气象学成因、模糊集分析引入汛期分期，达到定性分析与定量计算相结合的层次。进入 21 世纪，国家防汛抗旱总指挥部提出"从洪水控制向洪水管理"的新时期治水思路，汛期分期的研究随之如火如荼地展开。变形分析法、投影寻踪法等新方法也在新时期引入汛期分期计算。针对洪水过程随机性、模糊性和时序性的特点，根据金沙江下游 1957—2012 年共 56 年的旬平均入流资料，本研究采用统计分析法和 Fisher 最优分割法对全周期进行分期。

5.1.1 统计分析法

统计分析法在统计长系列入流资料的基础上，分析年最大旬入流在汛期和非汛期的变化规律，根据其出现时间确定分期，见表 5.1。

5.1.2 Fisher 最优分割法

Fisher 最优分割法因其具有多指标聚类、不破坏样本时序性的优越性而被引入全周期分期。其分类依据是样本的总离差平方和最小，进行分割的原则是使得各类内部样本之间的差异最小，而各类之间的差异最大。计算步骤如下。

（1）构建样本矩阵。设有 n 个按一定顺序排列的样本，各有 m 个指标，构建关系矩阵 X：

$$X = \begin{bmatrix} x_{11} & \cdots & x_{1m} \\ \vdots & & \vdots \\ x_{n1} & \cdots & x_{nm} \end{bmatrix} \quad (5.1)$$

（2）归一化加权处理。由于不同类型的数据存在数量级上的差异，为避免此影响，对样本各元素归一化处理。

$$x'_{ij} = \frac{x_{ij} - x_{\min}}{x_{\max} - x_{\min}} \quad (5.2)$$

式中：x'_{ij} 为无量纲化的指标特征值。

根据指标对样本的重要性程度赋予权重系数 ω_1，ω_2，$\cdots$，ω_m，加权后将多指标特征值矩阵转化为一维特征值向量 Y：

表 5.1　　　　　汛期分期结果

时　　间	出现次数
7 月上旬（7 月 1—10 日）	2
7 月中旬（7 月 11—20 日）	8
7 月下旬（7 月 21—31 日）	7
8 月上旬（8 月 1—10 日）	7
8 月中旬（8 月 11—20 日）	11
8 月下旬（8 月 21—31 日）	6
9 月上旬（9 月 1—10 日）	12
9 月中旬（9 月 11—20 日）	3
9 月下旬（9 月 21—30 日）	0

$$Y = \begin{bmatrix} y_1 \\ \vdots \\ y_n \end{bmatrix} = \begin{bmatrix} x'_{11} & \cdots & x'_{1m} \\ \vdots & \ddots & \vdots \\ x'_{n1} & \cdots & x'_{nm} \end{bmatrix} \begin{bmatrix} \omega_1 \\ \vdots \\ \omega_m \end{bmatrix} \quad (5.3)$$

（3）定义分段直径。类内部差异程度用类直径表示，直径越小差异越小。设某一类 $G_{ij} = \{y_i，y_{i+1}，\cdots，y_j\}$，其直径 D_{ij} 为样本离差平方和，即

$$D_{ij} = \sum_{r=1}^{j} (y_r - \overline{y}_{ij})^2 \quad (5.4)$$

$$\overline{y}_{ij} = \frac{1}{j-i+1} \sum_{r=1}^{j} y_r \quad (5.5)$$

式中：$\overline{y}_{ij}$ 为均值。

（4）定义目标函数。将 n 个样本分为 k 类：$\{y_{j1}，y_{j1+1}，\cdots，y_{j2-1}\}$、$\{y_{j2}，y_{j2+1}，\cdots，y_{j3-1}\}$、$\cdots$ $\{y_{jk}，y_{jk+1}，\cdots，y_{jk+1-1}\}$，其中 j_1，j_2，$\cdots$，j_k 为 k 个分点，满足 $1 = j_1 < j_2 < \cdots < j_k \leqslant j_{k+1} - 1 = n$，$D(i，j)$ 表示样本离差平方和。最优分组的实质就是寻找某一组分点，使得所有分类的直径综合最小，定义这种分类的目标函数为

$$B(n,k) = \min \sum_{r=1}^{k} D(j_r, j_{r+1} - 1) \quad (5.6)$$

（5）求解最优分类。容易验证有如下递推公式：

$$B(n,k) = \min_{k \leqslant j \leqslant n} \{B(j-1, k-1) + D(j,n)\} \quad (5.7)$$

则可以通过循环穷举求解，因 k 的取值确定，可大大简化计算量，结果见表 5.2。

表 5.2　　　　　　　　　　最　终　分　期　结　果

调度期	统计分析法	Fisher 最优分割法
汛前消落期	6 月下旬	6 月中旬—6 月下旬
前汛期	7 月上旬	7 月上旬
主汛期	7 月中旬—9 月上旬	7 月中旬—9 月中旬
汛期末段	9 月中旬—9 月下旬	9 月下旬
蓄水期	10 月上旬	10 月上旬—10 月下旬
供水期	10 月中旬—次年 6 月中旬	11 月上旬—次年 6 月上旬

由表 5.2 可知，Fisher 最优分割法与统计分析法相差不大，也基本符合《国务院关于长江流域防洪规划的批复》（国际〔2008〕62 号）中金沙江流域汛期为 7 月 1 日至 9 月 10 日的规定。因为 Fisher 最优分割法从数据本身出发，具有较强的数学背景知识，有效避免了主观确定相关阈值。故研究中采用 Fisher 最优分割法的分期结果。

5.2 全周期下二元协同竞争求解结果

经过模型优化计算后，分别得到在丰、平、枯三种来水条件下长江上游梯级水库群的多目标非劣解集，在三维坐标系中绘制非劣前沿，三个坐标系分别对应发电、生态及供水目标值，并用颜色表征航运目标值的变化，不同来水条件下的非劣前沿见图 5.1。

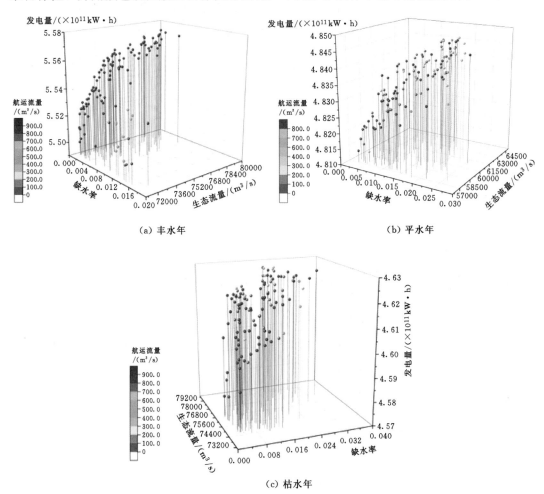

图 5.1　发电-供水-生态-航运非劣前沿图

为了更直观地分析各目标之间的影响关系，将求得的 Pareto 前沿分别投影至以两两目标为坐标的六个平面直角坐标系上绘制矩阵散点图（图 5.2～图 5.4），呈现发电、供水、生态和航运四个目标间的 Pareto 二维前沿。

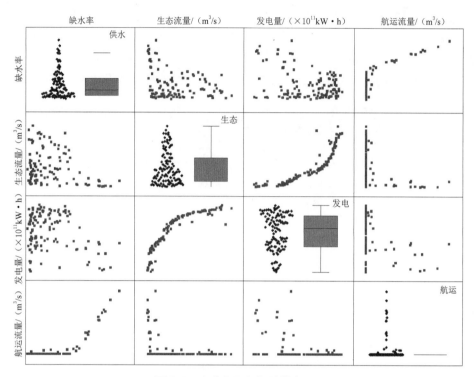

图 5.2 丰水年目标矩阵散点图

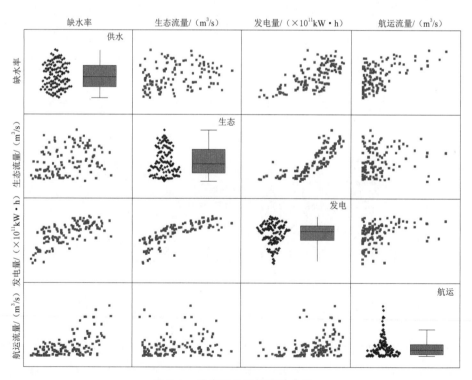

图 5.3 平水年目标矩阵散点图

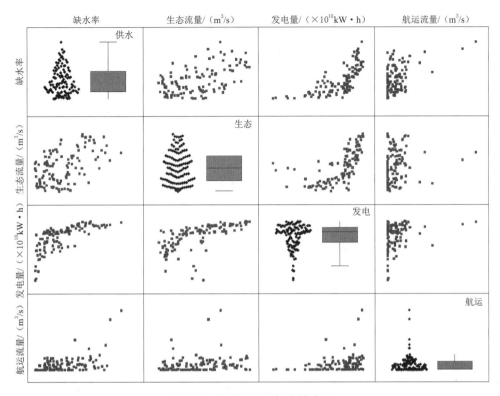

图 5.4　枯水年目标矩阵散点图

由图 5.2～图 5.4 可以看出，丰水年生态与发电目标之间呈现非常明显的竞争关系，随着梯级水库总发电量的增加，各生态断面适宜流量溢缺值也在不断增加，适宜生态流量的满足程度不断下降。这是由于，为满足生态需水要求，水库在来水较小的时段内需加大下泄以达到生态适宜流量，这导致在水库不能保持在一个较高的水位运行，从而导致了发电量的减少；而来水较丰沛时，如要满足生态适宜流量约束，则水库应控制下泄流量，导致水电站不能以全部水量发电。因此，水电站的生态效益和发电效益存在相互矛盾和制约的关系。

在丰水年，当供水缺水率在 1.1% 以下时，梯级水库可以发挥其协调调度作用以更大限度地保证航运的流量要求，此时航运目标的破坏程度较小，供水目标的破坏程度也较小；当航运目标的满足程度降低时，梯级水库群的供水缺水量与航运缺溢水量有相同的变化趋势，即当航运条件满足程度增加时，供水需求的满足程度也随之增加，供水与航运目标两者呈现出一定的协同关系。其主要原因是，除三峡供水断面控制流量（6000m³/s）略高于通航适宜流量下限（5000m³/s）外，各供水控制站点的最低水量要求均小于该河道通航适宜流量的下限值，当供水量不能满足时，表示河道内水量过小，在这种情况下，航运的最低流量要求也更容易被破坏。

在平水年，生态与发电也存在明显的竞争关系，其原因与丰水年相同。同时，航运和供水在总的变化趋势上呈现协同关系，但航运在所有非劣解中的满足率较丰水年为低，这与来水总量的减少密切相关。

根据矩阵散点图，枯水年生态与发电仍保持竞争关系，但竞争关系不如丰、平水年明显，且在发电量达到 $4.61 \times 10^{11} \, \mathrm{kW \cdot h}$ 时，生态目标的破坏程度快速上升；对于发电与供水，也呈现一定的竞争趋势，在发电量达到 $4.61 \times 10^{11} \, \mathrm{kW \cdot h}$ 时，供水目标的破坏程度也快速上升。这是由于，枯水年梯级水库发电总量较小时，梯级水电站系统内部可以通过不同的发电量承担组合来确保生态断面流量尽可能接近适宜值，同时最大限度地满足供水要求；而当发电量超过一定值时，在流量较小的情况下，则不得不通过蓄水抬高发电水头以满足发电要求，此时会对生态适宜流量和供水需水量目标造成破坏。

三个典型年中，除上述几组关系外，其他各组目标间的两两关系在散点图上没有展示出较明显的相互关系，其主要原因，一方面是这些目标两两之间关系较弱，另一方面体现了当四维效益目标和防洪要求共同作用时，对水量需求的竞争更为复杂。

5.3 多目标互馈关系分析

以出现频率较多的平水年为例，分析多目标之间的互馈关系。为研究在水库群多目标优化时，各目标之间相互影响关系的机制，选择 Pareto 前沿上所有方案中的均衡方案为对照，讨论当选择偏向某一目标的调度方案时，其余效益目标的满足情况，并以此来分析水库群系统在满足汛期防洪要求的前提下，各效益目标之间是如何相互影响的，从而为实际生产生活中水库群系统调度作出指导。在 Pareto 非劣解集中，各个方案之间并没有直接的优劣支配关系，且每个方案都对应多个属性。考虑到在本研究中，各效益目标之间互相影响，很难明确地用定量的方法定义在相互作用的前提下各目标之间的转换关系，也不能绝对地评判哪一个效益目标更需要被优先满足，因此本研究采用模糊优选法，以发电量、适宜生态溢缺水量、航运溢缺水量、供水缺水量和计算时段末水库蓄满率为指标，计算各非劣解隶属度，从而在非劣解集中选出均衡解。

表 5.3 显示了各偏好方案下四个目标的取值相对于均衡解各目标取值的增减程度，其中发电、供水和生态用百分比表示，而航运则用具体值来表示（均衡解时，航运目标可以得到完全的满足，因而无法使用百分比的形式来计算）。

表 5.3　　　　　　　　　　各方案目标函数值变化程度表

方案	发电量	供水缺水量	生态条件破坏程度	航运条件破坏程度
偏发电	0.24%	−369.83%	−5.25%	−334.18
偏供水	−0.39%	46.56%	3.28%	0
偏生态	−0.11%	−339.69%	4.61%	−686.46
偏航运	−0.45%	34.33%	4.13%	0

就发电目标而言，在偏发电方案中，发电量相较于均衡方案增加了 0.24%，航运满足程度受到一定破坏，但供水缺水量和生态缺水量都有所增加，意味着偏向于发电目标时，水库群系统需要牺牲一部分供水效益和生态效益，其中供水损失了 369.83%，生态只损失了 5.25%。这一方面是因为在均衡解中供水缺水量基数小；另一方面在来水量较小时，为使系统内发电量尽可能大，会适当减小下泄流量，保持水库维持在高水头运行，

当系统中水库下泄更接近于生态适宜流量时，供水的破坏程度就会大于生态适宜流量的破坏程度。因此，水库群系统发电效益会制约生态和供水的满足。

对供水目标，偏供水方案中，发电量有所减少，主要是由于来水量较少时，为保证供水，无法确保水库长时间保持高水头运行，与此同时生态效益得到了提升，供水和生态呈现出共同增长的协同关系；但在偏生态方案中，供水效益却有所下降，此时二者呈现出一定的竞争关系，与此同时航运目标也无法完全满足。由此可见，生态与供水之间的关系并不是单一的竞争或者协同。具体分析其原因如下。

（1）当 $Q_{kt}<E_{it}^{app}$ 时，若 $E_{it}^{app}>q_t>Q_{kt}$ 则二者的破坏程度均较小；若 $q_t<Q_{kt}$，则二者的破坏程度均较大；若 $q_t \gg E_{it}^{app}$ 则生态破坏程度增加，但是该破坏不是由于水库需要满足下游供水需求而造成，因此，此时二者呈现协同关系。

（2）当 $Q_{kt}>E_{it}^{app}$ 时，若 $q_t>Q_{kt}$，则供水需求将被满足，而生态条件则会被破坏；若 $E_{it}^{app}<q_t<Q_{kt}$，则生态条件将被满足，而供水需求则会被破坏，此时二者呈现竞争关系；而当 $q_t<E_{it}^{app}$ 时，二者的满足条件又都被破坏，又呈现出协同关系。

总之，在水库调度时，如果能将下泄流量控制在一定范围内，就可以达成这两个目标共赢的局面。对于供水和航运而言，在该流域，供水目标的取值常常小于或等于航运目标要求的下限，因而若航运能满足，则供水条件必然满足，若供水条件被破坏，则航运要求亦被破坏，二者呈现协同关系。

就生态目标而言，偏生态方案中，发电量明显下降，此二者之间的竞争关系比较强烈。而此时供水目标的破坏程度也相当大，主要原因在于瀑布沟和三峡两座水库：当下泄流量接近生态适宜流量时，供水效益遭到了很大的破坏；同样，生态适宜流量小于航运适宜流量下限时，航运目标的满足程度也被破坏。由此可见，水库在满足多效益目标共同发展时，生态目标对水库下泄流量较为严苛的控制条件是很强的制约因素。

在偏航运方案中，由于航运约束条件的变化范围较大，因而水库并不追求加大下泄或保持高水位运行，导致发电量减小；对供水目标而言，当供水需求大于航运适宜流量下限时，下泄流量在满足航运要求的时候未必会满足供水需求，因此在本方案中供水效益相对于均衡方案有所下降；而对于生态目标来说，若生态目标在航运要求的区间内，则更容易被满足，若小于航运要求，水库也可在满足航运的基础上尽可能地接近生态适宜流量，从而使得生态效益上升。总的来说，航运对其他目标的影响程度是比较小的，在综合优化时，起到的制约作用不大。

表 5.4 总结了上述所描述的目标间作用关系，其中"＋"表示协同关系，"－"表示竞争关系，符号的数量越多表示作用关系越强。

表 5.4　　　　　　　　　　四目标间作用关系表

目标	发电	供水	生态	航运
发电		－ －	－ －	
供水	－ －		＋/－	＋
生态	－ －	＋/－		＋/－
航运	－	＋	＋/－	

在实际水库运行中，水库在供水期的主要目的是保证流域内供水需求的满足，此时水库的发电功能需要作出一定的让步。在其他时期，随着如今对生态环境要求的不断增加，如果要使各地区的生态保持良好水平，则水库群不能一味地以加大发电为目标，必须牺牲一部分发电量以满足生态断面对流量的需求。与此同时，需权衡供水与生态对水库的要求和对区域的重要性，以求在生态与供水目标发生矛盾时合理地控制水库的下泄，减少总损失。此外，在汛期，水库的主要任务是保证大坝和下游的防洪安全，防洪功能的重要性大于其他所有效益目标，在汛期水库调度时必须要遵循防洪优先的原则；在汛期，发电和供水量的需求基本可以满足，而生态和航运条件易遭到破坏，因此在汛期调度时除保证防洪要求外，需将重点放在满足生态和航运两个效益目标上，以增加水库群系统的总效益。

5.4 典型调度方案

平水年的来水过程在正常调度时出现的概率较大，因而以平水年为例，分析各库在不同偏好方案下的调度情况。

5.4.1 雅砻江片区

雅砻江河段有两河口、锦屏一级和二滩 3 座大型水库，观察 5 组调度方案（图 5.5），可以明显发现，各个偏好方案之间水位差距较大，彰显了这几组目标之间的竞争关系。两河口水库作为最上游的龙头水库，为了下游调节库容更大的水库发挥出更好的调蓄作用，充分发挥梯级水库调度优势，长时间保持在较低水位，下泄更多流量供下游水库调蓄。二

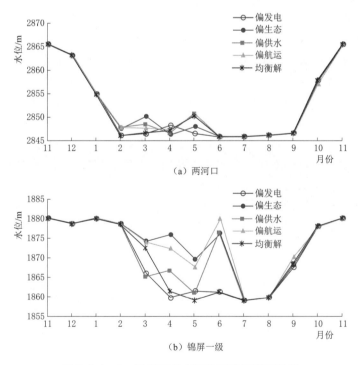

图 5.5（一） 雅砻江各水库典型方案调度规则

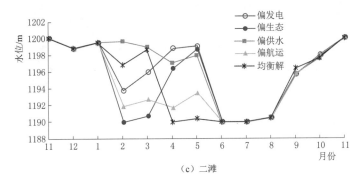

（c）二滩

图 5.5（二） 雅砻江各水库典型方案调度规则

滩水库下游有生态控制断面要求，因此二滩水库偏生态方案水位变动比较大，以适应不同月份的生态流量需求。

5.4.2 金沙江下游片区

金沙江下游河段建成或在建的有乌东德、白鹤滩、溪洛渡、向家坝4座水利枢纽。对金沙江四库的调度方案（图5.6）进行分析可以发现，5种调度方案协调度均较高，尤其在白鹤滩和向家坝水利枢纽，5种调度方案几乎没有偏差。这说明金沙江下游河段天然来水量大，河道适宜生态流量也较大，同时其供水任务相对于天然来水不大。几种方案中，偏航运和偏供水方案的水库调度过程与其他方案呈现出一定的偏差，这意味着供水要求和航运要求对这一河段的影响比较大。

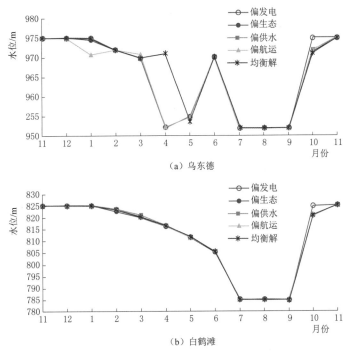

图 5.6（一） 金沙江下游各库各典型方案调度规则

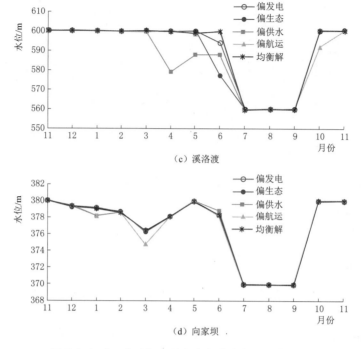

（c）溪洛渡

（d）向家坝

图 5.6（二） 金沙江下游各库各典型方案调度规则

5.4.3 岷江片区

岷江紫坪铺水库，单库调节能力有限，因此整体上 5 个方案（图 5.7）的差距不大。

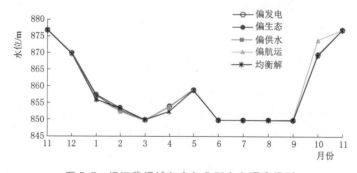

图 5.7 岷江紫坪铺各库各典型方案调度规则

5.4.4 大渡河片区

大渡河河段上有下尔呷、双江口、瀑布沟 3 座重要水利枢纽。各水库均衡方案的离群（图 5.8）表征了各个目标之间存在着较强的竞争关系。其中下尔呷水库的各方案中水位波动较为剧烈，表明下尔呷水库本身的调节能力不是很大，同时，整个系统内的航运功能对航运流量的要求，对各支流水库调节的影响也比较大。

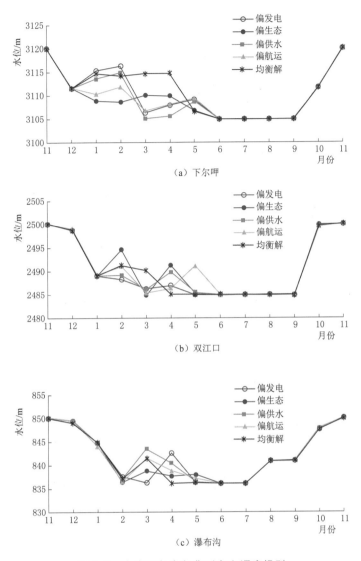

图 5.8　大渡河各库各典型方案调度规则

5.4.5　嘉陵江片区

嘉陵江河段考虑碧口、宝珠寺和亭子口 3 座水库。典型调度方案集（图 5.9）显示，碧口和宝珠寺两座水库各个方案运行过程有较大的不同，尤其是偏发电方案，与其他方案的偏离值更大。这说明嘉陵江河段发电目标较为敏感，为满足水库群发电量的最大化，水库群需要不断调整水库的发电水头和下泄流量，而其他目标之间对水量的要求较为一致。

5.4.6　乌江片区

乌江河段考虑洪家渡、东风、乌江渡、构皮滩、彭水 5 座水库。从典型方案集（图 5.10）来看，洪家渡水库各方案协调度很高，同时该库主要承担发电和供水的任务，说明

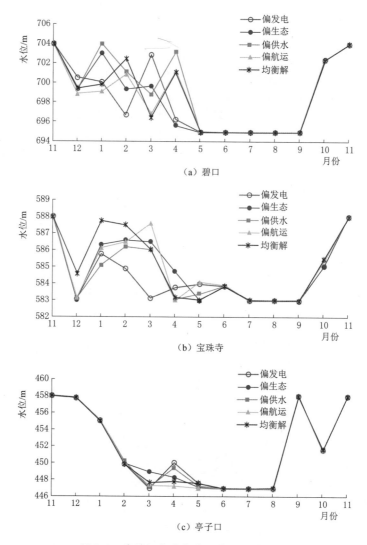

（a）碧口

（b）宝珠寺

（c）亭子口

图 5.9　嘉陵江各库各典型方案调度规则

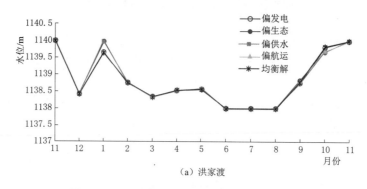

（a）洪家渡

图 5.10（一）　乌江各库各典型方案调度规则

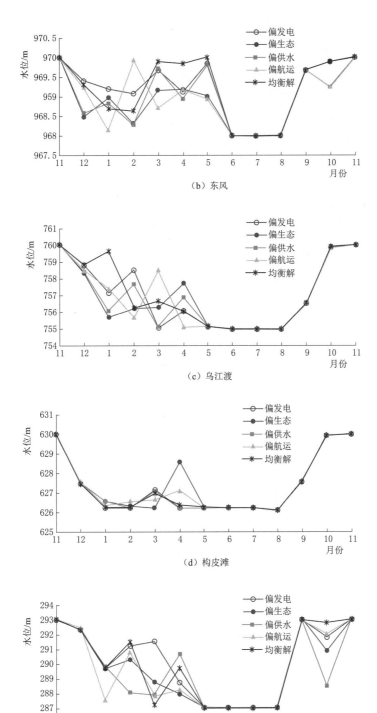

图 5.10（二）　乌江各库各典型方案调度规则

这两个目标在这一水库的竞争性不大；东风水库和彭水水库的均衡方案波动更大，表明对于这两个水库，多目标之间的竞争矛盾更为突出，其中彭水承担下游航道航运对水量的要求，从偏航运方案与其他方案之间偏离较大可见航运目标对多目标之间的协调优化起到强大的影响。偏生态方案与其他方案之间的水位差距比较大，这两个目标对水库水位和流量的要求不一致，存在竞争关系。

5.4.7 三峡水库

长江上游干流以三峡水库为重要节点，上述 5 条河段最终的出流全部汇入三峡水库，而三峡水库巨大的库容也成为上述河段不同运行方案最终的协调器，结合三峡水库本身的运行目标，最终三峡水库的各典型调度方案（图 5.11）也呈现出了一个比较好的协调性，其中航运和供水两目标因需要较大的水库流量，因而运行水头降低比较快，与偏发电和偏生态目标之间出现一定的偏差。

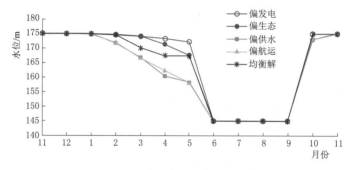

图 5.11 三峡水库典型方案调度规则

5.5 小结

本章将全年划分为汛前期、主汛期、汛期末段、蓄水期、供水期以及汛前消落期，这 6 个不同时段构成了水库调度的全周期。应用统计和聚类方法对不同周期进行合理化分期，既可以确定水库优化调度的边界条件，又对实现洪水资源化具有指导意义。

进一步，在水库群多目标协同竞争关系分析的基础上，引入全周期分期方式，以长江上游水库群系统为研究对象，结合水库群调度规程对防洪与发电、生态与发电、发电与航运间的竞争关系进行了二元分析。针对防洪-发电-生态-供水-航运的五维目标，将防洪目标转换为刚性约束条件，研究四个兴利目标之间的互馈关系。经过模型优化计算后，分别得到在丰、平、枯条件下长江上游梯级水库群的多目标非劣解集，在三维坐标系中绘制非劣前沿，三个坐标系分别对应发电、生态及供水目标值，用颜色表征航运目标值的变化，并进一步绘制目标矩阵散点图，用于直观分析目标间的关系，给出典型调度方案。

1. 丰水年相关结论

生态与发电目标之间呈现非常明显的竞争关系，随着梯级水库总发电量的增加，各生态断面适宜流量溢缺值也在不断增加，适宜生态流量的满足程度不断下降。这是由于，水库在来水较小的时段内需加大下泄以达到生态适宜流量，导致在水库不能保持高水位运行、发电水头和发电量减少、来水较丰沛时，如要满足生态适宜流量约束，则水库需控制下泄，导致电站出力受限制，因此，水电站的生态效益和发电效益存在相互矛盾和制约关系。

当供水缺水率在 1.1% 以下时，梯级水库可以发挥其协调调度作用，更大限度地保证航运的流量要求，此时航运目标的破坏程度较小，供水目标的破坏程度也较小；当航运目标的满足程度降低时，梯级水库群的供水缺水量与航运缺溢水量有相同的变化趋势，即当航运条件满足程度增加时，供水需求的满足程度也随之增加，供水与航运目标两者呈现出一定的协同关系。

2. 平水年相关结论

在平水年，生态与发电也存在明显的竞争关系，与丰水年相同。同时，航运和供水在总的变化趋势上呈现协同关系，但航运在所有非劣解中的满足率较丰水年为低，这与来水总量的减少密切相关。

3. 枯水年相关结论

枯水年生态与发电仍保持竞争关系，但竞争关系不如丰、平水年明显，且在发电量达到 4.61×10^{11} kW·h 时，生态目标的破坏程度快速上升；对于发电与供水，也呈现一定的竞争趋势，在发电量达到 4.61×10^{11} kW·h 时，供水目标的破坏程度也快速上升。这是由于，枯水年梯级水库发电总量较小时，梯级水电站系统内部可以通过不同的发电量承担组合来确保生态断面流量尽可能接近适宜值，同时最大限度满足供水要求；而当发电量超过一定值时，在流量较小的情况下，则不得不通过蓄水抬高发电水头以满足发电要求，此时会对生态适宜流量和供水需水量目标造成破坏。

4. 目标间的总体关系

将防洪目标作为强制约束，那么发电、供水、生态、航运在总体上呈现出以下规律，见表 5.5，其中"＋"表示协同关系，"－"表示竞争关系，符号的数量多少表示作用关系的强弱。

表 5.5　　　　　　　　　　　　　四目标间作用关系表

目标	发电	供水	生态	航运
发电		－ －	－ －	－
供水	－ －		＋/－	＋
生态	－ －	＋/－		＋/－
航运	－	＋	＋/－	

第 6 章

领导与服从关系体制的建模理论分析

二层规划问题（BLP）是具有主从递阶结构的博弈问题。上下层分别具有自己的目标函数和约束条件，下层的解空间是在上层给定条件下得到的一个局部区域，而上层的解亦是在给定上层条件下下层达到最优的情况下得到的，故上下层相互影响，相互制约。针对下层解不唯一情况是二层规划的重难点问题，本研究采用乐观和悲观模型反映下层反馈上层的极端情况：当下层反馈最有利于上层的解时为乐观模型；当下层反馈最不利于上层的解时为悲观模型。通过算例检验可以发现，若合作系数仅考虑下层满意度，那么最终得到的最优解可能过于偏向下层，而使得上层满意度较低，于是对合作系数的形式进行了改进，基于系统模糊决策理论，采用考虑上下层偏好的整体满意度作为合作系数，提升和优化计算效果。

6.1 水库调度决策体制特征分析

6.1.1 水库调度管理主体及利益相关方

由于水库的多功能性，一个水库存在多个管理主体，也即多个利益相关方，所以在水库日常管理和调度过程中有多个不同层级的决策者参与，各调度方案应是多方协调的结果。

6.1.1.1 水库调度决策主体

我国的水库管理实行从中央到地方分级负责的管理体制，大致可分为行政管理、技术管理和运行管理 3 类，由相应的管理机构负责。

（1）行政管理机构。我国的水资源属于国家所有，水资源的所有权由国务院代表国家行使。国家对水资源实行流域管理与行政区域管理相结合的管理体制。国务院水行政主管部门负责全国水资源的统一管理和监督工作。水利部作为国务院的水行政主管部门，是国家统一的用水管理机构。对国民经济有重大影响的水资源综合利用及跨流域（指全国七大流域）引水等水利工程，原则上由国务院水行政主管部门负责管理，由流域机构代为管理，即长江、黄河、淮河、海河、珠江、松花江辽河、太湖等七大流域的水利委员会。

（2）技术管理机构。各级水行政主管部门以外还设有作为事业单位的各级水库大坝的专业管理机构，属政府职能的延伸，受政府委托承担一定的水库大坝管理的行政职能，如部级和省级大坝安全管理中心、水利工程管理局等。

（3）运行管理机构。按工程所有权的不同，水库可划分为 3 种所有制形式：国家所有制水库、集体所有制水库和私有制水库。本研究对象为大型水库，一般为国家所有制水库，是指为满足一定需求而由国家投资兴建的水库。对于达到一定规模的水库，政府一般都设有水库专管机构或管理组织，如水库管理局（所、委员会）等，专门负责水库的运行管理。

这些管理机构对水库大坝的运行与安全负全面责任，按照水库功能和有关批准的规定，具体执行调度指令，负责水库大坝的日常运行、养护维修等管理工作。水库安全的责任主体是政府，需对社会公众负责，其代理人按分级负责属地管理的原则，主要由各级水行政主管部门负责监督管理，而水库业主追求的是水库效益最大化。

6.1.1.2　水库调度利益相关方

大型水库一般是具有多个调度目标的综合水利枢纽工程，一般在工程建成后，管理单位最关心如何将工程的设计效益最大程度地发挥出来，国务院关心上下游防护对象和大坝的防洪安全，电站管理部门关心发电效益，航运部门关心河道通行是否通畅，环境部门关心水库周围生态环境是否良好，所以说水库的运行关系到多个利益相关方，协调好各方的利益就是水库调度的任务。在难以掌握天然来水的情况下，调度中常可能出现各种问题。例如，在担负有防洪任务的综合利用水利枢纽上，若仅从防洪安全的角度出发，在整个汛期内都要留出全部防洪库容等待洪水的来临，在一般的水文年份中，水库到汛期后可能无法蓄水到正常蓄水位，因此减少了充分利用兴利库容的机会，得不到最大的综合效益。反之，若单纯从提高兴利效益的角度出发，过早将防洪库容蓄满，则汛末再出现较大洪水时，就可能会超出防洪标准，造成损失。从供水期发电来看，也可能出现类似的问题：在供水初期如果水电站过分增大出力，则水库很早放空，当后来的天然水量不能满足水电站保证出力时，则系统的正常工作将遭受破坏；反之，如果供水初期水电站出力过小，到枯水期末还不能腾空水库，而后来的天然水量有可能很快蓄满水库并开始弃水，这样就不能充分利用水能资源，显然也是很不经济的。

为了避免上述因管理不当而造成损失，或为了将这种损失最小化，应当对水库的运行进行合理的控制，也就是要提出合理的水库调节方法进行水库调度。

6.1.2　水库调度中的领导与服从关系

由于水库有多个水库管理主体，且这些水库管理主体之间为领导与服从关系，故水库调度具有明显的层次性。水利部于 2012 年批复的《水库调度规程编制导则（试行）》规定，水库调度规程应按"责权对等"原则明确水库调度单位、水库主管部门和运行管理单位及其相应的责任与权限。调度规程应由水库主管部门和水库运行管理单位组织编制。

以小浪底水利枢纽配套工程——西霞院反调节水库为例，其调度规程规定水库调度单位为黄河水利委员会和黄河防汛抗旱总指挥部，发电调度单位为河南省电力公司，运行管理单位为小浪底水利枢纽建设管理局。在调度过程中，水库调度单位负责制定水库下泄流量等指标，并及时下达调度指令。电力调度单位按"以水定电"原则制定发电指标，并及时下达调度指令。运行管理单位应严格执行调度指令，在确保工程安全的前提下，制定西霞院、小浪底水库联合调度运用方案。运行管理单位应严格执行调度指令，如有不同意见，在执行调度指令的同时可向上级主管单位反映。由此可见，多个水库管理主体对水库具有不同的责任，在管理过程中，下级部门必须服从上级部门的指令，即具有层次性。

6.1.3 水库调度中的竞争博弈关系

《水库调度规程编制导则（试行）》规定，水库调度应坚持"安全第一、统筹兼顾"的原则，在保证水库工程安全、服从防洪总体安排的前提下，协调防洪、兴利等任务及社会经济各用水部门的关系，发挥水库的综合利用效益，还要兼顾梯级调度和水库群调度运用的要求。

对于单一水库来说，各调度目标之间存在博弈。防洪与兴利、发电与供水、航运与发电、生态与其他兴利目标之间均可能存在博弈：提前蓄水加大防洪风险，过度降低防洪风险不利于兴利；枯水期发电希望多下泄，受水区供水希望多拦蓄增大库水位；下游区间来水不足时，需要加大下泄满足生态和下游受水区的用水，若连续枯水时，加大供水则可能导致未来供水压力大。

对于多个水库来说，各水库之间也存在博弈。处于同一流域的梯级水电站（串联水库群）之间存在水量水头和电力方面的联系，不同的调度方案使得各电站的发电量分布以及流域总发电量不同，在寻求总发电量最大化时，应协调好各水电站间的发电效益分配。位于不同河流的并联水库群联合调度必须尽可能满足各流域和区域需求，根据不同区域情况协调好各流域之间或各水库之间的利益分配。不管是串联水库群还是并联水库群，每一个水库的调度均受自身和其他水库的影响，各水库之间必然存在博弈。

各水库及其调度目标之间不是平等的博弈，而是具有优先次序的。优先级高的处于主导层，优先级低的处于服从层，低优先级应尽量优先满足高优先级，然后满足自身的利益，故水库调度具有兼顾层次性和博弈性的混合性特征。

6.2 描述领导与服从关系的二层规划模型

6.2.1 二层规划的分类

对于确定的上层决策变量，根据下层规划返回值的不同，可以将二层规划分为如下两种。

（1）下层返回最优解（BLP$_1$）：

$$\min_{x \in X} F(x, y) \tag{6.1}$$
$$\text{s.t.} \quad G(x, y) \leqslant 0$$

其中 y 是如下问题的解：

$$\min_{y \in Y} f(x, y)$$
$$\text{s.t.} \quad g(x, y) \leqslant 0$$

（2）下层返回最优值（BLP$_2$）：

$$\min_{x \in X} F(x, v(x)) \tag{6.2}$$
$$\text{s.t.} \quad G(x, y) \leqslant 0$$

$$v(x) = \min_{y \in Y}\{f(x,y):g(x,y) \leqslant 0\}$$

其中，$X \subset R^n$，$Y \subset R^m$，F，$f: R^n \times R^m \to R$，$G: R^n \times R^m \to R^p$，$g: R^n \times R^m \to R^q$。

实际上，BLP_2 是 BLP_1 的特殊情形，说明如下：

不论 $v(x)$ 与 x 存在哪种函数关系，BLP_2 都可以表达成如下的形式：

$$\min_{x \in X} F(x, f(x,y)) \tag{6.3}$$
$$\text{s.t.} \quad G(x,y) \leqslant 0$$

其中 y 是如下问题的解：

$$\min_{y \in Y} f(x,y)$$
$$\text{s.t.} \quad g(x,y) \leqslant 0$$

这是因为在 y 满足 $y \in \arg\min[f(x,y):y \in S(x)]$ 时，$v(x) = f(x,y)$。除非特殊说明，本研究的二层规划都是以最优解返回到上层的二层规划问题，即 BLP_1。

6.2.2 二层规划的相关概念

（1）二层规划的约束域：

$$S = \{(x,y) \mid G(x,y) \leqslant 0, g(x,y) \leqslant 0\} \tag{6.4}$$

（2）对于给定的 $x \in X$，下层规划问题的可行解集：

$$S(x) = \{y \mid g(x,y) \leqslant 0\} \tag{6.5}$$

（3）可行 x 构成的集合为约束域 S 在上层决策空间中的投影：

$$S(X) = \{x \mid G(x,y) \leqslant 0, g(x,y) \leqslant 0\} \tag{6.6}$$

（4）对于 $x \in S(X)$，下层问题的合理反应集：

$$P(x) = \{y, y \in \arg\min[f(x,y):y \in S(x)]\} \tag{6.7}$$

（5）二层规划的诱导域：

$$IR = \{(x,y) \mid (x,y) \in S, y \in P(x)\} \tag{6.8}$$

（6）二层规划的最优解：

若 $(x^*, y^*) \in IR$，且存在 $(x,y) \in IR$，$F(x,y) \geqslant F(x^*, y^*)$，则 (x^*, y^*) 称为二层规划的最优解。

6.2.3 二层规划的特性

（1）单层性。二层规划问题可以看成是一类特殊的传统非线性规划问题，它除了包含一般的约束之外，还有一种特殊的约束，即

$$\min_{x \in X} F(x,y) \tag{6.9}$$
$$\text{s.t.} \quad G(x,y) \leqslant 0$$

其中 y 是如下问题的解：

$$\min_{y \in Y} f(x,y)$$
$$\text{s.t.} \quad g(x,y) \leqslant 0$$

根据上文对二层规划的分析，得到二层规划可以表示为如下单层规划的形式：

$$
\left.\begin{array}{l}
\min\limits_{x\in X}F(x,y) \\[2mm]
\quad G(x,y)\leqslant 0 \\[1mm]
\text{s. t.}\quad g(x,y)\leqslant 0 \\[1mm]
\quad y\in P(x)
\end{array}\right\} \tag{6.10}
$$

其中 $G(x,y)\leqslant 0$ 和 $g(x,\dot{y})\leqslant 0$ 是一般的标准约束，而 $y\in P(x)$ 是以 x 变量作为参数优化问题的最优解。

（2）最优性条件。为了设计有效的算法，一般需要对研究规划问题的最优性条件进行研究，即研究规划问题的最优解所需要满足的条件。将下层问题直接转换为约束条件，从而二层规划问题就转化为了单层规划问题，再通过研究这个单层问题得到一些最优性条件。将二层规划直接转化为单层规划有两种办法：第一种是用 KKT 条件代替下层规划问题；第二种是用值函数代替下层规划问题。用 KKT 条件代替下层规划问题后，研究二层规划的最优性条件只适用于下层规划为凸规划、满足某一约束规则的二层规划问题，但转换后的常见的约束规格是难以得到满足的。对于用值函数代替下层规划问题，首先定义最优值函数 $v(x)=\inf\limits_{y\in Y}\{f(x,y):g(x,y)\leqslant 0\}$，而后通过在上层规划问题中添加约束条件 $f(x,y)-v(x)\leqslant 0$ 将二层规划问题直接转化为单层规划问题。

（3）复杂性。由上文的分析可以发现，即使是二层线性规划也是一个非凸规划、不可微规划问题。而且由于二层规划约束的嵌套性，其可行域一般不再是凸的闭集，尤其当上层约束包含下层决策变量时还可能不连通，甚至是空集。二层线性规划问题已被证明是 NP 难的，其局部最优解也是一个 NP 难问题。

6.3　新的部分合作二层规划模型

6.3.1　上下层部分合作的概念

对于任意一个 $x\in X$，下层问题最优解的集合为反应集，记为 $\varphi(x)$。当对于任意 $x\in X$，$\varphi(x)$ 为一个唯一的值时，称下层最优解唯一；当对于任意 $x\in X$，$\varphi(x)$ 不唯一时，那么下层最优解不唯一，称该二层规划问题不适定。对于同一个 x，在 $\varphi(x)$ 的解集中，有两种极端的情况。

第一种是上层持乐观态度，认为下层会反馈给上层最好的解，使得上层目标函数最优，称为乐观模型：

$$
y=\arg\min_{y\in\varphi(x)}F(\overline{x},y) \tag{6.11}
$$

第二种是上层持悲观态度，认为下层会反馈给上层最差的解，使得上层目标函数最差，称为悲观模型：

$$
y=\arg\max_{y\in\varphi(x)}F(\overline{x},y) \tag{6.12}
$$

而本研究的部分合作模型，是 Aboussoror 提出的，采用合作系数表示上层期望下层合作的程度：

$$
\min_{x}F(x,y)=\min_{x}\left(\beta\min_{y\in\varphi(x)}F(x,y)+(1-\beta)\max_{y\in\varphi(x)}F(x,y)\right) \tag{6.13}
$$

其中，$\varphi(x) = \arg\min_y F(x,y)$，$x \in X$，$\min_{y \in \varphi(x)} F(x,y)$ 和 $\max_{y \in \varphi(x)} F(x,y)$ 分别为给定 x 情况下，上层目标函数的乐观最优值和悲观最优值。

F^U 和 F^L 分别为上层目标函数的极限容忍值和理想目标值，f^U 和 f^L 分别为下层的极限容忍值和理想目标值，它们分别是下面优化问题的最优值：

$$F^U = \max_{x,y} F(x,y), F^L = \min_{x,y} F(x,y) \tag{6.14}$$

$$f^U = \max_x \min_y f(x,y), f^L = \min_x \min_y f(x,y) \tag{6.15}$$

定义 1 在模糊决策理论中，采用相对优属度对目标进行评价，上下层的相对优属度即为项目的满意度，即

$$\mu(F) = \frac{F - F^U}{F^L - F^U}, \mu(f) = \frac{f - f^U}{f^L - f^U} \tag{6.16}$$

定义 2 整体满意度即采用多目标系统模糊优选模型中的目标优属度形式，即

$$c(x) = \frac{1}{1 + \dfrac{[\alpha(1-\mu(F))]^2 + [(1-\alpha)(1-\mu(f))]^2}{[\alpha \cdot \mu(F)]^2 + [(1-\alpha) \cdot \mu(f)]^2}} \tag{6.17}$$

式中：α 为权重系数。

6.3.2 上下层部分合作模型的构建

将原部分合作模型中的 β 替换，即用整体满意度表示下层合作程度：

$$\min_x F(x,y) = \min_x \left(c(x) \min_{y \in \varphi(x)} F(x,y) + (1-c(x)) \max_{y \in \varphi(x)} F(x,y) \right) \tag{6.18}$$

采用算例进行计算时，可以得到目标函数的上下确界，即 F^U、F^L 和 f^U、f^L，根据模糊决策理论可知，$\mu(F)$ 和 $\mu(f)$ 称为绝对隶属度，而在实际应用中，上下确界往往无法准确得到，故采用相对隶属度表示。

当 $\alpha=0$ 时，即仅考虑下层满意度，不考虑上层满意度，模型退化为基于下层满意度的部分合作模型：

$$\min_x F(x,y) = \min_x \left[\frac{1}{1 + \dfrac{[1-\mu(f)]^2}{[\mu(f)]^2}} \min_{y \in \varphi(x)} F(x,y) + \left(1 - \frac{1}{1 + \dfrac{[1-\mu(f)]^2}{[\mu(f)]^2}} \right) \max_{y \in \varphi(x)} F(x,y) \right]$$

$$\tag{6.19}$$

可简化为以下形式：

$$\min_x F(x,y) = \min_x \left(\mu(f) \min_{y \in \varphi(x)} F(x,y) + (1-\mu(f)) \max_{y \in \varphi(x)} F(x,y) \right) \tag{6.20}$$

当 $\alpha=1$ 时，即仅考虑上层满意度，不考虑下层满意度，$\mu(F)$ 始终取为 1，模型退化为乐观模型，可简化为以下形式：

$$\min_x F(x,y) = \min_x \left((1-\mu(F)) \min_{y \in \varphi(x)} F(x,y) + \mu(F) \max_{y \in \varphi(x)} F(x,y) \right) = \min_{y \in \varphi(x)} F(x,y)$$

$$\tag{6.21}$$

通过从 0 到 1 改变权重系数，得到一系列点，可以从中选择一个折中的点，这个点既满足二层规划的递阶结构，又考虑了上下层的偏好。

任意的 $x \in R_{n1}$，新模型可以得到介于乐观值和悲观值之间的协调值，即式（6.22）

成立：

$$F^{\circ} \leqslant \min_{x}(c(x) \min_{y \in \varphi(x)} F(x,y) + [1-c(x)] \max_{y \in \varphi(x)} F(x,y)) \leqslant F^{p} \qquad (6.22)$$

这里的 F° 和 F^{p} 分别为上述乐观模型和悲观模型求解得到的上层最优值。

证明：首先证明左半部分，对于全部 $x \in R_{n1}$，有：

$$F^{\circ} \leqslant \min_{x} \min_{y \in \varphi(x)} F(x,y), F^{\circ} \leqslant \min_{x} \max_{y \in \varphi(x)} F(x,y) \qquad (6.23)$$

所以，

$$F^{\circ} = c(x)F^{\circ} + [1-c(x)]F^{\circ} \leqslant \min_{x}\{c(x) \min_{y \in \varphi(x)} F(x,y) + [1-c(x)] \max_{y \in \varphi(x)} F(x,y)\}$$

$$\qquad (6.24)$$

左半部分得证，接着证明右半部分。

对于全部 $x \in R_{n1}$，有

$$c(x) \min_{y \in \varphi(x)} F(x,y) + [1-c(x)] \max_{y \in \varphi(x)} F(x,y)$$

$$\leqslant c(x) \max_{y \in \varphi(x)} F(x,y) + [1-c(x)] \max_{y \in \varphi(x)} F(x,y) = \max_{y \in \varphi(x)} F(x,y) \qquad (6.25)$$

于是有

$$\min_{x}[c(x) \min_{y \in \varphi(x)} F(x,y) + (1-c(x)) \max_{y \in \varphi(x)} F(x,y)]$$

$$\leqslant \min_{x} \max_{y \in \varphi(x)} F(x,y) = F^{p} \qquad (6.26)$$

所以定理的结论成立。

关于权重系数如何选定，可根据具体案例进行分析选取。针对算例权重的选取，即部分合作解如何选取的问题，模糊决策理论认为，上下层目标的理想值和容忍值范围覆盖区间较大，如果在不同目标中，目标特征值变化范围有的大、有的小，而且相差较明显，但它们的目标特征值的满意度的最大、最小值都变为 1 与 0，这就会夸大目标特征值变化范围较小的目标在优选中的相对作用。

以悲观解和乐观解作为上下限或下上限，计算新的满意度，即整体不满意度函数 $D(F,f)$：

$$D(F,f) = \sqrt{[1-\mu'(F)]^2 + [1-\mu'(f)]^2} \qquad (6.27)$$

式中　　　　　$\mu'(F) = \dfrac{F-F^{U}}{F^{L}-F^{U}} \qquad \mu'(f) = \dfrac{f-f^{U}}{f^{L}-f^{U}}$

　　　　　　　$F^{U}=F^{p}, F^{L}=F^{\circ} \qquad f^{U}=f^{\circ}, f^{L}=f^{p}$

其中 $D(F,f)$ 作为评价解的指标，定义为整体不满意度，选取 $D(F,f)$ 值最小的协调解作为最终解。f° 和 f^{p} 分别为上述乐观模型和悲观模型求解得到的下层目标值。

本研究采用粒子群算法进行求解计算，并且采用三步法的求解策略求解模型中的 $\min\limits_{y \in \varphi(x)} F(x,y)$ 和 $\max\limits_{} F(x,y)$。等式右边的 $\mu(F)$ 中含有 F，即式中等式的两边均含有 F，而这个 F 是 x 和 y 均确定时求得的上层目标函数的值，故采用粒子群算法和试算法求解出近似值。

6.3.3　上下层部分合作的数值算例及结果分析

为了验证该模型的有效性，对算例进行计算求解。

$$\left.\begin{array}{l}\min_{x} F(x,y)=x_1^2+y_1^2 \\ \text{s. t.} \quad 0 \leqslant x_i \leqslant 4 \\ \min_{y} f(x,y)=-(x_1^2+y_1+y_2) \\ \text{s. t.} \quad x_1+y_1+y_2 \leqslant 4, y_i \geqslant 0\end{array}\right\} \qquad (6.28)$$

上层目标函数的理想值和容忍极限值分别为 0 和 16，下层目标函数的理想值和容忍极限值分别为 -16 和 -3.75。根据上述计算，可得图 6.1 和图 6.2。

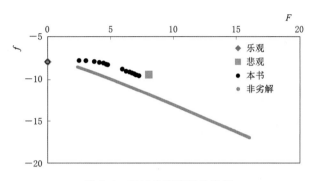

图 6.1 二层模型算例最优解

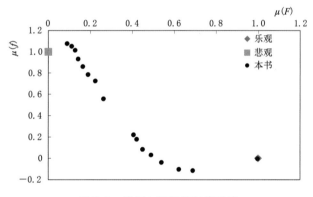

图 6.2 算例上下层相对优属度

6.4 领导与服从关系模型应用分析

以三峡水库为例，应用上述理论和模型进行对现有调度方式进行分析。根据三峡水库的各相关调度文件可知，三峡水利枢纽的调度原则为兴利调度服从防洪调度，发电调度与航运调度相互协调并服从于水资源调度；协调兴利与水资源、水环境、水生态保护、水库长期利用的关系，提高三峡水库的综合利用效益。由此可见，三峡水库是集多个调度目标于一体的综合性水利枢纽工程，各调度目标之间存在博弈的关系，且防洪调度具有最高优先级。

根据水利部于 2008 年审议通过的《三峡水库调度和库区水资源与河道管理办法》规

定，三峡水利枢纽调度管理单位见图6.3，国家防汛抗旱指挥机构和长江防汛抗旱指挥机构对三峡水库的防洪调度进行指挥和监督管理，由三峡水利枢纽管理单位根据国家防总和长江防总下达的防洪调度指令，具体负责调度的实施。水量调度由长江水利委员会下达调度指令，由三峡水利枢纽管理单位实施。发电调度由三峡总公司根据水量调度指令制定发电计划，由梯级调度中心具体负责发电操作。航运调度由航运调度管理单位负责。

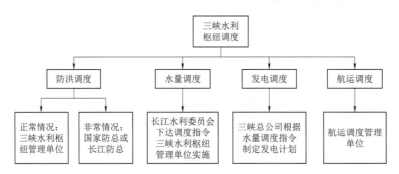

图6.3 三峡水利枢纽调度管理单位示意图

《三峡水库优化调度方案》对汛末蓄水方式作出了规定，每年的蓄水方案由水库运行管理部门根据水文、气象预报编制。在蓄水期间，当预报短期内沙市、城陵矶站水位将达到警戒水位，或三峡水库来水流量达到35000 m³/s并预报可能继续增加时，水库暂停兴利蓄水，按防洪要求进行调度。2015年7月国务院批复了国家防汛抗旱总指挥部（以下简称"国家防总"）组织制定的《长江防御洪水方案》，作为指导长江流域抗击洪水的纲领性文件。《长江防御洪水方案》中规定，三峡水库的防洪和蓄水调度由长江防汛抗旱总指挥部（以下简称"长江防总"）提出方案，报国家防总批准。蓄水期间，在兼顾下游航运流量和生活、生产、生态用水需求的情况下，原则上电站按大于保证出力的需求发电放流。由此可以看出，提前蓄水期间，蓄水方案由运行管理部门根据水文、气象预报，遵循兴利调度服从防洪调度的调度原则，综合考虑水库的蓄水、发电、航运、生态等兴利效益编制，防洪部门会视防洪要求对方案进行批准，最后由运行管理部门执行。

6.4.1 水库洪水特性分析

荆南四河（松滋河、虎渡河、藕池河、调弦河）是连接荆江河段和洞庭湖的重要通道，洪水主要来自长江干流荆江河道上段分流，上有三口分流，下有洞庭湖水顶托，洪水组成和影响因素复杂，因此要了解荆南四河地区洪水特性，必须先对其所在长江流域（特别是上、中游）洪水特性进行分析。

宜昌以上流域面积为100万 km²，洪水主要产生于东部约60万 km²的流域面积上。为了分析长江上游的洪水统计特征，研究了宜昌站（1882—2012年）年最大洪峰、洪量等洪水特征值，并在此基础上进行统计分析。

6.4.1.1 最大洪峰及出现时间

根据宜昌站年最大洪峰出现时间进行统计，表6.1列出了宜昌站年最大洪峰流量分旬出现时间。

表 6.1　　　　　　　　宜昌站年最大洪峰出现时间分旬统计表　　　　　　　　单位：年数

月	旬	流量区间/（m³/s）						合计
		＜30000	30000～40000	40000～50000	50000～60000	60000～70000	＞70000	
6 月	下旬	0	0	2	1	0	0	3
7 月	上旬	2	0	8	9	2	0	21
	中旬	0	3	8	7	7	0	25
	下旬	0	1	3	10	5	0	19
8 月	上旬	0	0	2	10	4	0	16
	中旬	0	1	7	2	5	0	15
	下旬	0	0	2	3	0	0	5
9 月	上旬	0	0	8	2	1	1	12
	中旬	0	1	3	2	0	0	6
	下旬	0	1	7	0	0	0	8
10 月	上旬	0	0	1	0	0	0	1
合计		2	7	51	46	24	1	131

由表 6.1 可看出宜昌站洪峰有以下特征：

（1）宜昌年最大洪峰最早出现在 6 月下旬，最迟发生在 10 月上旬，主要集中在 7 月到 8 月中旬（占总数的 77.1%）。整体来说，年最大洪峰出现次数与时间的对应关系呈双峰鞍形状态，双峰分别为 7 月中旬与 9 月上旬，发生次数分别是 25 次与 12 次。7 月中旬为主峰，年最大洪峰出现次数最多，之前与之后年最大洪峰发生次数均减少。6 月下旬和 8 月下旬出现较少，分别占 2.2% 和 3.8%，年最大洪峰发生在 9 月的次数比发生在 6 月的多，9 月各旬出现年最大洪水的次数比 8 月下旬多。

（2）年最大洪峰流量量级一般为 30000～70000m³/s，小于 30000m³/s 的仅有两次；大于 70000m³/s 的仅有 1 次，出现在 1896 年 9 月上旬；50000m³/s 以上的占 54.2%；60000m³/s 以上的占 19.1%。洪峰在 50000m³/s 以上的年最大洪水主要集中在 7 月至 8 月，量级在 60000m³/s 以上的年最大洪水共有 25 次，主要发生在 7 月上旬至 8 月中旬（有 23 次），其他两次发生在 9 月上旬，8 月下旬与其他时间均未出现过洪峰大于 60000m³/s 的年最大洪水。9 月上旬超过 50000m³/s 流量级的次数比 9 月中旬多两次，下旬发生流量 30000～40000m³/s 及 40000～50000m³/s 洪水的次数均与上旬相当。

图 6.4 为宜昌站年最大洪峰出现时间图，可见，宜昌站年最大洪峰出现在 6 月下旬至 10 月上旬，主要集中在 7 月至 8 月中旬，占总数的 77.1%；8 月下旬出现的次数较少，量级也相对较小，占总数的 3.8%；而 9 月上旬出现的比 8 月下旬的多，说明 8 月下旬是一个分界点。9 月中旬为一个突变点。

从宜昌站年最大洪峰流量散点图（图 6.5）可以看出，洪峰流量散点的频率、大小基本上呈现由弱至强、再由强至弱的规律。在 8 月 25 日前后出现了洪峰相对较少的弱空档期，以后洪峰流量又增多。在 9 月 10 日左右，流量逐渐减少，且不再明显增加，与目前的宜昌站的汛期分期情况一致：汛前期为 6 月；主汛期为 7 月至 9 月上旬；汛末期为 9 月中下旬。

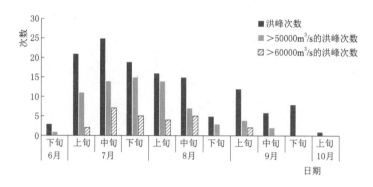

图 6.4   宜昌站年最大洪峰出现次数的时间分布

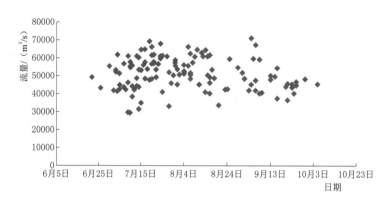

图 6.5   宜昌站洪峰流量散点分布图

6.4.1.2   汛末期及蓄水期来水量统计

三峡水库每年从汛期防洪限制水位 145m 蓄至正常蓄水位 175m 需拦蓄 221.5 亿 m^3 水量，水量调度规定的最小下泄流量 8000～10000m^3/s（提前蓄水期）、8000m^3/s（10 月上旬）、7000m^3/s（10 月中旬）、6500m^3/s（10 月下旬）产生的下泄水量分别为 181.4 亿 m^3、69.1 亿 m^3、60.5 亿 m^3、61.8 亿 m^3。故在不考虑防洪要求情况下，每年 10 月 1 日—10 月 31 日期间来水量须达到 412.9 亿 m^3 才可能蓄满；若从 9 月 10 日起蓄，则每年 9 月 10 日—10 月 31 日期间来水量须达到 594.3 亿 m^3 才可能蓄满。统计 1882—2012 年共 131 年汛末期和蓄水期的来水量（图 6.6），10 月 1 日—10 月 31 日期间来水量小于 412.9 亿 m^3 的有 27 年，9 月 10 日—10 月 31 日期间来水量小于 594.3 亿 m^3 的仅有 4 年，说明从 10 月 1 日和 9 月 10 日起蓄的蓄满率最高可能为 79.4% 和 96.9%。因此，提前蓄水是提高汛末蓄满率的重要非工程手段之一。

在满足水量调度规定的最小下泄流量要求下，若 10 月不产生多余下泄水量，要使 10 月底能够蓄满，每年 9 月底的水位须不低于某一水位，则称其为 9 月底最低控制水位，对其进行排频得到图 6.7。图中 9 月底最低控制水位 161.3m 对应的频率为 95.5%，即若 9 月底水位控制在 161.3m 以上，10 月底能蓄满的概率为 95.5%。

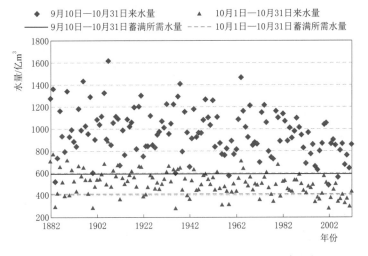

图 6.6　1882—2012 年汛末期及蓄水期来水量统计分布图

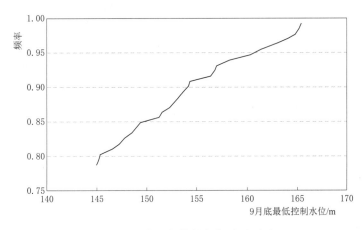

图 6.7　9 月底最低控制水位-频率分布图

6.4.2　防洪调度方式

6.4.2.1　现有防洪调度规则

三峡水库有两种补偿调度方式,分别为对荆江河段和对城陵矶地区进行防洪补偿调度,主要还是以对荆江河段进行防洪补偿的调度方式为主,具体调度方式如下:

(1) 对荆江河段进行防洪补偿调度主要适用于长江上游洪水很大的情况。汛期在实施防洪调度时,如三峡水库水位低于 171.0m,则按沙市站水位不高于 44.5m 控制水库下泄流量 $56700\,\mathrm{m^3/s}$。当水库水位为 171.0~175.0m 时,控制补偿枝城站流量不超过 $80000\,\mathrm{m^3/s}$,在配合采取分蓄洪措施条件下控制沙市站水位不高于 45.0m。

(2) 按上述方式调度时,如相应的枢纽总泄流能力 (含电站过流能力) 小于确定的控制流量,则按枢纽总泄流能力泄流。

6.4.2.2　现有蓄水调度规则

(1)《三峡水库优化调度方案》中对汛末蓄水进行了规定:水库开始兴利蓄水的时间

不早于 9 月 15 日；当沙市站、城陵矶站水位均低于警戒水位（分别为 43.0m、32.5m），且预报短期内不会超过警戒水位的情况下，方可实施提前蓄水方案；蓄水期间的水库水位按分段控制的原则，在保证防洪安全的前提下，均匀上升，一般情况下，9 月 25 日水位蓄至 153.0m，9 月 30 日水位蓄至 156.0m，经防汛部门批准后可蓄至 158.0m，10 月底可蓄至 175.0m；在蓄水期间，当预报短期内沙市、城陵矶站水位将达到警戒水位，或三峡水库来水流量达到 35000m³/s 并预报可能继续增加时，水库暂停兴利蓄水，按防洪要求进行调度。

（2）《三峡-葛洲坝水利枢纽梯级调度规程》中对汛末蓄水进行了规定：水库开始兴利蓄水的时间为 9 月上旬；9 月底控制水位 165.0m，经国家防总同意后，可调整至 168.0m，10 月底可蓄至 175.0m；其他规定与《三峡水库优化调度方案》相同。

（3）汛末蓄水期按照蓄水控制水位确定下泄水量，蓄水期在保证最基本的发电航运等其他用水需求的前提下，尽量多蓄水。

6.4.2.3 汛期调度限制条件

为了保证三峡水库在汛期能正常运行，在水库汛期调度计算中，主要考虑以下限制条件：

（1）保证出力。三峡工程设计的 32 台 70 万 kW 机组全部实现并网发电，按三峡水库投入 32 台发电机组推算，最大出力为 22500MW，保证出力为 4990MW。

（2）水库水位限制。为了保证水库的安全，要求水库水位不能超过某一水位。如果在机组满发的情况下，水库水位仍会超过这一水位，则通过溢洪道泄掉多余的水量。这里将水库 100 年一遇坝前最高安全水位作为水库水位限制，即在遭遇 100 年一遇及以下洪水时，库水位不得超过该水位。

（3）航运流量要求。三峡船闸最大通航流量为 56700m³/s，闸室长度 280m，宽度 34m。

（4）水量调度要求。9 月提前蓄水期按不小于 10000m³/s 下泄，10 月上、中、下旬下泄流量分别按不小于 8000m³/s、7000m³/s、6500m³/s 控制。

（5）满足茅坪溪防护大坝对水库蓄水的要求。茅坪溪防护大坝坝前水位不宜骤涨骤落，水位 24h 连续上升不超过 5m，水位 24h 连续下降不超过 3m。蓄水过程中，根据来水情况合理控制水位上升速率。

（6）满足三峡库区地质灾害治理对水库蓄水的要求。考虑到三峡库区地质灾害治理的要求，水位抬升期间：三峡库水位上升不超过 3m/d；特殊情况如需下降，则降幅不超过 0.6m/d。

6.4.2.4 汛期模拟调度计算指标

以三峡水库 1882—2012 年 9 月 10 日至 10 月 31 日宜昌站日径流资料作为入库流量，以荆江补偿调度方式作为防洪调度方式，分别以《三峡水库优化调度方案》（简称《09 优化调度方案》）和《三峡-葛洲坝水利枢纽梯级调度规程》（简称《梯级调度规程》）中的汛末蓄水方式作为提前蓄水方案，进行调洪演算，统计研究时间段内的下泄流量分布、平均蓄水位、蓄满率、通航率、年均发电量、年均弃水量、削峰幅度、防洪风险以及不同洪水状态持续时间次数作为评价指标。部分指标计算方法如下：

（1）发电效益计算，分为汛期（9 月 10 日—9 月 30 日）和蓄水期（10 月 1 日—10 月 31 日），即

$$E_{\text{avg}} = \frac{1}{n} \sum_{i=1}^{n} \sum_{j=1}^{m_1} P_{i,j} \cdot \Delta t, E_{\text{avg}} = \frac{1}{n} \sum_{i=1}^{n} \sum_{j=1}^{m_2} P_{i,j} \cdot \Delta t \quad (6.29)$$

（2）弃水损失计算，分为汛期（9 月 10 日—9 月 30 日）和蓄水期（10 月 1 日—10 月 31 日），即

$$W_{\text{avg}} = \frac{1}{n} \sum_{i=1}^{n} \sum_{j=1}^{m_1} Q_{W_{i,j}} \cdot \Delta t, W_{\text{avg}} = \frac{1}{n} \sum_{i=1}^{n} \sum_{j=1}^{m_2} Q_{W_{i,j}} \cdot \Delta t \quad (6.30)$$

（3）航运效益计算，以通航保证率来表示，即

$$R_s = \frac{D(Q_{\text{out}(i,j)} \leqslant Q_{\text{ship}})}{m_1 n} \times 100\% \quad (6.31)$$

（4）削峰幅度，即

$$f = \left\{ \sum_{i=1}^{n_f} \left[Q_{\text{in}(i)} - Q_{\text{out}(i)} \right] \right\} / \sum_{i=1}^{n_f} Q_{\text{in}(i)} \quad (6.32)$$

（5）蓄满率，即

$$R = \frac{num(Z_{(i,\text{end})} \leqslant Z_{\max}())}{n} \quad (6.33)$$

（6）防洪风险率，以各时段水位超过坝前限制水位的频率表示，即

$$R_f = \frac{num(Z_{(i,j)} \leqslant Z_{\text{限}})}{m_1 n} \times 100\% \quad (6.34)$$

以上各式中：n 为模拟的年数，$n=131$；m_1 为每年计算时段汛期（9 月 10 日—9 月 30 日）的天数，$m_1=21$；m_2 为每年蓄水期的天数，$m_2=31$；Δt 为一天的时段长；$P_{i,j}$ 为第 i 年汛期第 j 天的三峡水库的日均出力；$Q_{W_{i,j}}$ 为第 i 年汛期第 j 天的三峡水库的日均弃水流量；$D()$ 为满足括号内条件的天数；$Q_{\text{out}(i,j)}$ 为第 i 年汛期第 j 天的三峡水库的日均出库流量；Q_{ship} 为满足通航要求的最大流量；n_f 为实测资料序列中入库流量超过特征流量的天数；$Q_{\text{in}(i)}$、$Q_{\text{out}(i)}$ 分别为入库流量第 i 次超过特征流量入库流量和出库流量；$Z_{(i,\text{end})}$ 为第 i 年蓄水期 10 月 31 日的三峡水库的蓄水位；$Z_{\max}$ 为正常蓄水位 175m；$Z_{\text{限}}$ 为坝前水位限制值，$num()$ 为满足括号内条件的次数。

坝前最高安全水位是衡量水库防洪风险的一种指标。某一等级洪水的坝前最高安全水位的计算方法为：当遭遇该等级洪水时，按沙市站水位不超 44.5m 标准进行控泄，即对应枝城站流量不超过 56700m³/s，调洪高水位刚好达到破坏条件 175m 时的各时段起调水位。本研究将 100 年一遇坝前最高安全水位作为水库水位限制，即在遭遇 100 年一遇及以下洪水时，库水位不得高于此水位，否则下游荆江河段将超保证水位，降低了荆江河段的防洪标准。将 1000 年一遇坝前最高安全水位作为坝前水位限制值 $Z_{\text{限}}$，即当水位超过该水位，当遭遇 1000 年一遇洪水时，为保证大坝安全，水库将加大泄量，此时下游荆江河段可能超保证水位。选择 1964 年作为典型年，采用放大频率法得到 100 年一遇和 1000 年一遇洪水，然后迭代计算出各时段的坝前安全水位，见表 6.2 和图 6.8。

表 6.2　　　　　　　　1964 年典型分期设计洪水对应的坝前最高安全水位

洪水等级	9 月 10 日	9 月 15 日	9 月 20 日	9 月 25 日
100 年一遇	170.8	171.5	174.5	175.0
1000 年一遇	155.0	159.7	169.4	173.2

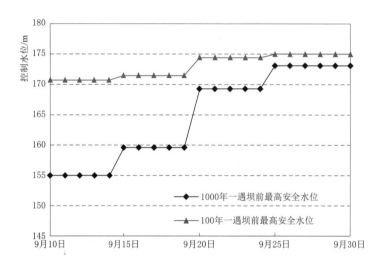

图 6.8　1964 年典型分期设计洪水对应的坝前最高安全水位

6.4.3　现有调度方案模拟分析

6.4.3.1　现有调度方案调度特征分析

从表 6.3 可以看出，按照荆江补偿调度方式对 131 年日径流资料进行调洪演算，所得到的库水位超 1000 年一遇坝前水位限制值的次数为 0，有效保证了蓄水期三峡水库和荆江河段的防洪安全。从表 6.4 和图 6.9 可以看出，虽然两种方案采用的防洪调度方式相同，但由于汛末蓄水时机不同，蓄水控制水位不同，其防洪效果不同。《梯级调度规程》与《09 优化调度方案》相比，前者出库流量超过 35000m³/s 的天数较少，相应的出库流量小于 35000m³/s 的天数较多，这是由于蓄水时机提前，9 月底控制水位抬高，拦蓄了更多的水量，下泄的水量自然减少了。由于两种方案均采用荆江补偿调度方式作为防洪调度方式，故对超过 56700m³/s 的洪水具有削减作用。

从表 6.5 可以看出，随着蓄水时机的提前，9 月底控制水位的抬高，10 月底蓄满率提高了 3%。由于《梯级调度规程》在 9 月底前拦蓄了更多水量，相应下泄水量减少，而汛末期水库水位处于低水头，故《梯级调度规程》的汛末期（9 月 10 日—9 月 30 日）年均发电量较《09 优化调度方案》少；相反，由于《梯级调度规程》在汛末期蓄了更多的水量，9 月底水位更高，使得蓄水期水库水位处于较高的位置，此时蓄满需要的水量更少，下泄水量更多，故《梯级调度规程》得到的蓄水期年均发电量更多；总的来说，《梯级调度规程》的年均发电量更多。从弃水量来看，两者在汛末期的弃水量相当，但由于《梯级调度规程》蓄水时机更早，蓄满的时机更早，蓄满后产生的弃水更多，故蓄水期的年均弃水量更多。

表6.3 不同调度方式下防洪风险统计

调度方式	《梯级调度规程》	《09优化调度方案》
超坝前水位限制值的次数	0	0

表6.4 入库流量及各调度方式下泄流量位于相应区间的天数统计

流量区间/(m³/s)（对应枝城）	入库	《梯级调度规程》	《09优化调度方案》
(0, 35000]	2381	2508	2462
(35000, 42000]	180	76	115
(42000, 56700]	179	166	173
(56700, 80000]	2	1	1
(80000, +∞)	0	0	0

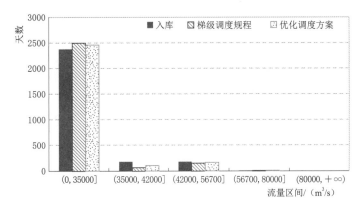

图6.9 不同调度方式下下泄流量统计分布图

表6.5 三峡8月20日—10月31日蓄水调度统计结果表

调度方式	9月底平均蓄水位/m	蓄满率/%	通航率	年均发电量/(亿 kW·h)		年均弃水量/亿 m³	
				汛末期	蓄水期	汛末期	蓄水期
《梯级调度规程》	163.1	94.7	0.9996	69.9	104.8	18.8	13.9
《09优化调度方案》	155.2	91.6	0.9996	76.9	90.3	17.6	8.8

从表6.6中可以看出，《梯级调度规程》对各控制流量的削峰幅度更大，削峰效果更好，这用下泄流量天数统计就可以解释，梯级调度规程的下泄流量更小，故削峰效果更好。须注意的是，这里统计的是涨洪阶段的出库流量小于入库流量，不包含退洪阶段。从表6.7中可以看出，《梯级调度规程》和《09优化调度方案》均减少了下泄流量持续大于35000m³/s的频次，前者的效果更佳。

表 6.6 不同控制流量下的削峰幅度

调 度 方 式	削 峰 幅 度		
	控制流量 35000m³/s	控制流量 42000m³/s	控制流量 56700m³/s
《梯级调度规程》	0.117	0.06	0.018
《09 优化调度方案》	0.064	0.029	0.018

表 6.7 超不同控制流量持续超 10 天累计次数统计表

调 度 方 式	超控制流量持续超 10 天累计次数		
	控制流量＞35000m³/s	控制流量＞420000m³/s	控制流量＞56700m³/s
入库	24	7	0
《梯级调度规程》	12	6	0
《09 优化调度方案》	17	6	0

从以上对《梯级调度规程》和《09 优化调度方案》调洪演算结果分析可知，两者对于超 56700m³/s 的洪水有一定的调控作用，但对于中小洪水几乎没有调控作用，这就可能使得防洪能力较低的荆南四河地区的水位长期处于超警戒状态，不利于该地区的防洪减灾。对于 131 年历史日径流来说，前者的削峰效果更多，蓄水效果更好，这是由前者蓄水时机更早、蓄水控制水位更高引起的，蓄水更多，自然削峰效果更好。但对于未知大洪水来说，汛末提前蓄水时机提前，水库蓄水控制水位越高，遭遇大洪水时的调洪库容更少，调洪能力更弱，故会增加水库遭遇大洪水的防洪风险。另外，蓄水控制线的不同会使发电量和弃水量的分布不同，合理的蓄水控制线可以充分利用水资源，在弃水量更小的同时获得更多的发电量。

6.4.3.2 控制水位调整影响分析

为了解汛限水位和蓄水控制线对三峡水库汛末防洪和蓄水的影响，通过调整各控制水位，对 131 年 8 月 20 日—10 月 31 日的日径流资料按照调整后的调度规则进行调洪演算，得到各控制水位与各防洪蓄水指标之间的相关关系。

图 6.10～图 6.16 分别为库水位超 1000 年一遇坝前安全水位的天数、10 月底平均蓄水位、下泄流量超 35000m³/s 的天数、下泄流量超 42000m³/s 的天数、下泄流量超 56700m³/s 的天数、8 月 20 日—10 月 31 日年均发电量、年均弃水量随控制水位变化分布图。图中所示的 $x1$ 为 8 月 20 日—9 月 10 日的防洪限制水位，当 $x1$ 变化时，$y1$～$y9$ 随之产生变化；$y1$～$y9$ 分别为 9 月 15 日—10 月 31 日的蓄水控制水位，每半旬设置一个控制水位。包括 $x1$ 在内，当某一水位增长时，其余控制水位随之增长，采用线性插值法得到。例如，当 $y2=148$m 时，$y1=146.5$m，$y3=151.375$m，以此类推。控制水位对应时间越靠后，蓄水期的水位增长较快，汛末期的水位增长较缓。

从图 6.10 可以看出，当 $x1$、$y1$～$y4$ 分别超过 155m、157m、161m、169m、173m 时，库水位超过 1000 年一遇坝前安全水位的天数开始增加，即防洪风险升高。图 6.11

中，平均蓄水位随各控制水位的增长而增长，当 $y1\sim y4$ 变化时，平均蓄水位变化不大，这是由于起蓄时机位于汛末期，来水较充足的年份均能蓄满，蓄满率较高，平均蓄水位高，对于来水不足的年份抬高控制水位也无法蓄满，平均蓄水位增长不明显。图 6.12 和图 6.13 中，随着各控制水位的增长，下泄流量超 $35000\text{m}^3/\text{s}$ 和 $42000\text{m}^3/\text{s}$ 的天数减少，且控制水位对应时间越靠前，天数越少，这是由于汛末蓄水拦蓄了洪水，减少了下泄水量，使得下泄流量超特征流量的天数减少了，有利于荆南四河地区的防洪减灾。而对于下泄流量超 $56700\text{m}^3/\text{s}$ 的天数，如图 6.14 所示，当控制水位较小时，天数为 0，当 $y1\sim y3$ 分别超过 169m、170m、172m 时，天数开始增长，说明控制水位适当抬高有利于荆南四河地区的防洪减灾，但增大了更大量级洪水的防洪风险。如图 6.15、图 6.16 所示，年均发电量和年均弃水量随着 $x1$、$y1\sim y7$ 的增大而增大，随着 $y8$、$y9$ 的增大来回波动，这是由于蓄满所需的水量虽然相同，但控制水位不同，汛末期和蓄水期的蓄水量分配不同，故库水位和下泄水量不同，导致发电量和弃水量不同。

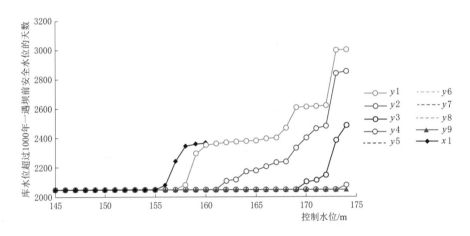

图 6.10　库水位超 1000 年一遇坝前安全水位的天数随控制水位变化分布图

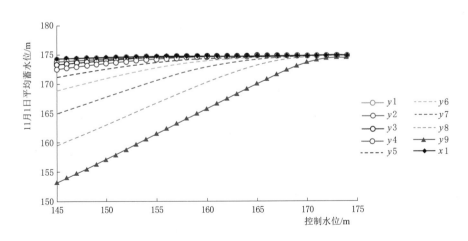

图 6.11　10 月底平均蓄水位随控制水位变化分布图

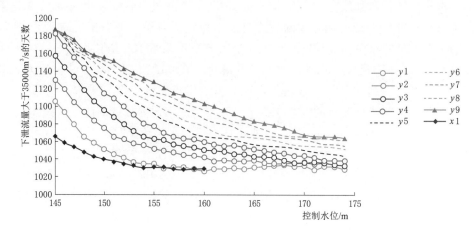

图 6.12　下泄流量超 35000m³/s 的天数随控制水位变化分布图

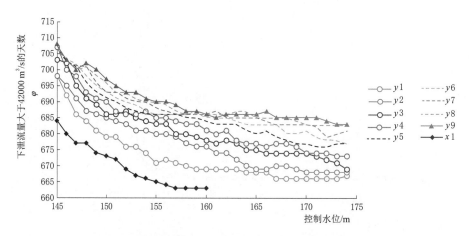

图 6.13　下泄流量超 42000m³/s 的天数随控制水位变化分布图

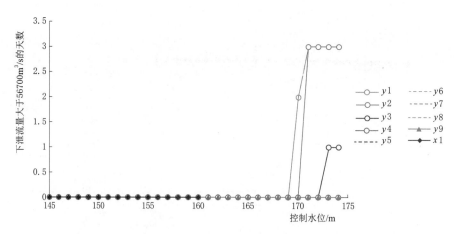

图 6.14　下泄流量超 56700m³/s 的天数随控制水位变化分布图

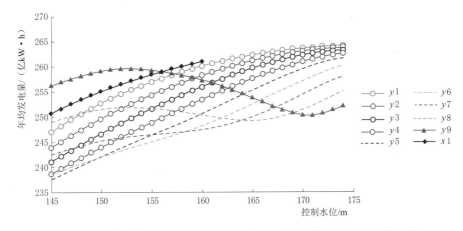

图 6.15　年均发电量（8月20日—10月31日）随控制水位变化分布图

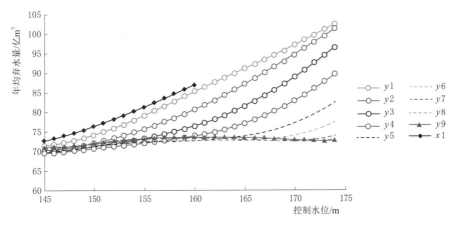

图 6.16　年均弃水量（8月20日—10月31日）随控制水位变化分布图

6.5 小结

　　本章引入了二层规划的思想，从水库调度决策特征入手，描述领导与服从调度模型，并给出了不同求解方法，最终将成果用于三峡水库的防洪调度中，并与现有调度方案进行了对比分析。

　　1. 水库调度决策特征

　　水库调度管理主体及利益相关方。我国的水库管理实行从中央到地方分级负责的管理体制，大致可分为行政管理、技术管理和运行管理3类，由相应的管理机构负责。为了避免因管理不当而造成的损失，应当对水库的运行进行合理的控制。换句话说，要提出合理的水库调度方法进行水库调度。

　　领导与服从关系。由于水库有多个水库管理主体，且这些水库管理主体之间为领导与服从关系，故水库调度具有明显的层次性。水利部于2012年批复的《水库调度规程编制导则》规定，水库调度规程应按"责权对等"原则明确水库调度单位、水库主管部门和运行管理单位及其相应责任与权限。调度规程应由水库主管部门和水库运行管理单位组织编制。

竞争与博弈关系。《水库调度规程编制导则》规定，水库调度应坚持"安全第一、统筹兼顾"的原则，在保证水库工程安全、服从防洪总体安排的前提下，协调防洪、兴利等任务及社会经济各用水部门的关系，发挥水库的综合利用效益，还要兼顾梯级调度和水库群调度运用的要求。

2. 水库调度二层规划模型

在传统二层规划模型基础上，结合水库调度的特征，提出了新的部分合作二层规划模型，并采用标准算例验证了其有效性。接着，对三峡水库洪水峰现时间、需水量、流量过程等特征进行分析，采用提出的二层规划模型对三峡防洪和蓄水调度进行模拟，并对现有调度规程进行分析。

结果表明，《梯级调度规程》和《09 优化调度方案》对超 $56700\mathrm{m}^3/\mathrm{s}$ 的洪水有一定的调控作用，但对于中小洪水几乎没有调控作用，这就可能使得防洪能力较低的荆南四河地区的水位长期处于超警戒状态，不利于该地区的防洪减灾。对于 131 年历史日径流来说，前者的削峰效果更多，蓄水效果更好，这是因为前者蓄水时机更早、蓄水控制水位更高引起的，蓄水更多，自然削峰效果更好。但对于未知大洪水来说，汛末提前蓄水时机提前，水库蓄水控制水位越高，遭遇大洪水时的调洪库容更少，调洪能力更弱，故会增加水库遭遇大洪水的防洪风险。另外，蓄水控制线的不同会使发电量和弃水量的分布不同，合理的蓄水控制线可以充分利用水资源，在弃水量更小的同时获得的发电量更多。

第 7 章

三峡水库调度领导与服从机制研究

一般大型水库调度涉及两类目标，一是风险，二是效益。在汛期以控制防洪风险为要，在非汛期以增加效益为主，但在汛末期，其效益问题也非常突出。在三峡水库汛末调度中，无论从水库的安全运行还是下游防洪安全的角度来看，防洪问题始终是最重要的问题，而蓄水效果对于三峡水库在枯水期正常发挥其综合效益也至关重要。因此，在汛末期防洪和蓄水已不再是两个独立的概念，如何协调它们之间的关系一直是水库在汛末期调度的难点和重点。对于水库调度管理者来说，防洪风险性目标和蓄水效益性目标是一对矛盾。传统规划的解决方法通常是将防洪风险性目标和蓄水效益性目标通过给予不同权重以线性加权的方式转化成单目标问题，由于防洪风险性目标和蓄水效益性目标在量纲和数量级上存在明显差异，这种处理方法存在一定的局限性。多目标优化模型虽然考虑了各目标的矛盾性，利用相关优化算法可以求得非劣解集，但没有考虑防洪和蓄水的层次结构，根据非劣解集选出的最优方案在数量关系上可能较好，但难与实际情况相符合，因此需要一种新的建模方法来考虑水库在汛末期的防洪风险性和蓄水效益性问题。

二层规划方法专门用来直接解决具有分层结构矛盾问题，适合解决水库汛末调度中的防洪风险性和蓄水效益性的矛盾，而且该法在水库调度领域研究中仍是一个全新的课题，有重要的研究价值和意义。本章以二层规划方法对三峡水库汛末调度进行了新的建模和求解，将汛末防洪的风险和蓄水的效益考虑为一个系统的两个层面：防洪风险为上层，蓄水效益为下层，下层优化自身目标值并把决策反馈给上层，实现相互影响；其物理意义在于，要求在汛末调度中优化防洪时尽量满足蓄水要求。

7.1 建模条件和适用性分析

7.1.1 建立二层规划模型的背景

（1）水库汛末调度方式对于水库发挥防洪、发电、供水、生态补偿等综合作用具有越来越重要的作用，各部门、各目标对水库调度需求的竞争也愈发激烈，各部门也纷纷提出有利于自身利益的竞争策略。如何协调各部门对三峡水库在汛末调度的需求，制定各方都能够接受的调度方式，成为三峡工程管理者十分关心的问题。

（2）三峡水库在汛末期的核心任务还是防洪，其他一切调度都要服从防洪调度。其防洪效果主要是由防洪调度方式决定，防洪规则制定得越保守，防洪作用就越明显，但对蓄水则不利，有可能造成在汛后蓄不满的情况，从而影响三峡水库在枯水期综合效益的发挥。因此，防洪调度方式的制定过程必须考虑对后期蓄水的影响。

（3）三峡水库汛末防洪与蓄水既是相互竞争也是相互依存、相互合作、相互配合的利益共同体。水库在汛末期若只考虑防洪，防洪调度方式过于保守，虽能够确保水库和下游保护对象的安全，但对蓄水则产生明显不利的影响；但若大力加强蓄水力度，当遭遇较大洪水时，由于防洪库容被占用，防洪风险将明显加大，这是蓄水效益所不能弥补的，得不偿失；倘若防洪调度方式和蓄水调度方式配合得当，可以在不加大防洪风险的前提下充分利用洪水资源，增大蓄水效益。

7.1.2 建立二层规划模型的目的

通过将二层规划模型应用于三峡水库汛末调度方式中，在防洪方面可以减轻下游遭受洪灾的程度，同时兼顾在蓄水方面的效益，加强三峡水库在非汛期综合效益的发挥。利用二层规划问题的最优解或者是平衡解来处理防洪与蓄水的矛盾，使防洪与蓄水在整体上获得最佳效益。通过建立二层规划模型，防洪部门在汛末期制定防洪调度方式时，充分考虑蓄水部门采取何种蓄水调度方式，再根据蓄水部门的反馈信息在合理的范围内对防洪调度方式进行调整，达到使双方整体效益最佳的平衡解。防洪方面，加大对中小洪水的调控力度，减轻下游洪水受灾程度，加强三峡水库在汛末期的防洪能力，同时综合考虑蓄水部门反馈信息后可以增加蓄水效益，保证其在随后枯水期综合效益的正常发挥，实现防洪与蓄水的双赢。

7.1.3 多层次结构在水库汛末调度系统中的适用性分析

二层规划通过使用一个分层次结构专门研究具有两个层次系统的规划与控制问题。在该系统中，上层决策层通过制定自身的决策变量对从属层行使某种控制，而从属层在决策层决策变量的影响下，在其自身职责范围内行使从属地位的决策权。

汛末期调度中防洪调度仍居于核心地位，蓄水、发电、航运等调度也要服从于防洪，因此可以把防洪看成汛末调度系统的上层，而把蓄水看作是下层。当前，汛末防洪调度方式是影响水库在汛末防洪效果的重要因素，同时，蓄水部门必然会受到防洪调度方式的影响，决定采取何种蓄水调度方式在汛末蓄水，通常防洪部门会考虑蓄水部门的需求并在考虑其选择决策的影响下制定防洪调度方式，并最终得到水库汛末调度方式。

在水库汛末防洪与蓄水博弈系统中，防洪部门和蓄水部门可被视为分别掌握各自决策变量控制权的决策层和从属层。防洪部门作为该系统的决策层，通过制定一定的防洪调度方式影响蓄水部门对它的选择；蓄水部门作为该系统中的从属层，对于防洪部门受其防洪调度方式的影响，以得到合理的蓄水调度方式，增强自身蓄水效益，但这种决策目标具有从属性。因此，水库汛末防洪与蓄水博弈系统可以看作一个分为决策层和从属层的两层系统，二层规划适用于该系统的多层次结构。

7.1.4 多目标函数在水库汛末调度系统中的适用性分析

在二层规划中，决策层与从属层都有各自的目标函数和决策变量，且都是为了优化自身的目标函数。

在水库汛末防洪与蓄水博弈系统中，防洪部门以防洪风险最小为目的，提高水库在汛末期的防洪效果，特别是对中小洪水的调控效果；而蓄水部门则以加快蓄水、获得最大蓄水效益为目标，两者的经营目标是相互矛盾的。二层规划多价值准则的决策方法可以解决该系统内决策层与从属层相互矛盾的目标函数。利用二层规划，可以寻求防洪风险最小与蓄水效益最大之间的平衡点，优化决策层与从属层的目标函数，使水库汛末防洪与蓄水博弈系统达到协调。因此，水库汛末防洪与蓄水博弈系统可以看作具有多个目标函数的系统，二层规划适用于分析解决该系统中的多目标函数问题。

7.1.5　决策过程在水库汛末调度系统中的适用性分析

二层规划可以清楚地表示出系统决策过程中决策层与从属层间的相互作用。在二层规划决策过程中，决策层根据自身的利益作出决策，并把决策信息传递给从属层，从属层利用这些信息并在决策空间内按自己的利益作出反应，决策层再根据这些反应调整自己的决策，如此反复使系统达到最优状态。

水库汛末防洪和蓄水不是完全对立、不可调和的关系，它们是相互影响、相互配合的共同体。因此防洪部门在制定汛末防洪调度方式时，应该放弃"因为防洪高于一切，所以就不考虑别人"的思想，要结合水库运行和各方需求情况，考虑水库其他目标对汛末调度的需求，积极与汛末蓄水、发电、供水、生态保护等目标合作，充分发挥水库的综合效益。

在水库汛末防洪与蓄水博弈系统中，处于决策层的防洪部门首先将防洪调度方式以初步决策形式给出；处于从属层的蓄水部门在防洪调度给定的情况下，按自己的需求选择怎样的蓄水调度方式与防洪调度方式衔接，并把防洪效果所造成影响的相关信息反馈给上层的防洪部门，这种行为在一定程度上会影响防洪部门对防洪调度方式的制定。为了使防洪与蓄水实现双赢，防洪部门在综合蓄水部门的反馈后在可能范围内调整最终防洪调度方式，作出符合全局利益的决策，使水库综合效益最佳。二层规划能够通过建模表征水库汛末防洪与蓄水调度的有序决策过程，而且能够明确表示系统中不同层次的优化过程和不同决策者之间的相互作用。因此，二层规划的决策过程适用于水库汛末防洪与蓄水博弈系统。

7.2　三峡水库调度领导与服从关系建模

基于以上分析，为充分利用汛末水资源，作出符合水库调度管理体制要求的决策，本研究建立以防洪为上层、兴利为下层的三峡水库汛末提前蓄水二层规划模型。在确定防洪调度和蓄水调度方案时，防汛管理部门作为主导层，首先给出可能的防洪调度规则，中国长江三峡集团有限公司作为服从层，可在有限的决策范围内选择有利于兴利效益的蓄水控制线，最终由上层决策者确定调度规则。

7.2.1　三峡水库汛末调度规则

三峡水库在汛末为了扩大下游防洪保护对象、加大防洪保护力度，并尽可能降低沙市站超警戒水位的频次，在上游来洪水时实行中小洪水调度，在没有洪水的时候进行蓄水调度。防洪调度是根据某种调度方式下的防洪调度规则来实行的，蓄水调度也是按照某种调度方式下的蓄水调度规则来实行。三峡水库汛末调度规则由防洪调度规则和蓄水调度规则耦合组成，最后由调度图的形式给出。

7.2.1.1 防洪调度规则

三峡工程防洪调度最简单的方式，就是对荆江进行防洪补偿调度，按照此种防洪调度方式，在汛末期洪水量级不大时，当三峡水库库水位并不是很高，预留的防洪库容较大时，三峡水库对一般洪水的调控力度不够，致使下游沙市站超警戒的频率较高。

根据荆江防汛实践和经验，当沙市水位达 43m 时，当地和下游生产生活会受到一定程度的威胁，因此需加强防洪警戒。荆南四河是分泄长江上游洪水到洞庭湖的通道，其对整个荆江和洞庭湖地区的防洪都发挥着重要的作用，但是荆南四河堤防设计标准较低，同样的流量，荆江和荆南四河可能处于不同的防洪状态，例如沙市站没超过警戒水位而荆南四河部分甚至大部分控制站却超过了警戒水位；而且，若只以沙市水位作为控制条件，洪水过程线由高瘦变成矮胖，使得堤防长时间浸泡，稳定性减弱，给该地区的防洪带来了新问题。所以，不宜任何洪水都只按沙市水位不超过 45m 或 44.5m 进行控制，应根据洪水大小进行分级控制，形成分级补偿调度的原则，在中小洪水的条件下应尽量使沙市水位不超警戒，可能的话也可以使荆南四河不超警戒。

根据分级补偿调度的思想和原则，给予不同级别补偿控制流量不同防洪库容，而由于某一补偿控制流量的防洪库容则由对应的补偿控制水位确定，防洪调度规则可以由补偿控制水位和补偿控制流量组合而成的控制条件得来。如图 7.1 所示，分别给予不同级别补偿控制流量不同防洪库容Ⅰ、Ⅱ、Ⅲ、Ⅳ，分别由补偿控制水位线 A、B、C 控制。

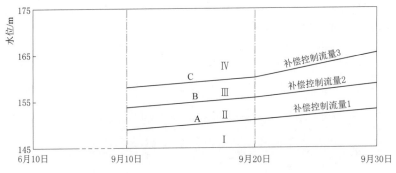

图 7.1 三峡水库汛末防洪优化调度示意图

根据已有规划设计方案和防汛经验，补偿控制流量 1 为 35000m³/s，控制荆南四河和松澧地区不超警戒；补偿控制流量 2 为 42000m³/s，控制沙市站水位不超警戒；补偿控制流量 3 为 56700m³/s，控制沙市水位不超过 44.5m。因此，确定其防洪调度规则如下：当库水位位于补偿水位控制线 A 以下时，补偿枝城流量不大于 35000m³/s；库水位低于补偿水位控制线 B 时，补偿枝城流量不大于 42000m³/s；库水位低于补偿水位控制线 C 时，补偿枝城流量不大于 56700m³/s；当库水位高于补偿水位控制线 C 时，补偿枝城流量不大于 80000m³/s；当水位达到 175m 时，以保证大坝安全为先，适当调控洪水。

7.2.1.2 蓄水调度规则

三峡水库设计蓄水期为 10 月，水库在 10 月初由 145m 逐步蓄至正常蓄水位 175m。从径流的季节变化规律、三峡水库未来的蓄水形势以及中下游的水资源需求出发，迫切需要三峡水库综合考虑洪水规律、水资源需求等众多因素，适当调整蓄水时间，将水库的蓄水时间适当提前。根据三峡水库分期设计洪水计算成果，为增加水库兴利效益，故将蓄水时机提前到 9 月 10 日，即在汛末期就开始蓄水。

蓄水调度线是蓄水调度的综合体现，故三峡水库在汛末蓄水调度时按蓄水调度线控制进行蓄水（图 7.2）。从 9 月、10 月来水情况来看，随时间推移来水量明显减少；另外，随着库水位上升，水库的水面面积随着水位的增高会逐渐加大，在水位较高时蓄单位水位往往比在水位较低时蓄等水位需要更多来水。若按等水位进行蓄水控制，从 10 月 1 日的145m 蓄至 10 月 31 日的 175m，平均每天需要抬高水位 0.97m，在 145m 时水库水位上升0.97m 约需要 47858 万 m³ 的来水，而在 174.03m 时水库水位上升 0.97m 至 175m 约需要 97612 万 m³ 的来水，可见，在蓄水后期需要的来水流量比在蓄水前期需要的来水流量要大很多。但由于在蓄水期末，来水流量往往是逐日减少的，因此采用连续均匀蓄水（即蓄水调度线为直线）显然是不合理的。为了协调来水量与库容特性之间的矛盾，需要对蓄水进度过程进行优化。

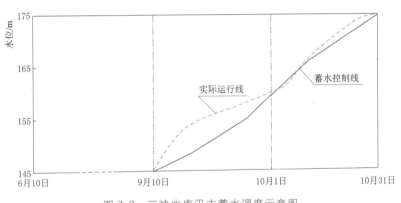

图 7.2　三峡水库汛末蓄水调度示意图

由于提前蓄水将原来的汛期和设计蓄水期分成了三段，即不蓄水汛期（6 月 10 日—9月 9 日）、提前蓄水期（9 月 10 日—9 月 30 日）和设计蓄水期（10 月 1 日—10 月 31 日），每段采用不同的调度规则，提前蓄水期在蓄水时兼有防洪任务。

在提前蓄水期还是以防洪为主，当发生洪水时则停止蓄水，转为防洪调度；无洪水时则进行蓄水，蓄水调度采用蓄水调度线蓄水的调度方式，这种蓄水调度模式控制条件为蓄水调度线，具体步骤为：

（1）根据蓄水调度线获得各时段末库水位，根据水量平衡原理计算本时段平均下泄流量，当下泄流量大于下游防洪安全泄量时，则控制下泄流量不超过安全泄量。

（2）根据出库流量相应曲线计算出力，如果小于保证出力，则通过试算使出力等于保证出力；如果大于预想出力，则按机组预想出力发电并产生弃水。

（3）若库水位达到正常蓄水位，则出库流量等于入库流量，库水位不再升高。

7.2.1.3 防洪与蓄水联合调度规则

在汛末期,由于蓄水提前,防洪与蓄水重合,故需要把防洪调度方式和蓄水调度进行耦合,明确在什么条件下采取怎样的调度规则。为此把汛末防洪调度图与蓄水调度图进行结合得到汛末调度图(图7.3),在汛末期蓄水和各级防洪补偿所需库容由各控制线进行控制。

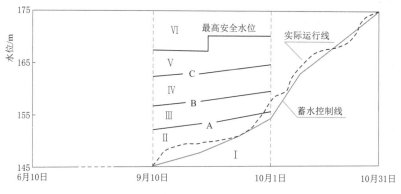

图 7.3 三峡水库汛末优化调度示意图

此外,为了不降低原设计防洪标准,采用最高安全水位对蓄水调度线进行限制,最高安全水位由汛末典型洪水年洪水过程线放大超设计洪水过程线进行调洪演算而得。最高安全水位和蓄水调度线将水库库容分成三部分:最高安全水位以上库容用于确保遭遇设计洪水时的防洪安全;蓄水调度线和最高安全水位之间的库容用于对中小洪水的调控;蓄水调度线以下库容为保证蓄水不受破坏而应蓄满的库容。

7.2.2 上层防洪模型

为改善荆南四河地区的防洪效果,以 9 月 20 日作为分界点,增加 4 条防洪补偿控制线,即上层一共有 4 个决策变量 $x1 \sim x4$,其中 $x1$ 和 $x2$ 分别为 9 月 10—19 日的控制荆南四河地区不超警戒补偿调度线、控制沙市不超警戒补偿调度线,$x3$ 和 $x4$ 分别为 9 月 20—30 日的控制荆南四河地区不超警戒补偿调度线、控制沙市不超警戒补偿调度线;荆南四河地区不超警戒和沙市不超警戒的补偿控制流量(枝城站)分别为 35000m^3/s 和 42000m^3/s。具体形式如下:

$$\min_x F(x,y) = \frac{1}{k} \sum_{t=1}^{k} Z_t \tag{7.1}$$

式中:k 为 131 年中每年 9 月 10—30 日发生的洪水次数;Z_t 为第 t 次洪水引起本次水库的调洪高水位,因此上层防洪目标为平均调洪高水位最小值。

式(7.1)中的约束条件分别为水量平衡、最小下泄流量控制、日水位变幅约束、出力限制、防洪风险限制。其中,9 月提前蓄水期按不小于 10000m^3/s 下泄;最大出力为 22500MW,保证出力为 4990MW;这里的防洪风险为零指的是水库遭遇 100 年一遇洪水时下游防洪不被破坏,即沙市水位不超过 44.5m,库水位不超过 175m,通过控制库水位不超过 100 年一遇坝前最高安全水位。

7.2.3 下层兴利模型

一个理想的蓄水方式，要求年平均发电量最大，年平均弃水量较小，并且10月底的蓄满率为100%。由第6章图6.7可知，只要控制9月底蓄水位达到161.3m即可保证蓄满率达到95%，而131年中最高蓄满率为96.9%，故认为蓄满率的提升空间十分有限。所以，本研究将年均发电量和年均弃水量作为主要评定指标，采用两种兴利目标考量兴利效果：第一种为年均发电量和弃水量的比值，意在相同防洪决策的情况下，获得弃水量较小、发电量较大的蓄水决策；第二种以年均发电量最大作为兴利目标，即在采用部分合作模型时，以多年平均发电量的满意度作为下层满意度，进而选取基于整体满意度的协调解，意在不同防洪决策的情况下，选择使发电量最大的蓄水决策。具体形式为

$$f(x,y) = \max_y\left[\left(\frac{1}{n}\sum_{i=1}^{n}E_i\right)/\left(\frac{1}{n}\sum_{i=1}^{n}q_i\right)\right], f(x,y) = \max_y\left(\frac{1}{n}\sum_{i=1}^{n}E_i\right) \quad (7.2)$$

$$\text{s.t.}\begin{cases} V_{i,j+1} = V_{i,j} + (Q_{in(i,j)} - Q_{out(i,j)}) \cdot \Delta t \\ Q_{out(i,j)} \geqslant Q_{j\min} \\ \text{汛末期}\begin{cases} Z_{i,j+1} - Z_{i,j} \leqslant 5 \\ Z_{i,j} - Z_{i,j+1} \leqslant 3 \end{cases} \\ \text{蓄水期}\begin{cases} Z_{i,j+1} - Z_{i,j} \leqslant 3 \\ Z_{i,j} - Z_{i,j+1} \leqslant 0.6 \end{cases} \\ P_{\min} \leqslant P_{i,j} \leqslant P_{\max} \\ R_f = 0 \end{cases}$$

式中：E_i和q_i分别为1882—2012年9月10日至10月31日每年的发电量、弃水量。

下层兴利模型的决策变量为9月15日—10月25日的蓄水控制水位，每半旬设置一个控制水位，共9个决策变量$y1 \sim y9$，9月10日的汛末起调水位为当年主汛期调洪演算后9月10日的库水位。

式中的约束条件分别为水量平衡、最小下泄流量控制、日水位变幅约束、出力限制、防洪风险限制。其中，10月上、中、下旬最小下泄流量分别不小于8000m³/s、7000m³/s、6500m³/s。

7.2.4 安全水位限制

对汛末防洪调度方式进行优化，加强对中小洪水的调控力度和将蓄水时间提前增加蓄水效益，都必须在不降低原设计防洪标准的前提下进行，即在遭遇特大洪水或是设计洪水时不会增加其防洪风险。为此，采用基于坝前最高安全水位对水库进行防洪风险分析。该方法的基本假定是在蓄水期无法预测何时发生设计洪水，未发生设计洪水之前，按照拟定的提前蓄水方案进行蓄水；当某一时刻发生某一重现期洪水时，水库则立即转为防洪调度，以此时的蓄水位为起调水位，通过调洪演算确定最高调洪水位，判断其是否达到防洪安全破坏条件（175m），以此作为防洪风险分析的基础。

该方法将原有的145~175m共221.5亿m³防洪库容划分为3部分，即Ⅰ区、Ⅱ区和Ⅲ区，如图7.4所示。Ⅲ区为坝前最高安全水位至175m这部分库容，此部分库容是为汛

末调度期间调节相应频率设计洪水预留的防洪库容，在汛末调度期间，如果库水位高于坝前最高安全水位，此时若发生相应频率的设计洪水，则现有的防洪库容不能够完全安全地调节该场洪水，从而增加下游地区的防洪风险，故该区属于防洪风险区；Ⅱ区为拟定的蓄水调度线和坝前最高安全水位之间的部分库容，在调度过程中库水位可能会短时间高于调度线，即在Ⅱ区运行，但预留的防洪库容（Ⅲ区）较充足，可以安全地调节对应的设计洪水，故该区属于正常运用区；Ⅰ区为蓄水调度线和汛期限制水位 145m 之间的部分库容，属于应蓄满的库容，若库水位低于蓄水调度线运行，正常的蓄水调度计划可能被破坏，该区属于蓄水调度破坏区。

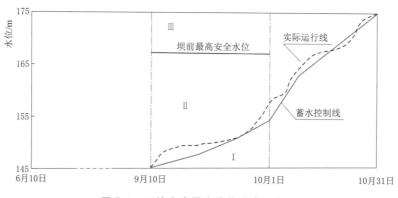

图 7.4　三峡水库汛末优化调度示意图

以 1000 年一遇设计洪水为例，为了调节该重现期洪水，主汛期三峡水库需要预留 221.5 亿 m^3 的库容，但到了后汛期，由于该重现期对应的分期设计洪水在量级上较主汛期偏小，故调节该重现期洪水不再需要 221.5 亿 m^3 的库容，需要重新进行分期选样和调洪演算，确定各分期所需预留的防洪库容。假设通过分期设计洪水进行调洪演算得到 9 月 10 日—9 月 30 日的 1000 年一遇对应的坝前最高安全水位为 165m，实际调度中，由于不能确定何日会发生 1000 年一遇分期设计洪水：①如果库水位高于 165m（即图 7.4 中的Ⅲ区），此时如发生 1000 年一遇分期设计洪水，则水库无法在保证下游防洪安全的前提下调蓄洪水，则认为增加了水库下游的防洪风险；②如果水库蓄水位小于或等于 165m（即图 7.4 中的Ⅱ区和Ⅰ区），此时发生 1000 年一遇及以下分期设计洪水，则水库可在保证下游防洪安全的前提下，调蓄相应重现期的洪水，即没有增加水库下游的防洪风险。

在实际调度过程中，对于每个时刻（每日）的库水位，如果均用不同频率的分期设计洪水进行检验的话，显然计算工作量太大，故采用相反的计算流程，即对于不同的分期，先用分期设计洪水进行调洪演算，通过迭代计算得到从某一水位（即坝前最高安全水位）起调，调洪最高水位刚好为 175m，以此作为防洪风险分析的基准水位，这样就只需确定坝前最高安全水位，而不用逐时段地用分期设计洪水检验，简化了计算步骤。

三峡水库汛末期典型洪水过程出现在 1952 年和 1964 年，其中 1964 典型年洪水为单峰型洪水且主峰靠后，最大洪峰流量为 50200m^3/s，9 月 14 日—9 月 28 日的 15 天洪量为

570 亿 m^3。1952 年典型洪水为多峰型洪水，洪峰迭次出现，最大洪峰流量为 55700m^3/s，较 1964 年典型洪水过程对防洪安全更为不利。1952 年和 1964 年典型洪水各频率设计洪水过程线如图 7.5 和图 7.6 所示。

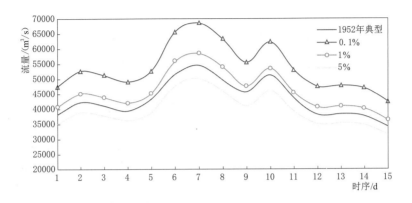

图 7.5 三峡（宜昌站）1952 年各频率汛末设计洪水成果图

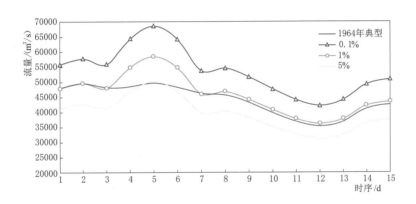

图 7.6 三峡（宜昌站）1964 年各频率汛末设计洪水成果图

对于重现期为 1000 年一遇及以下的分期设计洪水，按沙市水位不超过 44.5m 控制，补偿枝城流量不超过 56700m^3/s，两典型年调洪演算得到的坝前最高安全水位见表 7.1。以 1952 年和 1964 年为典型年洪水过程对应 1000 年一遇设计洪水调洪演算得到的坝前最高安全水位分别为 170.14m 和 171.57m，故以 170.14m 作为坝前最高安全水位对汛末防洪调度方式优化的程度进行控制。

表 7.1 不同频率坝前最高安全水位表

典型年	不同频率坝前最高安全水位/m		
	$P = 0.1\%$	$P = 1\%$	$P = 5\%$
1952 年	170.14	174.83	175
1964 年	171.57	174.91	175

7.2.5　模型求解

在求解大规模组合优化问题的近似算法中，其中很多算法是专用用来解决各类特定组合优化问题的算法。这些算法一般能够得到近似解，但是解的质量不是很理想，算法的效率也不是很高。例如局部搜索算法是一种通用的近似算法，但是该算法一般只能获得在某个局部最优解，而且求解效率不高。随着计算机计算性能的提高，智能优化算法在求解大规模组合优化问题时能够取得较好的效果，而且适用范围很广，例如遗传算法（CA）、模拟退火算法（SA）、粒子群算法（PSO）和神经网络优化方法（BP）等。这些智能算法的共同特点是具有通用性，对问题在数学性质上要求较少，特别是不管其解析性质如何，能够直接利用优化问题的一些点的值在解的允许空间内进行搜索，求出的极值点往往是近似全局最优点，以此替代最优解。如何获得下层决策变量对上层决策反应函数的具体形式是研究求解非线性二层规划问题算法的核心，对于基于实际问题的二层规划模型很难找到反应函数的具体表达形式。由于二层规划的数学模型和解的特殊性，智能算法在求解二层规划问题的应用中具有明显的优势和广阔的前景。

在确定水库汛末防洪、蓄水规则的二层规划模型中，不能给出目标函数与决策变量之间具体的函数关系表达式，目标函数值是通过由决策变量确定的调度规则模拟水库长时序的防洪和蓄水调度过程，并对与目标函数值有关的指标进行统计而得来。因此，三峡水库汛末调度二层规划问题是一个典型的非凸规划问题，一般数值求解方法很难对该问题进行有效的求解。

粒子群优化算法（particle swarm optimization，PSO）是由 Kennedy 和 Eberhart 提出的一种受生物学启发、模拟鸟群觅食的集群随机优化方法。由于 PSO 算法易于理解和实现，所以发展很快，并在水库调度的优化求解中得到了越来越广泛的应用。但是基本粒子群优化算法由于只有向自身和群体学习功能而没有选择、交叉与变异等操作容易陷入局部最优，出现早熟收敛。为了克服标准粒子群算法过早收敛而不能得到全局最优解的缺点，本研究采用基于生物学种群进化思想启发而得到一种改进的粒子群算法——多种群混合进化粒子群算法（multi-swarms shuffling evolution algorithm based on particle swarm optimization，MSE-PSO）对所建二层规划模型进行求解。

在求解三峡水库在汛末防洪、蓄水调度规则的二层规划模型时，上层防洪模型中的防洪补偿控制水位线和下层模型中的蓄水调度控制线都用 MSE-PSO 算法进行优化。求解流程（图 7.7）为：①上层防洪模型在确定一组初始补偿控制水位线后，将其传递给下层蓄水模型；②下层模型通过 MSE-PSO 算法优化确定一组蓄水调度控制线，使得在上层确定的补偿控制水位线下各水库的蓄水效益达到最优，并将得到的指标传递给上层；③上层模型根据下层反馈回的相关指标，采用 MSE-PSO 算法对补偿控制水位线位置进行调整，并将调整后的补偿控制水位线传递给下层模型；④反复迭代，直到满足设定停止条件，得到符合要求的防洪、蓄水调度规则。

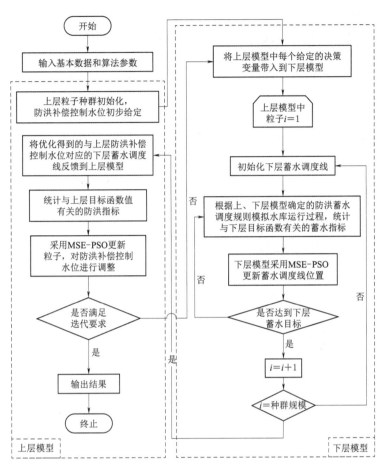

图 7.7　水库汛末防洪、蓄水规则的二层规划模型求解流程图

基于三峡水库提前蓄水的各类二层规划模型，包括乐观、悲观和部分合作模型，均求解得到模型解，求解结果见图 7.8、图 7.9 和表 7.2、表 7.3。从图 7.8 可以看出，乐观模型和悲观模型的蓄水控制线均呈现先缓后急再变缓的趋势，这是由于在求解下层蓄水模型最优解时，采用发电量与弃水量比值最高作为目标函数，避免水库过快地蓄至正常蓄水位，产生大量弃水。这样的蓄水进度控制也符合汛末期调度常态，9 月中旬仍是三峡水库频繁发生洪水的时期，此时应缓慢蓄水，降低防洪风险；到 9 月下旬，发生大洪水的可能性较低，此时可快速蓄水；到蓄水后期，由于来水较少，蓄水不得不缓慢进行。

从图 7.9 和表 7.3 可以看出，在整个蓄水阶段，乐观模型的蓄水控制线几乎一直低于悲观模型的蓄水控制线，前期两者相差较大，后期差值保持在 2m 以内。总体来说，悲观模型所得解的年均发电量较乐观模型所得解的年均发电量高 4.6 亿 kW·h，年均弃水量同样高 0.5 亿 m³，而上层目标值较乐观模型目标值低，这是由于悲观模型在求解过程中，下层总向上层返回对其不利的解，故蓄水控制线较高，使得平均调洪高水位较大，发电量增多。

表 7.2　　　　　　　　　　乐观模型和悲观模型决策变量优化结果

模型	$x1$	$x2$	$x3$	$x4$	$y1$	$y2$	$y3$	$y4$	$y5$	$y6$	$y7$	$y8$	$y9$
乐观模型	145.9	153.7	151.1	164.8	145.1	145.1	159.7	164.2	170.1	172.3	174.6	174.8	175.0
悲观模型	150.6	159.7	153.1	166.9	145.7	153.1	159.7	166.2	169.3	173.5	174.8	174.9	174.9

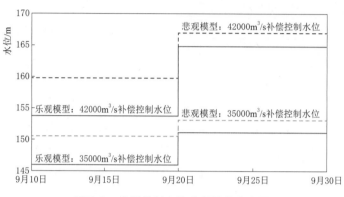

图 7.8　补偿控制水位求解结果分布图

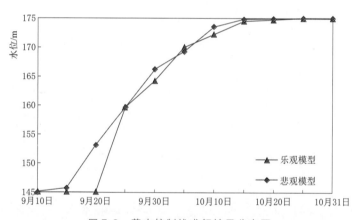

图 7.9　蓄水控制线求解结果分布图

表 7.3　　　　　　　　　　乐观模型和悲观模型目标函数优化结果

模型	平均调洪高水位/m	发电量/(亿 kW·h)	弃水量/亿 m³
乐观模型	148.4	171.6	20.2
悲观模型	151.1	176.2	20.7

表 7.4 为乐观模型和悲观模型的补偿库容分布，从表中可以看出，乐观模型得到的 9 月中旬补偿流量 35000m³/s 和 42000m³/s 对应的补偿库容较悲观模型所得库容少。这是由于乐观模型在求解过程中，下层总会向上层返回对其有利的解，故控制库水位较低，为达到蓄水进度线而拦蓄的洪水更少，此时防洪补偿控制水位对调洪高水位影响较大，故为

了使调洪高水位更低，须加大下泄流量，故大流量对应的补偿库容更大；相反，悲观模型在求解过程中，下层总会向上层返回对其不利的解，故控制库水位较高，为达到蓄水控制水位而拦蓄的洪水更多，此时防洪补偿控制水位对调洪高水位影响较小，故此时防洪补偿控制水位适当抬高后，对调洪高水位影响不大。9 月下旬时入库流量较小，不易产生洪水，此时蓄水进度较快，防洪风险较低，水库处于高水位低泄量状态，故补偿控制水位可以适当抬高，使水位位于小流量的频次增大，减少下泄流量。

表 7.4　　　　　　　　　　　乐观模型和悲观模型的补偿库容分布

模型	时间	补偿流量对应的补偿库容/亿 m³		
		$Q=35000\text{m}^3/\text{s}$	$Q=42000\text{m}^3/\text{s}$	$Q=56700\text{m}^3/\text{s}$
乐观模型	9 月中旬	4.45	43.509	173.541
	9 月下旬	31.597	95.479	94.424
悲观模型	9 月中旬	28.707	59.673	133.12
	9 月下旬	44.049	100.562	76.889

根据第 3 章给出的求解算法，对三峡水库提前蓄水的二层规划模型进行求解，求解结果见表 7.5、图 7.10 和图 7.11。

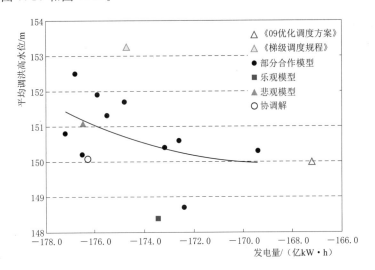

图 7.10　各模型目标值分布图

从图 7.10 可以看出，上层防洪目标平均调洪高水位增加时，下层兴利目标年均发电量随之增加，说明防洪与发电之间存在竞争关系。其中部分合作模型解形成一个类非劣面。根据部分合作模型协调解的选取公式，选出三峡水库防洪发电模型的协调解，即 $D'(x,y)$ 取最小的解，该解为 $\alpha=0.5$ 时的部分合作模型优化结果：

$x=(150.9，153.5，153.4，160.8)$，

$y=(145.6，152.1，160.4，166.9，172.2，173.6，174.3，174.6，174.8)$

该解的上下层目标值均介于乐观模型和悲观模型之间。从优化目标来看，协调解的上层目标值略高于《09 优化调度方案》值，说明项目优化结果一定程度增加了中小洪水的防洪

表 7.5　三峡水库各调度方式结果统计表

调度方式	x1	x2	x3	x4	y1	y2	y3	y4	y5	y6	y7	y8	y9	平均调洪高水位/m	发电量/(亿 kW·h) 汛末期	蓄水期	合计	弃水量/亿 m³ 汛末期	蓄水期	合计	发电量与弃水量的比值	权重	F	f	D'(F, f)
《09优化调度方案》					145	149	153	156	175	175	175	175	175	150.0	76.9	90.3	167.2	17.6	8.8	26.4	6.337		0.770	0.286	
《梯级调度规程》					150	155	160	165	175	175	175	175	175	153.3	69.9	104.8	174.7	18.8	13.9	32.7	5.340		0.336	0.617	
乐观模型	147.3	148.9	155.9	165.9	148.3	151.4	159.6	163.4	166.2	170.5	173.7	174.1	175.0	148.4	72.1	101.3	173.5	13.8	7.0	20.7	8.365		0.981	0.561	
悲观模型	153.5	168.7	145.5	162.8	147.6	154.4	158.4	163.2	170.2	173.8	174.5	175.0	175.0	151.1	72.9	103.5	176.5	13.6	8.1	21.7	8.137		0.625	0.695	
部分合作	148.2	170.6	161.1	166.3	149.1	154.2	158.1	165.2	169.8	173.2	173.4	173.9	174.2	152.5	71.8	105.0	176.8	12.2	9.3	21.5	8.223	0	0.441	0.709	0.630
	152.7	168.3	155.3	161.6	147.0	154.4	158.4	163.2	170.2	173.8	174.5	175.0	175.0	151.7	70.6	104.2	174.8	12.0	8.6	20.6	8.485	0.1	0.546	0.621	0.591
	150.0	169.7	167.1	169.8	145.9	152.7	160.8	165.6	168.4	171.8	174.4	174.5	174.9	151.9	71.0	104.9	175.9	11.5	8.6	20.1	8.751	0.2	0.520	0.669	0.583
	156.8	166.3	168.1	169.7	145.6	155.1	160.4	167.7	170.8	173.2	173.5	174.6	174.8	150.8	68.7	108.5	177.2	10.6	10.9	21.5	8.242	0.3	0.665	0.726	0.433
	157.8	167.1	169.5	170.0	145.6	152.1	160.4	166.9	172.2	173.6	174.3	174.6	174.8	150.2	69.0	107.5	176.5	10.0	11.1	21.1	8.365	0.4	0.744	0.695	0.398
	150.9	153.5	153.4	160.8	145.6	152.1	160.4	166.9	172.2	173.6	174.3	174.6	174.8	150.1	68.8	107.5	176.3	10.1	10.9	21.0	8.395	0.5	0.757	0.687	0.396
	148.2	158.5	150.3	158.9	146.4	149.3	154.4	164.5	167.0	171.5	174.6	174.9	174.9	150.6	71.9	100.7	172.6	13.0	7.9	20.9	8.258	0.6	0.691	0.524	0.568
	153.4	160.9	165.5	167.3	146.0	151.4	159.0	167.4	169.8	171.8	173.6	174.7	175.0	151.3	69.1	106.4	175.5	10.7	9.8	20.5	8.561	0.7	0.599	0.651	0.531
	155.3	169.3	162.9	163.1	145.1	148.3	159.6	164.7	167.7	173.5	174.2	174.8	174.9	150.4	71.0	102.2	173.2	12.1	9.0	21.1	8.209	0.8	0.718	0.550	0.531
	146.1	160.5	147.6	152.7	145.0	147.0	156.5	165.1	169.5	172.5	174.0	174.6	174.9	148.7	70.1	102.3	172.4	11.5	7.8	19.3	8.933	0.9	0.941	0.515	0.489
	156.1	169.7	167.0	169.0	145.3	148.7	151.4	161.7	165.0	170.7	172.6	172.8	173.3	150.3	74.3	95.1	169.4	13.9	7.0	20.9	8.105	1	0.731	0.383	0.673

风险，但上层目标值低于《梯级调度规程》值，且下层目标值远高于《09 优化调度方案》值，与《梯级调度规程》值相当，提高了发电效益。并且，优化调度规则下，弃水量较原来两种调度方式均减少了，说明本研究提出的方案提高了水资源利用率，减少了弃水。

上下层目标值随权重变化见图 7.12。汛末期、蓄水期发电量随权重变化分布见图 7.13 和图 7.14。

从图 7.12 和图 7.13 可以看出，随着防洪目标权重的增加，平均调洪高水位和年均发电量均呈现逐渐减少的趋势。防洪目

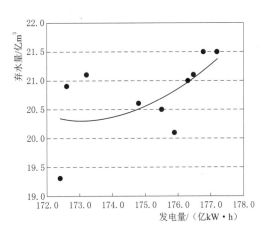

图 7.11　发电量与弃水量分布图

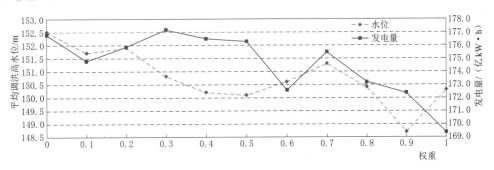

图 7.12　上下层目标值随权重变化分布图

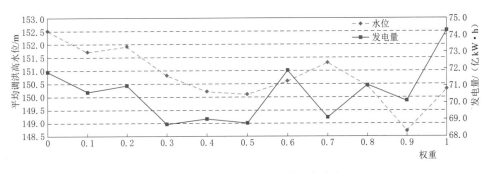

图 7.13　汛末期发电量随权重变化分布图

标权重较高时，下层在返回解时更偏向于上层，故汛末期库水位更低，下泄流量更大。但由于汛末期来水较多，发电装机易处于满发状态，故增大下泄流量对汛末期发电量影响不大，反而使蓄水期发电水头较低，发电量较少。从图中还可以看出，蓄水期发电量随汛末期发电量的增加呈现减少的趋势，这是由于汛末期发电量的增大是下泄流量增大所致，故汛末期发电量越大，下泄流量越大，9 月底库水位越低，使蓄水期库水位整体较低，且来水较少，导致蓄水期发电量较少。

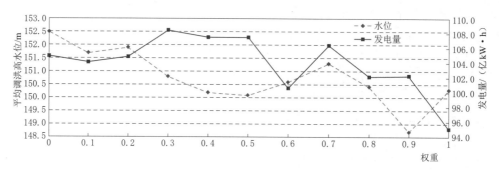

图 7.14　蓄水期发电量随权重变化分布图

从图 7.14 和表 7.5 也可以看出，在求解下层发电模型时，发电量与弃水量比值保持在 8～9 之间，而《09 优化调度方案》和《梯级调度规程》分别为 6.34、5.34，说明水资源利用效率有所提高。

7.4　部分合作条件下的调度方案

根据求解部分合作模型得到的协调解，建立三峡水库提前蓄水调度规则［本调度规则适用于汛末期（9 月 10 日—10 月 31 日）三峡水库防洪蓄水调度］，得到汛末期调度图（图 7.15）。具体调度规则如下：

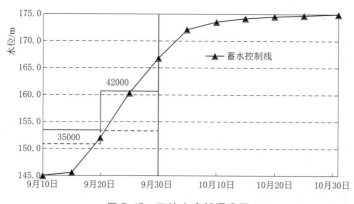

图 7.15　三峡水库新调度图

（1）从 9 月 10 日开始兴利蓄水，当沙市站、城陵矶站水位均低于警戒水位（分别为43.0m、32.5m），且预报短期内不会超过警戒水位的情况下，方可实施提前蓄水方案；蓄水期间的水库水位按分段控制的原则，在保证防洪安全的前提下，均匀上升，一般情况下，9 月 15 日水位蓄至 145.6m，9 月 20 日水位蓄至 152.1m，9 月 25 日水位蓄至160.4m，9 月 30 日水位蓄至 166.9m；9 月 30 日后进入蓄水阶段，一般情况下，10 月 5日水位蓄至 172.2m，10 月 10 日水位蓄至 173.6m，10 月 15 日水位蓄至 174.3m，10 月20 日水位蓄至 174.6m，10 月 25 日水位蓄至 174.8m，而后蓄至 175m。

（2）9 月 10—30 日期间发生洪水时，由蓄水调度转为防洪调度。9 月中旬时，当库水位低于 150.9m 时，补偿枝城站流量不超过 35000m³/s；当库水位低于 153.5m 时，补偿枝城站流量不超过 42000m³/s；当库水位低于 171.0m 时，补偿枝城站流量不超过 56700m³/s。9 月下旬时，当库水位 153.4m 时，补偿枝城站流量不超过 35000m³/s；当库水位低于 160.8m 时，补偿枝城站流量不超过 42000m³/s；当库水位低于 171.0m 时，补偿枝城站流量不超过 56700m³/s；当库水位位于 171.0～175.0m 之间时，控制枝城站流量不超过 80000m³/s。按上述方式调度时，如相应的枢纽总泄流能力（含电站过流能力）小于确定的控制流量，则按枢纽总泄流能力泄流。

基于二层规划建立三峡水库提前蓄水模型，在考虑防洪风险的前提下提高蓄水效益。基于优化调度求解结果，对三峡水库 1882—2012 年的 9 月 10 日至 10 月 31 日入库径流进行调洪演算，分析二层规划建模机制对优化调度结果的影响，以及优化调度规则对三峡水库防洪和蓄水两方面效益的影响。

7.4.1 对发电量影响分析

三峡水库汛末期提前蓄水遵循兴利服从于防洪的调度原则，兴利与防洪二者相互制约，共同决策汛末防洪蓄水调度方案。本研究建立了三峡水库提前蓄水的二层规划模型，并得到协商解，建立优化调度规则。为研究二层规划决策机制对水库优化调度的影响，还以防洪风险最低和发电量最大作为两个目标建立多目标模型，从单一决策主体的角度优化调度规则，并比较其与二层规划的求解结果，具体结果见图 7.16。

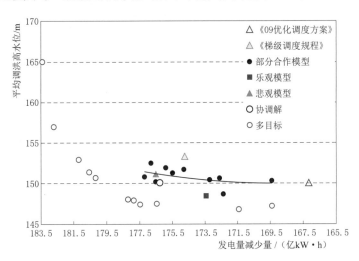

图 7.16　三峡水库各调度方式提前蓄水结果

多目标优化可视为仅有一个决策主体，由该单一决策主体对各优化方案进行选取，此时各个目标之间不具有优先级，根据各目标的重要性设置权重进行计算。但在实际水库调度中，防洪与兴利由不同的部门分管，尽管调度原则为兴利服从于防洪，但防洪部门不能完全牺牲兴利部门的利益来保障防洪目标，兴利部门可以在一定的范围内选择对自身利益更好的方案，这时可以适当增加防洪风险，换取更大的兴利效益。

从图 7.16 中可以看到，多目标非劣解位于二层模型解的下方，平均调洪高水位变化范围为 146.8～165m，平均发电量变化范围为 169.4 亿～183.4 亿 kW·h。多目标非劣解中，当防洪目标权重为 1 时，即仅考虑防洪进行优化，此时平均调洪高水位为 147.2m，年均发电量为 169.4 亿 kW·h，与协调解比较，平均调洪高水位降低了 2.9m，年均发电量减少了 6.9 亿 kW·h；当防洪目标权重为 0 时，即仅考虑兴利进行优化，此时平均调洪高水位为 165m，年均发电量为 183.4 亿 kW·h，与协调解比较，平均调洪高水位升高了 14.9m，年均发电量增加了 7.1 亿 kW·h。由此可见，若仅考虑单一目标时，优化结果将完全偏向其中一方，而另一方的利益将受到极大威胁。多目标优化模型虽然能通过选取合适的权重而获得较二层规划解更好的解，但在实际操作中，无法使各决策主体站在二者统一的角度上考虑问题，各决策主体都希望自身的利益可以得到最大的保障。而采用二层规划模型可以保障各决策主体的地位，使其能在自己的决策范围内选取对自身更有利的决策方案，而采用部分合作模型可以在主从递阶结构下选取一个二者相互协商的协调解。

7.4.2 防洪风险分析

本研究优化调度规则下补偿流量天数统计情况见表 7.6，从表中可以看到，出库流量大于 35000m³/s 的天数均小于入库天数，说明所提出的优化调度规则能够有效拦蓄洪水。表中显示，在所提出的调度规则下出库流量位于 43000～56700m³/s 之间的有 17 天，其中 16 天的调洪高水位位于 150～155m 之间；出库流量位于 35000～42000m³/s 之间的有 114 天，其中 64 天的调洪高水位位于 150～155m 之间，剩下 50 天位于 145～150m 之间；调洪高水位位于 155～160m 之间的出库流量全都小于 35000m³/s。图 7.17 为各调度方式补偿流量分布图，减少天数即为入库流量小于对应控制流量的天数的减少值。从图 7.17 中可以看出，三种方案均削减了超 35000m³/s 的入库流量，使得所有出库流量均不超过 56700m³/s，其中优化调度方案使得流量在 42000～56700m³/s 之间的天数减少最多，其次为《梯级调度规程》；流量在 35000～42000m³/s 之间的天数减少最多的方式是《梯级调度规程》，本研究提出的优化调度方案的减少天数与《09 优化调度方案》相当；削减入库洪水后，三种方案出库流量小于 35000m³/s 的天数均增加，其中优化调度方案增长最多。

表 7.6　　　　　　　　　　项目优化调度补偿流量天数统计

流量区间（对应枝城）/(m³/s)	入库	调洪高水位区间/m					总计
		145～150	150～155	155～160	160～165	165～175	
(0, 35000]	2381	2364	214	42	0	0	2620
(35000, 42000]	189	50	64	0	0	0	114
(42000, 56700]	179	1	16	0	0	0	17
(56700, 80000]	2	0	0	0	0	0	0
(80000, +∞)	0	0	0	0	0	0	0

以上对补偿流量天数的分析，说明了与原有两种调度方案相比，提出的优化调度方案降低了下游处于警戒状态的频次，有效地控制了中小洪水，对下游防洪对象更有利。

从调洪高水位分布（表 7.7 和图 7.18～图 7.20）来看，三种调度方式的调洪高水位均主要分布于 145～150m 之间，其中：《09 优化调度方案》有 117 年，占总数的 89.3%；

本研究提出的优化调度方案有 115 年，占总数的 87.8％；《梯级调度规程》有 104 年，占总数的 79.4％。在调洪高水位大于 150m 的年份中，《梯级调度规程》的调洪高水位位于 160～165m 的年数有 4 年，其余两种方式没有位于该区间的年份；位于 155～160m 的年份最多的是《梯级调度规程》，有 11 年；另外两种方式分别仅有 2 年；三种方式的调洪高水位位于 150～155m 的年份几乎相等。

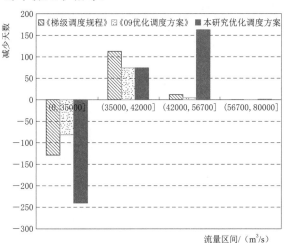

图 7.17　各调度方式补偿流量分布较入库减少天数

表 7.7　　　　　　　　　　　　调洪高水位区间分布统计

调度方式	对比指标	调洪高水位区间/m					合计
		145～150	150～155	155～160	160～165	165～175	
《梯级调度规程》	年数	104	12	11	4	0	131
	百分比	79.39％	9.16％	8.40％	3.05％	0	100.00％
《09 优化调度方案》	年数	117	12	2	0	0	131
	百分比	89.31％	9.16％	1.53％	0	0	100.00％
本研究优化调度方案	年数	115	14	2	0	0	131
	百分比	87.79％	10.69％	1.52％	0	0	100.00％

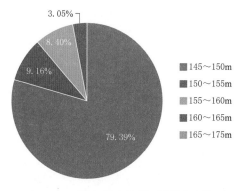

图 7.18　《梯级调度规程》调洪高水位
区间分布图

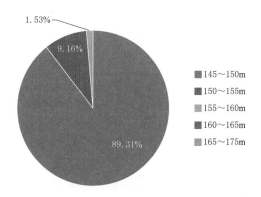

图 7.19　《09 优化调度方案》调洪高水位
区间分布图

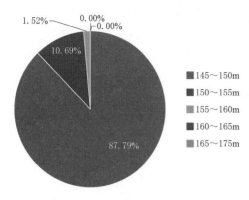

图 7.20 本研究优化调度方案调洪
高水位区间分布图

三种调度方式的防洪指标统计见表 7.8。由表 7.8 可以看出，本研究优化调度方案较《09 优化调度方案》一定程度的抬高了水库的调洪高水位，增加了防洪风险，但增加的防洪风险较《梯级调度规程》小，且拦蓄了更多的洪量，提高了防洪库容的使用率。

削峰幅度在一定程度上体现了水库对洪水的调控程度。为了根据不同防洪保护程度分析，统计了三峡水库对不同入库流量（对应枝城站流量 35000m³/s、42000m³/s、56700m³/s）的削峰效果（表 7.9），对于不同流量，本研究优化调度方案的削峰率均最高，削峰效果最好。《梯级调度规程》和《09 优化调度方案》下，控制流量越大，削峰幅度越小，说明水库对越小的洪水调控的力度越大；而对于本研究优化调度方案则相反，控制流量越大，削峰幅度越大，说明洪水越大，水库对其调控的力度就越大。

表 7.8　　　　　　　　各调度方式防洪指标统计

调度方式	平均调洪高水位 /m	历史最高调洪高水位 /m	平均拦蓄洪量 /亿 m³	动用防洪库容 /亿 m³
《梯级调度规程》	153.3	164	126.68	115.97
《09 优化调度方案》	150	155.4	69.67	59.17
本研究优化调度方案	150.1	158.8	134.17	125.24

表 7.9　　　　　　　不同控制流量对应的削峰率统计

调度方式	控制流量/(m³/s)		
	35000	42000	56700
《梯级调度规程》	0.117	0.06	0.018
《09 优化调度方案》	0.064	0.029	0.018
本研究优化调度方案	0.214	0.215	0.293

由于荆南四河的堤防设计标准比荆江低，使得部分河段堤防在中高洪水位的持续时间较长，长期处于超警戒的防汛状态，因此有必要分析荆南四河处于不同持续天数次数的分布情况。从表 7.10 可以看出，三种调度方式均能使得不同控制流量持续 5～10 天的次数减少，其中《梯级调度规程》下，超 35000m³/s 的次数减少了 12 次，超 42000m³/s 的次数减少了 1 次；《09 优化调度方案》下，超 35000m³/s 的次数减少了 7 次，超 42000m³/s 的次数减少了 1 次；本研究优化调度方案下，超 35000m³/s 的次数减少至 2 次，超 42000m³/s 的次数减少至 0 次。从表 7.11 可以看出，《梯级调度规程》和《09 优化调度方案》未能减少不同控制流量持续超 10 天的次数，而本研究优化调度方案使得超 35000m³/s 的次数减少至 1 次，超 42000m³/s 的次数减少至 0 次。从图 7.21～图 7.23 可以看出，本研究优化调度方案减少了超 35000m³/s 的持续时间和超 42000m³/s 的出现次

数,使得超 35000m³/s 持续时间小于 5 天的出现次数增加,使得荆南四河地区处于超警戒防汛状态的时间缩短,改善了该地区的度汛环境。

表 7.10   超不同控制流量持续 5～10 天累积次数统计

调度方式	控制流量/(m³/s)		
	>35000	>420000	>56700
入库	24	7	0
《梯级调度规程》	12	6	0
《09 优化调度方案》	17	6	0
本研究优化调度方案	2	0	0

表 7.11   超不同控制流量持续超 10 天累积次数统计

调度方式	控制流量/(m³/s)		
	>35000	>420000	>56700
入库	6	2	0
《梯级调度规程》	6	2	0
《09 优化调度方案》	6	2	0
本研究优化调度方案	1	0	0

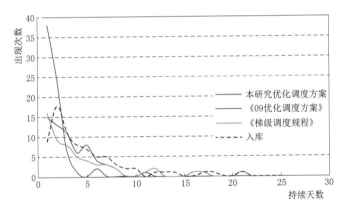

图 7.21 超 35000m³/s 持续天数的出现次数分布

7.4.3 蓄水效益分析

三峡水库自 2008 年开始实施试验性蓄水,并从 2010—2017 年已经连续 8 年在蓄水期结束前成功蓄至 175m,故以《09 优化调度方案》和《梯级调度规程》作为对照,检验本研究提出的优化调度方案的蓄水效果。二层规划模型中以发电量和弃水量作为下层蓄水模型的目标函数进行优化,表 7.12 统计了 1882—2012 年共 131 年的年均发电量和弃水量,并对三种调度方式的多年平均蓄水位、蓄满率、通航率进行评价。

从图 7.24 可以看出,《09 优化调度方案》下的汛末期的发电量最大,《梯级调度规程》次之,本研究优化调度方案最少;而蓄水期的发电量则相反:本研究优化调度方案最

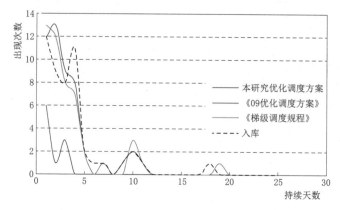

图 7.22　超 42000m³/s 持续天数的出现次数分布

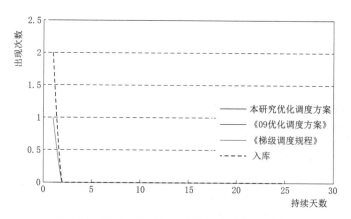

图 7.23　超 56700m³/s 持续天数的出现次数分布

大，《梯级调度规程》次之，《09 优化调度方案》最少。产生这个现象的原因是《09 优化调度方案》的起蓄时间较晚，且各时段的蓄水控制水位较低，故下泄流量较大，加大了汛末期的发电量。正是 9 月底的蓄水位低、蓄水期来水不足导致库水位较低，从而蓄水期的发电量较低。总的来说，提出的优化调度方案在整个蓄水阶段的年均发电效益较《09 优化调度方案》和《梯级调度规程》分别提高了 9.1 亿 kW·h 和 1.6 亿 kW·h。从弃水量来看（图 7.25），提出的优化调度方案大大减少了弃水的产生，其年均弃水量比《09 优化调度方案》和《梯级调度规程》分别减少了 11.7 亿 m³ 和 5.4 亿 m³。

　　提出的优化调度方案在原提前蓄水方案的基础上增加了发电量，减少了弃水，兴利效益显著。从表 7.12 可以看出，三种调度方式的 10 月底平均蓄水位相当，均接近正常蓄水位 175m，蓄满率均达到 90% 以上，其中《梯级调度规程》和本研究优化调度方案的蓄满率均为 94.7%，即在统计的 131 年中仅有 7 年未蓄满，已最大限度保障了蓄满率。从通航率来看，《梯级调度规程》和《09 优化调度方案》下有 1 次下泄流量达 56700m³/s，通航率未达到 1；本研究优化调度方案的下泄流量均能满足通航条件，通航率达到 1。

表 7.12   各调度方式蓄水效果统计

调度方式	10月底平均蓄水位/m	蓄满率/%	通航率	年均发电量/(亿 kW·h)			年均弃水量/亿 m³		
				汛末期	蓄水期	合计	汛末期	蓄水期	合计
《梯级调度规程》	174.7	94.7	0.9996	69.9	104.8	174.7	18.8	13.9	32.7
《09 优化调度方案》	174.5	91.6	0.9996	76.9	90.3	167.2	17.6	8.8	26.4
本研究优化调度方案	174.6	94.7	1	68.8	107.5	176.3	10.1	10.9	21.0

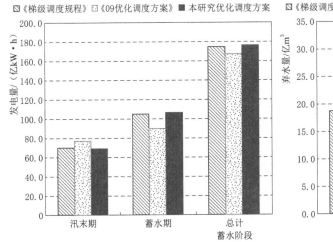

图 7.24 各调度方式年均发电量统计

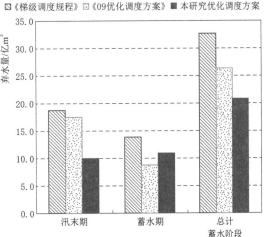

图 7.25 各调度方式年均弃水量统计

7.5 优化调度方式检验

为进一步验证基于二层规划模型求解得来的三峡水库汛末优化调度方式的合理性，通过建立随机模拟模型，生成 9 月 10 日—10 月 31 日的大样本汛期洪水过程，用随机生成的样本序列对优化调度方式进行检验。

7.5.1 随机模拟模型

径流系列随机模拟，主要是依据实测径流资料建立起反映径流变化特性的随机模型，进而模拟出大样本的径流系列。目前应用较为广泛的随机模型是季节性一阶自回归模型，该模型结构简单，概念清晰，参数个数少，能反映径流在时间上变化的主要统计特性，一般大中流域均可应用。利用季节性一阶自回归模型模拟径流系列的步骤如下：

（1）采用绝对时间对齐，将原始系列作标准化处理，即

$$Y(t) = \frac{X(t) - \overline{X}(t)}{S_X(t)} \tag{7.3}$$

式中：$X(t)$ 为 t 时段（截口）的原始系列；$\overline{X}(t)$、$S_X(t)$ 分别为原始系列的均值和方差；$Y(t)$ 为标准化后的序列。

（2）径流随机变量服从 P - Ⅲ 型分布，故运用 W - H 变换方法将标准化偏态系列 $Y(t)$ 转化成标准正态序列，即

$$Z(t) = \frac{6}{C_{SY}(t)}\left\{\left[\frac{C_{SY}(t)}{2}Y(t)+1\right]^{1/3}-1\right\}+\frac{C_{SY}(t)}{6} \tag{7.4}$$

式中：$C_{SY}(t)$ 为变量 $Y(t)$ 的偏态系数；$Z(t)$ 为标准化后的序列。

（3）建立一阶自回归模型，$Z(t)$ 为标准正态序列，即

$$Z(t) = r_t Z(t-1) + \sqrt{1-r_t^2}\,\varepsilon \tag{7.5}$$

式中：r_t 为变量 $Z(t)$ 的一阶自相关系数；ε 为独立标准化正态序列。

7.5.2　径流系列模拟

采用三峡水库下游 131 年的 9 月 10 日—10 月 31 日日均流量系列，共形成 52 个截口，应用矩法估计各截口系列的均值（E_x）、均方差（σ）、变差系数（C_v）、偏态系数（C_s）和一阶自相关系数（r），结果见表 7.13。

表 7.13　　　　　　　　　　　各截口统计参数表

截口序号	日期	E_x	σ	C_v	C_s	r
1	9 月 10 日	27003	9081	0.336	0.470	0.954
2	9 月 11 日	27239	9083	0.333	0.402	0.940
3	9 月 12 日	27329	9022	0.330	0.428	0.947
4	9 月 13 日	27044	8695	0.322	0.477	0.963
5	9 月 14 日	26735	8535	0.319	0.567	0.953
6	9 月 15 日	26473	8396	0.317	0.565	0.945
7	9 月 16 日	26062	8403	0.322	0.638	0.968
8	9 月 17 日	25731	8193	0.318	0.530	0.969
9	9 月 18 日	25560	8202	0.321	0.450	0.967
10	9 月 19 日	25436	8252	0.324	0.480	0.965
11	9 月 20 日	25456	8371	0.329	0.431	0.956
12	9 月 21 日	25222	8425	0.334	0.637	0.967
13	9 月 22 日	25064	8250	0.329	0.725	0.966
14	9 月 23 日	25130	8375	0.333	0.782	0.954
15	9 月 24 日	24913	8351	0.335	0.697	0.977
16	9 月 25 日	24547	8370	0.341	0.845	0.981
17	9 月 26 日	24185	8036	0.332	0.798	0.980
18	9 月 27 日	23936	7823	0.327	0.793	0.976
19	9 月 28 日	23810	7559	0.317	0.738	0.973
20	9 月 29 日	23881	7525	0.315	0.724	0.963
21	9 月 30 日	23908	7568	0.317	0.596	0.964
22	10 月 1 日	23797	7440	0.313	0.490	0.968

截口序号	日期	E_x	σ	C_v	C_s	r
23	10 月 2 日	23594	7121	0.302	0.466	0.964
24	10 月 3 日	23226	6944	0.299	0.477	0.969
25	10 月 4 日	22886	6892	0.301	0.597	0.971
26	10 月 5 日	22467	6719	0.299	0.633	0.973
27	10 月 6 日	22052	6520	0.296	0.578	0.971
28	10 月 7 日	21683	6150	0.284	0.485	0.969
29	10 月 8 日	21199	5840	0.275	0.583	0.970
30	10 月 9 日	20819	5729	0.275	0.708	0.966
31	10 月 10 日	20573	5880	0.286	0.822	0.962
32	10 月 11 日	20435	6103	0.299	0.907	0.974
33	10 月 12 日	20216	5899	0.292	0.983	0.974
34	10 月 13 日	19806	5413	0.273	0.872	0.974
35	10 月 14 日	19553	5089	0.260	0.676	0.949
36	10 月 15 日	19429	5161	0.266	0.706	0.945
37	10 月 16 日	18962	4857	0.256	0.477	0.950
38	10 月 17 日	18386	4585	0.249	0.488	0.979
39	10 月 18 日	17976	4392	0.244	0.564	0.959
40	10 月 19 日	17591	4305	0.245	0.604	0.977
41	10 月 20 日	17303	4289	0.248	0.740	0.970
42	10 月 21 日	17081	4230	0.248	0.817	0.972
43	10 月 22 日	16783	4206	0.251	0.809	0.979
44	10 月 23 日	16458	4157	0.253	0.902	0.981
45	10 月 24 日	16218	4027	0.248	0.845	0.975
46	10 月 25 日	15939	4147	0.260	0.843	0.964
47	10 月 26 日	15786	4208	0.267	0.902	0.967
48	10 月 27 日	15567	4267	0.274	0.798	0.966
49	10 月 28 日	15310	4168	0.272	0.782	0.969
50	10 月 29 日	14910	3932	0.264	0.777	0.979
51	10 月 30 日	14434	3720	0.258	0.708	0.981
52	10 月 31 日	14103	3611	0.256	0.693	0.958

采用上述模型，随机生成 1000 个与实测样本长度相等的模拟样本，即模拟 1000×131＝131000 年的日径流系列。图 7.26～图 7.30 给出了模拟生成的大样本序列对应的截口参数：均值（E_x）、均方差（σ）、变差系数（C_v）、偏态系数（C_s）和一阶自相关系数（r）的平均值和实测序列截口参数。模拟的日流量序列统计特性与实测日流量统计特性无显著差异，能够很好地保持实测序列的统计特性。

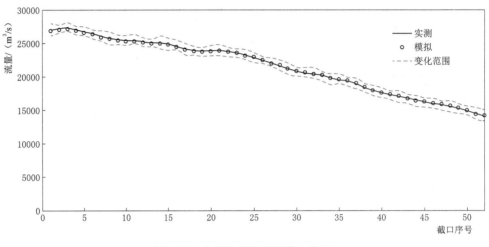

图 7.26　实测和模拟序列截口的 E_x

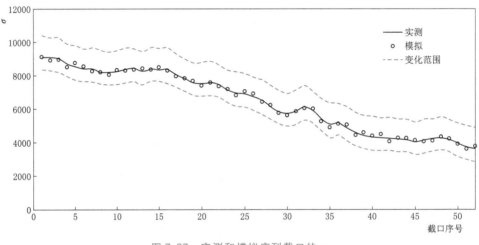

图 7.27　实测和模拟序列截口的 σ

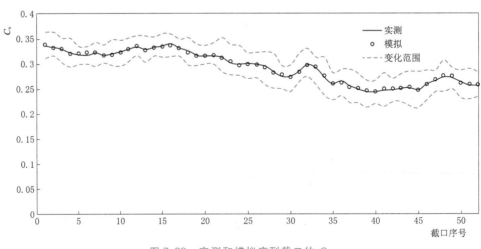

图 7.28　实测和模拟序列截口的 C_v

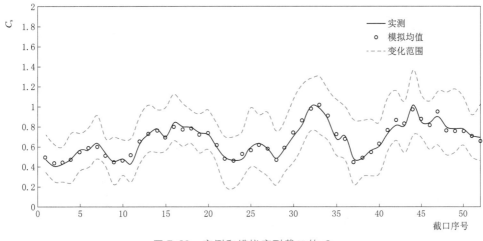

图 7.29 实测和模拟序列截口的 C_s

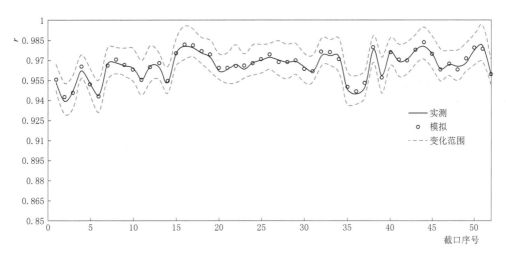

图 7.30 实测和模拟序列截口的 r

7.5.3 检验结果

利用随机生成的 1000 个模拟样本（即 131000 年日径流序列），按由二层规划模型所得的优化防洪和蓄水方式进行模拟调度，得到计算结果（表 7.14）。由表可知，优化调度方式在上层防洪方面无论对于入库还是原设计方案，能够使得补偿枝城站流量位于 35000～56700m³/s 的概率大大减小，有效减轻了在汛末遭遇中小洪水的灾害，同时没有明显增加超过坝前安全水位的几率。而在下层蓄水方面，各项蓄水效益指标提升也是非常明显的。因此，由加强中小洪水调控的上层防洪和提前蓄水调整蓄水进程的下层蓄水构成的汛末二层规划模型，能够很好地描述三峡水库汛末调度系统的特征，处理好防洪和蓄水的关系，在保证防洪安全的同时优化中小洪水调度和蓄水调度。

表 7.14 随机模拟序列检验结果表

调度方式	超坝前安全水位概率	上层（防洪）						下层（蓄水）		
		超不同控制流量概率						平均蓄水位/m	年均弃水量/亿 m³	蓄满率
		35000m³/s		42000m³/s		56700m³/s				
		入库	出库	入库	出库	入库	出库			
设计方式	0.002%	5.8656%	7.8028%	1.8566%	3.4916%	0.0546%	0.0006%	172.17	33.85	79.17%
优化方式	0.007%		1.4767%		0.1277%		0.0023%	174.64	29.13	94.39%

7.5.4 对水库泥沙淤积的影响

三峡工程能够长期使用的基础是水库达到冲淤平衡时保留了足够多的调节库容和防洪库容，无论在汛末期实行对中小洪水调度还是提前蓄水，与设计调度方式相比，会在一定程度上对库区特别是库尾泥沙淤积产生一定影响，因而必须正确处理好防洪、提前蓄水和尽量减少泥沙淤积的关系。为此，在三峡工程可行性论证阶段，对在荆江和城陵矶补偿调度方式一并进行了淤积计算，其安排的来水来沙系列是：代表系列（按 1961—1971 年为典型循环）20 年＋代表系列 20 年加 2 年（1954 年、1955 年）＋代表系列 20 年加 2 年（1954 年、1955 年）＋代表系列 20 年加 2 年（1954 年、1955 年）＋代表系列 20 年，共计 106 年水沙系列，按两种调度方式进行调度计算，作为淤积计算的条件，其结果见表 7.15。

表 7.15 不同防洪调度方式三峡库区淤积量表

防洪调度方式	第 22 年	第 32 年	第 44 年	第 54 年	第 86 年	第 106 年
荆江补偿	65.31	91.10	117.80	134.40	157.80	166.90
城陵矶补偿	65.49	91.27	118.50	135.10	159.50	167.70

由表 7.15 计算结果可见，不同防洪调度方式的库区淤积量有一定差异，但并不显著；从防洪需求与调度技术可能性分析，今后在实时防洪调度中，实行中小洪水调度与城陵矶补偿调度方式具有较好的兼容性；三峡水库泥沙淤积情况与城陵矶补偿调度方式较为接近，淤积过程可能存在较小程度的差异，但对最终平衡淤积量影响不大。

7.6 小结

本章在二层规划思想的基础上，以三峡水库为研究对象，从目标效益分层、涉及调度要素、函数表达方式、决策业务流程等方面分析了建模条件和模型适用性。三峡水库在汛末为了扩大下游防洪保护对象、加大防洪保护力度，并尽可能地降低沙市站超警戒的频次，在上游来洪水时实行中小洪水调度，在没有洪水的时候进行蓄水调度。在确定防洪调度和蓄水调度方案时，防汛管理部门作为主导层，首先给出可能的防洪调度规则，中国长江三峡集团有限公司作为服从层，可在有限的决策范围内选择有利于兴利效益的蓄水控制线，最终由上层决策者确定调度规则。

　　一般大型水库调度涉及两类目标，一是风险，二是效益。在汛期以控制防洪风险为主，在非汛期以增加效益为主，但在汛末期，其效益问题也非常突出。在三峡水库汛末调度中，无论从水库的安全运行还是下游防洪安全的角度来看，防洪问题始终是最重要的问题，而蓄水效果对于三峡水库在枯水期正常发挥其综合效益也至关重要。基于以上分析，为充分利用汛末水资源，作出符合水库调度管理体制要求的决策，本章以二层规划方法对三峡水库汛末调度进行了新的建模和求解，将汛末防洪风险和蓄水效益作为一个系统的两个层面加以考虑：将防洪风险作为上层，将蓄水效益作为下层，下层优化自身目标值并把决策反馈给上层，实现相互影响，其物理意义在于，要求在汛末调度中优化防洪时尽量满足蓄水要求。

　　通过对模型求解得到三峡水库汛末阶段的调度方案，分析了优化方案在发电量、防洪风险、蓄水效益等方面的优势，并应用随机模拟对优化调度方法进行了检验，结果表明，基于领导与服从的三峡水库调度优化方法具有良好的可靠性和优化性能，为目标效益间的分层嵌套式建模提供了可行方法。

第 8 章

多目标调度自适应建模研究

8.1 调度时期自适应分析

如何划分调度周期、构建合理的指标体系以及建立多目标调度的自适应模型，是多目标调度自适应建模理论技术的关键问题。针对这一关键问题，首先，根据水库调度在不同时期下的不同调度目标划分调度周期；针对不同周期下影响调度目标的因素，构建多目标调度自适应指标体系；最后，借鉴模式识别思想，构建基于注意力机制的卷积神经网络模型训练全周期自适应识别器，根据识别出的时期，自适应调用对应的调度模型并计算调度方案集。

8.1.1 调度周期划分与各时期调度目标

流域水库群联合优化调控模型是具有多目标、多维度、多约束的复杂非线性问题。水库通常具有发电目标、供水目标、航运目标、防洪目标、生态目标等。

8.1.1.1 发电目标

通过控制运行过程实现梯级发电效益最大：

$$\max E = \max \sum^{N} \sum^{T} E_i(t) = \max \sum^{N} \sum^{T} P_i(t)\Delta t \tag{8.1}$$

式中：E 为调度期内梯级水库群整体总发电量；N 为水库总数；T 为调度期时段总数；$E_i(t)$ 为水库 i 在 t 时段的发电量，亿 kW·h；$P_i(t)$ 为水库 i 在 t 时段的平均发电功率；Δt 为 t 时段的时段长度。

8.1.1.2 供水目标

根据库区用水需求，水库供水量与需水量越接近越好：

$$\min C = \frac{1}{T} \sum_{t=1}^{T} (Q_t^g - Q_t^x)^2 \tag{8.2}$$

式中：Q_t^g 为第 t 时段的总供水量，Q_t^x 为第 t 时段需水量；T 为调度期时段总数。

8.1.1.3 航运目标

航运需求通常通过水位、流速和水位变幅限制。然而，在中长期水库调度中，由于时段长度太长，流速和水位变幅无法被精确考虑。本研究提出一种新的通航目标，即通航能力最大，其计算公式为

$$\max(nc) = \max\left(\frac{1}{P} \frac{1}{T} \sum_{i=1}^{P} \sum_{t=1}^{T} nc_{i,t}\right) \tag{8.3}$$

式中：$nc_{i,t}$ 为第 i 个通航控制断面在第 t 个时段的通航能力；P 为总通航控制断面。

下泄流量和通航能力的关系可以通过历史通航数据统计得到。通航能力通过归一化某一下泄流量下通过的船只和吨位来统计得出。

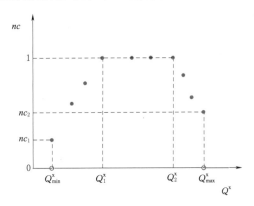

在历史数据中，能通过最大数目和最大吨位船只的流量对应的通航能力是 1，不开放航道的流量对应的通航能力是 0。下泄流量和通航能力的关系见图 8.1。当下泄流量 Q^x 低于 Q^x_{min} 或者高于 Q^x_{max} 时，出于安全的原因航道关闭，此时的通航能力为 0；当 Q^x 等于 Q^x_{min} 时，开始允许通航，随着 Q^x 的增加，nc 逐渐增加；当 Q^x 增加至区间 $[Q^x_1, Q^x_2]$ 时，nc 达到最大值，并且 nc 不再随着 Q^x 的改变而改变；当 Q^x 超过 Q^x_2 时，nc 随着 Q^x 的增加而减少。

图 8.1　下泄流量（Q^x）和通航能力（nc）的关系示意图

8.1.1.4　防洪目标

上游防洪安全：为确保大坝枢纽安全，同时减轻上游的尾水淹没压力，要求水库汛期运行水位尽量保持最低，即

$$\min F_1 = \max\{Z_{11}, Z_{1t}, Z_{1T}\} \tag{8.4}$$

式中：F_1 为水库最高运行水位；Z_{1t} 为水库第 t 时段运行水位；T 为调度期时段数。

下游防洪安全：为确保下游河段和地区的防洪安全，要求水库汛期下泄流量尽量保持最小，即

$$\min F_2 = \max\{Q_{11}, Q_{1t}, Q_{1T}\} \tag{8.5}$$

式中：F_2 为水库最大下泄流量；Q_{1t} 为水库第 t 时段下泄流量。

8.1.1.5　生态目标

不管是河道下泄流量超过适宜生态径流上限还是低于适宜生态径流下限，都将对生态产生不利的影响，因此，以梯级总生态溢水量和缺水量之和最小为生态目标，即

$$\min V_{eco} = \min(V_{ecoOver} + V_{ecoLack}) \tag{8.6}$$

$$\begin{cases} V_{ecoOver} = \sum_{i=1}^{M} \sum_{t=1}^{T} dQ_{ecoHigh,i,t} \times \Delta t \\ V_{ecoLack} = \sum_{i=1}^{M} \sum_{t=1}^{T} dQ_{ecoLow,i,t} \times \Delta t \end{cases} \tag{8.7}$$

式中：V_{eco} 为梯级电站总生态溢缺水量；$V_{ecoOver}$ 为梯级电站总生态溢水量；$V_{ecoLack}$ 为梯级总生态缺水量；$dQ_{ecoHigh,i,t}$ 为生态断面 i 在时段 t 的下泄流量与生态径流上限流量的差值，值为负数时取 0；$dQ_{ecoLow,i,t}$ 为生态径流下限流量与生态断面 i 在时段 t 的下泄流量的差值，值为负数时取 0；T 为时段数；Δt 为时段长度；M 为生态控制断面总数。

根据各个目标的需求，可以将一年的调度周期划分为七个调度期，分别为：枯水发电期、供水期、航运调度期、汛前消落期、汛期、汛末蓄水期以及生态调度期。其中枯水发电期设置为上一年 10 月中旬至当年 5 月中旬；供水期、航运调度期为全年调度；汛前消

落期主要在5月中旬至6月中旬；汛期一般在6月中旬至9月中旬；汛末蓄水期主要在9月中旬至10月中旬；生态调度期设置在3月初至6月底。各个调度期的时间划分见图8.2。

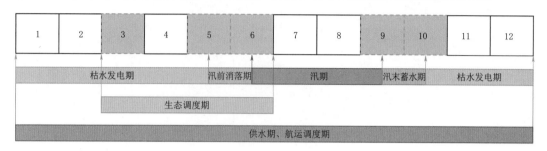

图8.2 调度分期图

8.1.2 指标体系建立

多目标自适应主要在于不同调度期（即不同调度目标）之间的自适应转换。根据全周期调度分期结果，供水、航运为全周期调度，整个调度期内都需要考虑到；生态调度期主要在3月到6月考虑。因此，需要考虑自适应调度目标，调度期共包含4个转换过渡期：①枯水期—消落期；②消落期—汛期；③汛期—蓄水期；④蓄水期—枯水期。每个过渡期的调度转换需要设定相应的指标体系，用于建立模式识别，其中：枯水期—消落期需要考虑径流预报、库容、生态相关指标（流速、水温、水位涨幅）、供水及航运需水量；消落期—汛期需要考虑径流预报、库容、下游防洪控制断面水位、供水及航运需水量；汛期—蓄水期需要考虑径流预报、库容、下游防洪控制断面水位、供水及航运需水量；蓄水期—枯水期需要考虑径流预报、库容、供水及航运需水量。根据以上建立的指标体系，通过深度学习方法来构建自适应模式识别器，根据历史的实际调度转化过程来优化模型，从而达到调度期的自适应识别。

8.1.3 基于模式识别的多目标调度自适应建模

为了实现全周期多目标优化调度，应构建基于模式识别的多目标调度自适应模型框架。框架由构建数据集、训练识别器和调度模型计算3部分组成，其框架图见图8.3。

8.1.3.1 构建数据集

收集各时期历史调度资料中水位、流量和出力等变量数据，基于历史数据采用建立的指标体系统计对应的指标信息，构建变量-指标-时期对应序列，组合多年历史序列构建大数据训练集。

8.1.3.2 训练识别器

在大数据训练集的基础上，采用皮尔逊相关系数和最大信息系数探究状态变量、指标信息和时期之间的相关关系：

$$r = \frac{\mathrm{cov}(X,Y)}{\sigma_X \sigma_Y} = \frac{\sum_{i=1}^{n}(X_i - \overline{X})(Y_i - \overline{Y})}{\sqrt{\sum_{i=1}^{n}(X_i - \overline{X})^2}\sqrt{\sum_{i=1}^{n}(Y_i - \overline{Y})^2}} \tag{8.8}$$

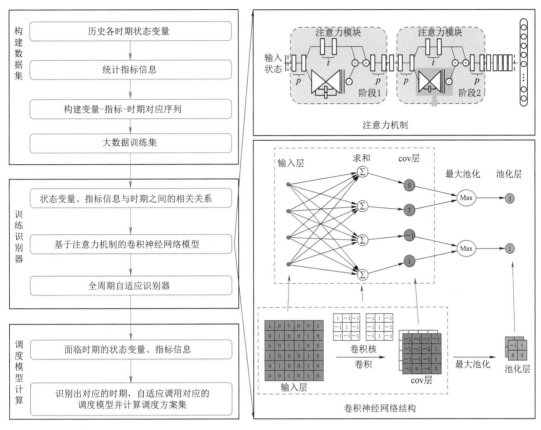

图 8.3　基于模式识别的多目标调度自适应建模框架

$$MIC(D,X,Y)=\max_{XY<B(|D|)}\frac{I^*(D,X,Y)}{\log_2\min\{X,Y\}}=\max_{XY<B(|D|)}\frac{\max\limits_{G}I(D|G)}{\log_2\min\{X,Y\}} \tag{8.9}$$

式中：X 和 Y 分别为自变量和因变量；r 和 MIC 分别为皮尔逊相关系数和最大信息系数；σ_X 和 σ_Y 分别为自变量和因变量序列的标准差；$\overline{X}$ 和 $\overline{Y}$ 分别为自变量和因变量序列的均值；n 为序列长度；D 为有序队列；G 为划分的网格；$D|G$ 为数据 D 在网格 G 上的分布；$I(D|G)$ 为信息系数；函数 $B(n)=n^{0.6}$。

在相关性分析的基础上，保留与时期具有强相关性的状态变量和指标信息作为特征输入，研究基于注意力机制的卷积神经网络模型。注意力机制受人类视觉启发，使模型具有关注重点信息而忽略无关信息的功能：

$$M_c(F)=\sigma(MLP(AvgPool(F)))+\sigma(MLP(MaxPool(F))) \tag{8.10}$$

式中：$M_c(F)$ 为特征层 F 的注意力层；$AvgPool(F)$ 和 $MaxPool(F)$ 分别为平均池化层和最大池化层。

通过过滤器实现 l 层到 $(l+1)$ 层的 1 维卷积过程见图 8.4。l 层的输出如式（8.11）所示：

$$x_{t,j}^{l+1}=F\Big(\sum_{q=1}^{kl}w_{t,q}^l x_{t,r}^l+b_{t,j}^l\Big) \qquad r=(j-1)\cdot s^l+q ; j=1,2,\cdots,n^{l+1} \tag{8.11}$$

式中：$x_{t,j}^l$ 和 $x_{t,j}^{l+1}$ 分别为第 t 个时期 l 层和（$l+1$）层的第 j 个输入；$w_{t,q}^l$ 和 $b_{t,j}^l$ 为对应的权重和偏置；$F(\cdot)$ 为激活函数；n^l 和 n^{l+1} 分别为 l 层和（$l+1$）层的输入长度；k^l 为核尺寸；s^l 为步长；n^l 和 n^{l+1} 的关系是 $n^{l+1}=(n^l+k^l+1)/s^l$。

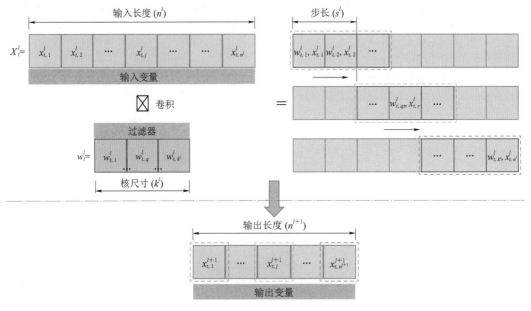

图 8.4 1 维卷积过程

池化层过程见图 8.5。l 层的输出如式（8.12）所示：

$$x_{t,j}^{l+1}=F(x_{t,r+1}^l,x_{t,r+2}^l,\cdots,x_{t,r+k^l}^l) \qquad r=(j-1)\cdot s^l;j=1,2,\cdots,n^{l+1} \qquad (8.12)$$

其中 $F(\cdot)$ 取最大值或者平均值。其余变量含义同前。

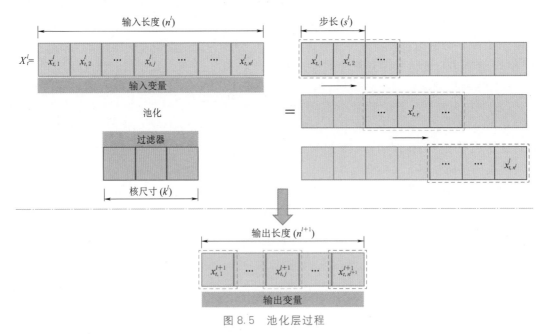

图 8.5 池化层过程

基于状态变量、指标信息和时期之间的相关关系，通过基于注意力机制的卷积神经网络模型训练全周期自适应识别器。

8.1.3.3 调度模型计算

将面临时期的状态变量、指标信息输入到全周期自适应识别器中获取对应的时期结果，自适应调用对应的调度模型并计算调度方案集。

8.2 考虑多重不确定性的调度规则提取方法研究

考虑多重不确定性的调度规则提取方法流程图见图 8.6。其主要步骤如下：首先，通过自适应差分进化算法（adaptive differential evolution，ADE）得到确定性最优调度方案；然后，采用隐含马尔可夫-混合高斯回归概率预报模型（hidden Markov model - Gaussian mixture regression，HMM-GMR）进行径流预报；最后，建立贝叶斯神经网络模型，在确定性最优调度方案以及概率径流预报结果的基础上，提取水库运行调度规则。

8.2.1 确定性水库调度优化

为了提取得到水库运行调度规则，需要使用确定性水库调度优化结果作为样本进行训练。因此，需要根据历史径流计算最优水库调度方案：以发电量最大为目标，以水量平衡方程、水位约束、下泄流量约束、出力约束为约束条件，建立发电调度优化模型。采用 ADE 算法求解，得到历史多年的最优发电调度过程，作为调度规则提取的基础。

8.2.1.1 模型建立

水库调度期内总发电量最大为发电目标：

$$\max E = \sum_{t=1}^{T} \eta H_t Q_t \Delta t \tag{8.13}$$

式中：η 为出力系数；Δt 为时段间隔；H_t 和 Q_t 分别为水库第 t 时段的水头和发电流量。

约束条件如下：

（1）水量平衡方程：

$$V_t = V_{t-1} + (I_t + R_t)\Delta t \tag{8.14}$$

式中：V_t 为水库第 t 时段的库容；I_t 为水库第 t 时段的入库流量；R_t 为水库第 t 时段的总下泄流量；Δt 为时段间隔。

（2）水位约束：

$$Z_t^{\min} \leqslant Z_t \leqslant Z_t^{\max} \tag{8.15}$$

式中：Z_t 为水库第 t 时段的水位；$Z_t^{\max}$、$Z_t^{\min}$ 为水库第 t 时段水位的上、下限。

（3）下泄流量约束：

$$R_t^{\min} \leqslant R_t \leqslant R_t^{\max} \tag{8.16}$$

式中：$R_t^{\max}$、$R_t^{\min}$ 为水库第 t 时段下泄流量上、下限。

（4）出力约束：

$$N_t^{\min} \leqslant N_t \leqslant N_t^{\max} \tag{8.17}$$

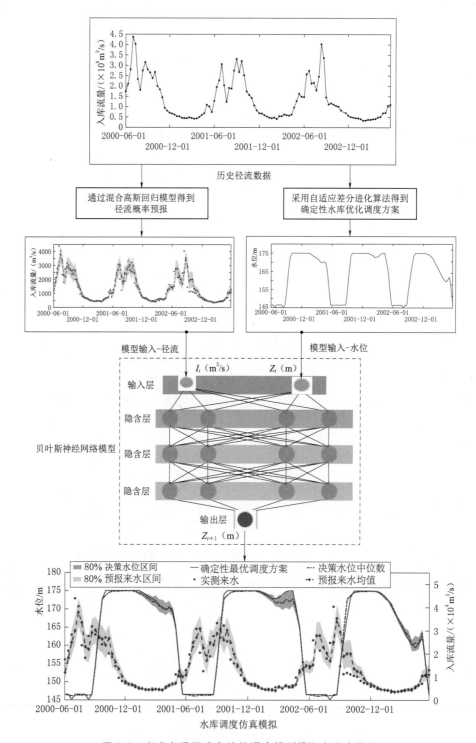

图 8.6 考虑多重不确定性的调度规则提取方法流程图

式中：$N_t^{\max}$、$N_t^{\min}$ 为水库在 t 时刻出力的上、下限。

8.2.1.2 算法求解

为解决上述模型，本研究采用 ADE 算法求解。差分进化算法（differential evolution，DE）是一种新兴的进化计算技术，它是由 Storn 等于 1995 年提出的，是解决复杂优化问题的有效技术。本研究在差分进化算法的基础上采用了自适应策略，避免了参数的人工筛选，提高了算法效率，从而解决发电调度优化模型。

1. 原始差分进化算法

DE 算法采用实数编码，主要包含差分变异、交叉和选择 3 个算子。DE 通过对父代个体叠加差分矢量进行变异操作，生成变异个体；然后按一定概率，父代个体与变异个体进行交叉操作，生成试验个体；父代个体与试验个体进行比较，较优的个体进入下一代种群。设种群规模为 NP，个体决策变量维数为 n，计算步骤如下。

（1）差分变异算子。对第 g 代种群的每一个个体 x_i^g（$i=1,2,\cdots,NP$），随机选取 3 个互不相同的父代个体 $x_{r_1}^g$，$x_{r_2}^g$，$x_{r_3}^g$（r_1，r_2，$r_3\in[1,NP]$ 且 r_1，r_2，$r_3\neq i$），按式（8.18）进行差分变异操作，生成变异个体 v_i^{g+1}：

$$v_i^{g+1}=x_{r_3}^g+F(x_{r_1}^g-x_{r_2}^g) \tag{8.18}$$

式中：F 为差分比例因子，控制着差分变异的幅度，其取值范围一般为 0～2。

（2）交叉算子。采用式（8.19）对父代个体 x_i^g 变异个体 x_i^{g+1} 进行交叉，生成试验个体 u_i^{g+1}，其中 $x_{i,j}^{g+1}$、$v_{i,j}^{g+1}$、$u_{i,j}^{g+1}$ 分别表示父代个体、变异个体、实验个体在 j 维度的值。

$$u_{i,j}^{g+1}=\begin{cases}v_{i,j}^{g+1} & 若\ rand()\leqslant CR\ 或\ j=rand(1,n)\\x_{i,j}^g & 其他\end{cases} \tag{8.19}$$

式中：CR 为设定的交叉概率，取值范围为 0～1，$rand()$ 产生 $[0,1]$ 之间服从均匀分布的随机数，$rand(1,n)$ 产生 $[1,n]$ 间的随机整数。由式（8.19）可以看出，试验个体至少有一位变量来自变异个体。

（3）选择算子。比较父代个体和试验个体的适应度值，其中较优者进入下一代种群。

$$x_i^{g+1}=\begin{cases}u_i^{g+1} & 若\ u_i^{g+1}\ 优于\ x_i^g\\x_i^g & 其他\end{cases} \tag{8.20}$$

2. 自适应差分进化策略

本研究在差分进化算法的基础上采用了自适应策略，避免了参数的人工筛选，将差分进化的参数 F、CR 也作为一个进化对象。初始化参数时，对每个个体都随机产生一组参数，在进化选择过程中逐渐更新：

$$F_{i,g+1}=\begin{cases}F_1+rand_1*F_u & 若\ rand_2<\tau_1\\F_{i,g} & 其他\end{cases} \tag{8.21}$$

$$CR_{i,g+1}=\begin{cases}CR_1+rand_3*CR_u & 若\ rand_4<\tau_1\\CR_{i,g} & 其他\end{cases} \tag{8.22}$$

式中：F_1、F_u 和 CR_1、CR_u 分别为参数 F 和参数 CR 的下、上限，$rand_1\sim rand_4$ 为 0～1 的随机数。

8.2.2　径流概率预报模型

径流预报能够在水库调度、供水、防洪和发电等水资源管理的各个方面发挥重要作用。然而，降雨径流的形成过程受到水文、地形、气象等诸多因素的影响，呈现高度的非线性、随机性和不确定性特征，依据传统的预报方法难以描述其变化规律。针对以上问题，研究工作引入径流隐含状态的概念，构建了月径流隐含马尔可夫模型（HMM），将径流过程描述为一种具有隐含状态的马尔可夫过程，利用水文、地形、气象等诸多因素训练得到隐含状态转移概率矩阵，采用 Baum – Welch 算法学习不同隐含状态下观测径流数据的联合概率分布函数，同时结合高斯混合回归（GMR）模型，根据给出预报因子推理得到最终的条件概率分布函数作为径流概率预报。此概率预报方法引入了径流隐含状态的概念，揭示了预报的非线性、随机性和不确定性，进而为流域梯级电站安全运行和水库优化调度决策提供科学依据，对流域水资源合理利用以及多属性风险决策具有重大意义。

8.2.2.1　隐含马尔可夫模型

将入库径流视为确定性径流过程，未能反映径流变化的随机性。在无准确径流预报的情况下，确定性径流描述所得到的优化成果往往偏大。径流过程的随机描述，是将入库径流过程视为以年为周期的随机过程。传统方法中，水库入流常采用独立随机序列和马尔可夫过程描述。独立随机序列视各时段的入库流量为相互独立的随机变量。马尔可夫过程，也称无后效的随机过程，则是假设当前观测值的条件概率分布只与最近的一次观测有关，而独立于其他所有之前的观测，那么就得到了一阶马尔可夫链（first – order Markov chain）：

$$p(x_1, x_2, \cdots, x_N) = p(x_1) \sum_{n=2}^{N} p(x_n \mid x_{n-1}) \tag{8.23}$$

隐含马尔可夫模型则是马尔可夫链的一个扩展：由潜在状态变量 $z_t \in \{1, 2, \cdots, K\}$ 和一个观测概率模型 $p(x_t | z_t)$ 组成。隐含状态 z_t 的概率依赖于前一个时段隐含状态 z_{t-1}。由于隐含状态是 K 维二值变量，因此条件概率分布对应于数字组成的表格，记作 $\boldsymbol{A}$，它的元素被称为转移概率（transition probabilities）：

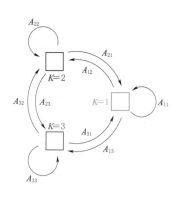

图 8.7　转移概率图

注：它的隐含状态有三种情况，黑线表示转移矩阵的元素 A_{ij}

$$\boldsymbol{A} = \begin{vmatrix} A_{11} & \cdots & A_{1K} \\ \vdots & \ddots & \vdots \\ A_{K1} & \cdots & A_{KK} \end{vmatrix} \tag{8.24}$$

元素 $A_{ij} = p(z_t = j | z_{t-1} = i)$。由于它们是概率值，因此满足 $0 \leqslant A_{ij} \leqslant 1$ 且 $\sum_j A_{ij} = 1$，从而矩阵 $\boldsymbol{A}$ 有 $K(K-1)$ 个独立的参数。有时可以将状态画成状态转移图中的一个节点，这样就可以图形化地表示出转移矩阵。图 8.7 给出了 $K = 3$ 的情形。

在隐含马尔可夫模型中，隐含状态 z_t 的概率依赖于前一个时段隐含状态 z_{t-1}，而观测序列 x_t 则取决于当前的状态 z_t 且仅跟 z_t 相关，被称为独立输出假设。因此，

观测变量的条件概率分布定义为 $p(x_t|z_t,\phi)$，其中 ϕ 是控制概率分布的一系列参数。研究采用多元高斯分布作为每个状态下观测值的输出分布，即

$$p(x_t|z_t=k,\phi)=N(x_t|\mu_k,\boldsymbol{\Sigma}_k) \tag{8.25}$$

式中：$\boldsymbol{\mu}_k$ 为第 k 个状态下观测值的均值向量；$\boldsymbol{\Sigma}_k$ 为第 k 个状态下观测值的协方差矩阵。

由此，隐含马尔可夫模型的潜在变量与观测变量的联合概率分布表示如式（8.26），对于状态 k：

$$p(\boldsymbol{X},\boldsymbol{Z}|\theta)=p(z_1|\pi)\left[\prod_{t=2}^{T}p(z_t|z_{t-1},\boldsymbol{A})\right]\prod_{t=1}^{T}p(x_n|z_n,\phi) \tag{8.26}$$

式中：$\boldsymbol{X}=\{x_1,\cdots,x_T\}$ 为所有观测序列；$\boldsymbol{Z}=\{z_1,\cdots,z_T\}$ 为所有时刻下的隐含状态；$\theta=\{\pi,A,\mu,\Sigma\}$ 为隐含马尔可夫模型所有待训练的参数；π 为在状态 k 下的初始概率；A 为状态转移概率。

8.2.2.2 模型的训练

如何通过给出的观测数据，推算模型参数的转移概率矩阵和观测概率模型是 HMM 的重点，其待优化的参数维度较大，是一个非线性多峰优化问题。研究采用 Baum - Welch 算法用于学习参数，但 Baum - Welch 算法与初始解的关系很大，不同的初始解会得到不同的结果，容易产生局部最优，因此本研究采用基于核方法的 K - medoids 算法产生良好的初始解。

1. 初始化方法

为了避免 Baum - Welch 算法陷入较差的局部最优解，常用的思路是对原始数据进行聚类，然后计算每组数据的基本参数均值向量和协方差矩阵，先验概率则为聚类个数所占比例。采用了基于核方法的 K - medoids 算法进行聚类，与传统的 K - means 方法不同，K - medoids 算法适用核函数 $k(x_i,x_i')$ 代替欧几里得距离 $\|x_i-x_i'\|^2$ 用于度量两个数据点之间的相似性，本研究采用的是径向基（RBF）核函数：

$$d(i,i')\overset{\Delta}{=}k(x_i,x_i')=\exp\left(-\frac{\|x_i-x_i'\|^2}{2\sigma^2}\right) \tag{8.27}$$

首先，从原始数据点中随机选择 K 个中心点 $m_{1:K}$，每个点被分类为与中心点最相似的类别，并且计算它与相同类别所有点的相似度，选择相似度最高（与其他所有点的核函数值之和最大）的点作为此类别的新的中心点：

$$m_k=\underset{i:z_i=k}{\arg\max}\sum_{i':z_i=k}d(i,i') \tag{8.28}$$

2. Baum - Welch 算法

给定一个隐含马尔可夫模型，参数优化的目的是根据训练集的数据优化参数得到最大化似然函数。Baum - Welch 算法通过不断的迭代来学习，首先根据现有的模型，计算各个观测数据输入到模型中的计算结果，这个过程称为期望值计算过程（E 过程）；接下来，重新计算模型参数，以最大化期望值，这一过程称为最大化过程（M 过程）。

（1）E 过程：根据现有的模型，计算各个观测数据输入到模型中的计算结果，首先确定完全数据的对数似然函数：

$$Q(\theta,\theta^{t-1})=\sum_{k=1}^{K}\gamma_1(k)\ln\pi_k+\sum_{t=2}^{T}\sum_{i=1}^{K}\sum_{j=1}^{K}\xi_t(i,j)\ln A_{ij}+\sum_{t=1}^{T}\sum_{k=1}^{K}\gamma_t(k)\ln p(x_t|\phi_k)$$

$$\tag{8.29}$$

其中 $\gamma_t(k)$ 表示给定模型和观测数据，在时刻 t 处于第 k 个状态变量的概率，其概率计算公式为

$$\gamma_t(k) = p(z_t = k \mid \boldsymbol{X}, \theta) = \frac{p(\boldsymbol{X}, z_t = k \mid \theta)}{\sum\limits_{j=1}^{K} p(\boldsymbol{X}, z_t = j \mid \theta)} \tag{8.30}$$

$\xi_t(i,j)$ 表示给定模型和观测数据，在时刻 $t-1$ 处于第 i 个状态且在时刻 t 处于第 j 个状态的概率，其概率计算公式为

$$\xi_t(i,j) = p(z_{t-1} = i, z_t = j \mid \boldsymbol{X}, \theta) = \frac{p(z_{t-1} = i, z_t = j, \boldsymbol{X} \mid \theta)}{\sum\limits_{i=1}^{K} \sum\limits_{j=1}^{K} p(z_{t-1} = i, z_t = j, \boldsymbol{X} \mid \theta)} \tag{8.31}$$

$\gamma_t(k)$ 和 $\xi_t(i, j)$ 的概率值可以通过前向后向（forward-backward）算法计算得到。

（2）M 过程：M 过程是使用当前职责重新估计参数，即

$$\pi_k = \frac{\gamma_1(k)}{\sum\limits_{j=1}^{K} \gamma_1(j)} \tag{8.32}$$

$$A_{ij} = \frac{\sum\limits_{t=2}^{T} \xi_t(i,j)}{\sum\limits_{k=1}^{K} \sum\limits_{t=2}^{T} \xi_t(i,k)} \tag{8.33}$$

对于观测概率模型为高斯分布的隐含马尔可夫模型来说，为了得到每个状态的均值 μ_k 和 $\sum_k$ 项的 M 步，新的参数估计值由式（8.34）和式（8.35）给出：

$$\mu_k = \frac{\sum\limits_{t=1}^{T} \gamma_t(k) x_n}{\sum\limits_{t=1}^{T} \gamma_t(k)} \tag{8.34}$$

$$\Sigma_k = \frac{\sum\limits_{t=1}^{T} \gamma_t(k)(x_t - \mu_k)(x_t - \mu_k)^T}{\sum\limits_{t=1}^{T} \gamma_t(k)} \tag{8.35}$$

3. 模型选择

隐含马尔可夫模型的状态个数 K 值越大，模型越复杂，越能够精确地描述数据的分布，但是对训练数据过高的描述会导致过拟合现象。为了权衡模型的复杂度与泛化数据的能力，采用交叉验证的方式进行模型选择，采用最小 CV 值下的 K 值作为模型的组件个数：

$$CV = \frac{1}{k} \sum_{j=1}^{k} \left[\frac{1}{N} \sqrt{\sum_{i=1}^{N} (\hat{y}_{ij} - y_{ij})^2} \right] \tag{8.36}$$

式中：N 为样本个数；$\hat{y}_{ij}$ 和 y_{ij} 分别为模型预测值和原始数据值。

8.2.2.3 高斯混合回归概率预报

隐含马尔可夫模型也称为非独立混合模型，它可以解释为一个混合模型的扩展，其中每个观测的混合分布概率不是独立的，而是取决于先前观察的潜在状态变量。在预报的过程中，隐含马尔可夫模型的所有变量被区分为预报因子（前期径流和气象指标）和预报变量（未来径流）$x=[x_1^T \, x_2^T]$。相应的对于每个隐含状态，观测概率模型的均值向量将按照预报因子、预报变量进行拆分：

$$\boldsymbol{\mu}_k = \begin{bmatrix} \mu_1^k \\ \mu_2^k \end{bmatrix} \tag{8.37}$$

式中：μ_1^k 为预报因子均值的子向量；μ_2^k 为预报变量均值的子向量。

与此同时，协方差矩阵也被拆分，即

$$\boldsymbol{\Sigma}_k = \begin{bmatrix} \Sigma_{11}^k & \Sigma_{12}^k \\ \Sigma_{21}^k & \Sigma_{22}^k \end{bmatrix} \tag{8.38}$$

根据联合正态分布的性质推理，给定预报因子 x_1 后，预报值的条件概率服从联合正态分布，其均值向量和协方差矩阵为

$$\mu_{2|1}^k = \mu_2^k + \Sigma_{21}^k (\Sigma_{11}^k)^{-1} (x_1 - \mu_1^k) \tag{8.39}$$

$$\Sigma_{2|1}^k = \Sigma_{22}^k - \Sigma_{21}^k (\Sigma_{11}^k)^{-1} \Sigma_{12}^k \tag{8.40}$$

对于隐含马尔可夫模型，具有 K 个隐含状态对应的高斯观测模型。因此，给定预报因子 x_1 的情况下，预报变量 x_2 的条件概率分布函数 $f(x_2|x_1)$ 为

$$f(x_2 \mid x_1) = \sum_{k=1}^{K} h_k(x_1) N(x_2; \mu_{2|1}^k, \Sigma_{2|1}^k) \tag{8.41}$$

在原始的高斯混合回归框架中，不同高斯观测模型的权重 h_k 表示为每个观测值属于第 k 个高斯观测模型的比重，此权重值并未考虑观测序列的顺序信息。研究将此权重值推广到 HMM 模型中，通过递归计算来估计此权重值，从而不仅考虑空间信息，而且还考虑封装在 HMM 中的顺序信息概率：

$$h_k(x_{t,1}) = \frac{\alpha_k(x_{t,1})\beta_k(x_{t,1})}{\sum\limits_{j=1}^{K} \alpha_j(x_{t,1})\beta_j(x_{t,1})} \tag{8.42}$$

$$\alpha_k(x_{t,1}) = \left(\sum_{i=1}^{K} \alpha_i(x_{t-1,1}) A_{ik} \right) N(x_{t,1} \mid \mu_1^k, \Sigma_{11}^k) \tag{8.43}$$

$$\beta_k(x_{t,1}) = \sum_{i=1}^{K} Z_{ik} N(x_{t,1} \mid \mu_1^k, \Sigma_{11}^k) \beta_i(x_{t+1,1}) \tag{8.44}$$

其中 $\alpha_k(x_{t,1})$ 和 $\beta_k(x_{t,1})$ 分别为 HMM 模型的前向和后向变量，其初始值 $\alpha_k(x_{1,1}) = \pi_k N(x_{1,1} \mid \mu_1^k, \Sigma_{11}^k)$，$\beta_k(x_{1,1}) = 1$。

由此，式（8.45）给出 HMM 模型的最终概率预报函数，该条件概率分布函数可以根据预报因子条件给出预测变量的概率分布。研究给出了 HMM 模型的确定性预报版本，即模型的条件期望值 $\mu_{2|1}$

$$\mu_{2|1} = \sum_{k=1}^{K} h_k(x_1) \mu_{2|1}^k \tag{8.45}$$

8.2.3 贝叶斯深度学习（Bayesian deep learning，BDL）模型

8.2.3.1 深度神经网络

图 8.8 展示了本研究采用的神经网络结构，模型输入 $\boldsymbol{x}=[Z_t，I_t]$，模型输出 $\boldsymbol{y}=[Z_{t+1}]$，其中 Z_t 为 t 时刻下水库上游水位，I_t 为调度期第 t 时段下水库的入库径流。输入层与输出层通过多个隐含层连接，该神经网络模型可以通过下式来描述：

$$\boldsymbol{y}=g(f(f(f(\boldsymbol{x}\boldsymbol{W}_1+b_1)\boldsymbol{W}_2+b_2)\cdots)\boldsymbol{W}_{Nh}+b_{Nh}) \tag{8.46}$$

式中：Nh 为网络深度，$\{\boldsymbol{W}_1，\boldsymbol{W}_2，\cdots，\boldsymbol{W}_{Nh}\}$ 为模型参数权重矩阵，$\{b_1，b_2，\cdots，b_{Nh}\}$ 为模型偏差向量；$f(\cdot)$ 和 $g(\cdot)$ 为激活函数。

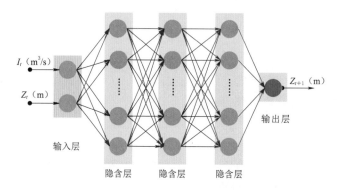

图 8.8 神经网络结构图

为了简化模型的表达式，设 $\omega=\{\boldsymbol{W}_1，\boldsymbol{W}_2，\cdots，\boldsymbol{W}_{Nh}，b_1，b_2，\cdots，b_{Nh}\}$ 来表示模型所有的参数，然后采用 $f_y^\omega(\boldsymbol{x})$ 表示神经网络模型，如下式：

$$\boldsymbol{y}=f_y^\omega(\boldsymbol{x})=f_y^\omega(Z_t，I_t) \tag{8.47}$$

8.2.3.2 径流输入不确定性

概率预报径流是以概率密度函数 $p(I_t)$ 呈现，若要完全反映预报径流的不确定性，需要对式（8.48）进行积分计算，即

$$\boldsymbol{y}=\int f_y^\omega(Z_t，I_t)p(I_t)\mathrm{d}I_t \tag{8.48}$$

然而，对于复杂的神经网络模型，往往无法得到积分的数值解。因此，本研究采用蒙特卡洛积分对积分方法，将复杂的数值积分运算转化为简单的求和计算，即

$$\boldsymbol{y}\approx\frac{1}{L}\sum_L f_y^\omega(Z_t，\hat{I}_t) \quad \hat{I}_t\sim p(I_t) \tag{8.49}$$

式中：I_t 为服从径流预报概率分布 $p(I_t)$ 的径流采样值；L 为蒙特卡洛采样样本大小，样本量越大，蒙特卡洛积分的估计值与真实积分的数值解的值越接近。

8.2.3.3 模型参数不确定性

模型考虑了径流预报和参数 ω 的不确定性，径流预报的不确定性 $p(I_t)$ 是通过预报模型得到的，能够作为已知条件，而模型参数 ω 是未知参数，需要通过训练学习得到，如何通过训练学习得到模型参数的不确定性 $p(\omega)$ 是该问题的难点。根据贝叶斯理论，

通过参数的先验分布以及训练数据得到模型参数的后验分布：

$$p(\omega \mid \boldsymbol{x}, \boldsymbol{y}) = p_0(\omega) p(\boldsymbol{x}, \boldsymbol{y} \mid \omega) / p(\boldsymbol{x}, \boldsymbol{y}) \tag{8.50}$$

式中：$p(\omega \mid \boldsymbol{x}, \boldsymbol{y})$ 为模型参数的后验分布；$p_0(\omega)$ 为模型参数的先验分布；$p(\boldsymbol{x}, \boldsymbol{y} \mid \omega)$ 为似然函数；$p(\boldsymbol{x}, \boldsymbol{y})$ 为标准化常量。

然而，对于神经网络模型，难以采用贝叶斯公式直接训练得到模型参数的后验分布。针对此问题，本研究采用变分推理方法，对模型参数的后验概率分布进行估计。在变分推理中，设置一个变分分布 $q_\theta(\omega)$ 近似表示模型参数的真实后验概率分布，θ 为变分参数。变分推理的目标函数则是最小化变分分布 $q_\theta(\omega)$ 与后验分布 $p(\omega \mid \boldsymbol{x}, \boldsymbol{y})$ 之间的相对熵，等同于最大化变分下限 $ELBO$：

$$\begin{aligned} ELBO &= l(q_\theta) - KL(q_\theta(\omega) \parallel p(\omega)) \\ &= \int q_\theta(\omega) \log p(\boldsymbol{y} \mid \boldsymbol{x}, \omega) \mathrm{d}\omega - KL(q_\theta(\omega) \parallel p(\omega)) \\ &\approx \sum_{n=1}^{N} \int q_\theta(\omega) \log \frac{1}{L} \sum_{L} p(\boldsymbol{y}^n \mid Z_t^n, \hat{I}_t^n, \omega) \mathrm{d}\omega - KL(q_\theta(\omega) \parallel p(\omega)) \end{aligned} \tag{8.51}$$

式中：第一项 $l(q_\theta)$ 为期望对数似然；第二项 $KL(q_\theta(\omega) \parallel p(\omega))$ 为相对熵；N 为训练集的样本数；$\hat{I}_t^n$ 为从径流预报分布 $p(I_t^n)$ 中采样的随机径流。

将模型参数 ω 视为随机变量，则第一项期望对数似然的积分形式也可以通过蒙特卡洛模拟估计：

$$\left. \begin{aligned} l(q) &\approx \frac{N}{M} \sum_{m=1}^{M} \log \frac{1}{L} \sum_{L} p(\boldsymbol{y}^m \mid f_y^{\bar{\omega}}(Z_t^m, \hat{I}_t^m)) \\ \hat{I}_t^m &\sim p(I_t^m) \qquad \hat{\omega} \sim q_\theta(\omega) \end{aligned} \right\} \tag{8.52}$$

式中：$(\boldsymbol{y}^m, Z_t^m, I_t^m)$ $(m=1, 2, \cdots, M)$ 是从整个数据集 $(\boldsymbol{y}, Z_t, I_t)$ 中采样得到的 M 个小批量数据；$\log \frac{1}{L} \sum_{L} p(\boldsymbol{y}^m \mid f_y^{\hat{\omega}}(Z_t^m, \hat{I}_t^m))$ 为对数似然函数，在回归任务中等同于平方损失函数的负数 $-\parallel \boldsymbol{y}^m - f_y^{\hat{\omega}}(Z_t^m, \hat{I}_t^m) \parallel^2$。

这样，$ELBO$ 可以按式（8.53）估计：

$$ELOB \approx -\frac{N}{M} \sum_{m=1}^{M} \frac{1}{L} \sum_{L} \parallel \boldsymbol{y}^m - f_y^{\hat{\omega}}(Z_t^m, \hat{I}_t^m) \parallel^2 - KL(q_\theta(\omega) \parallel p(\omega)) \tag{8.53}$$

设变分分布 $q_\theta(\omega)$ 为两个高斯分布的混合分布，模型参数的先验分布为标准正态分布，则第二项 $KL(q_\theta(\omega) \parallel p(\omega))$ 可以按式（8.54）计算：

$$KL(q_\theta(\omega) \parallel p(\omega)) \approx \sum_{i=1}^{Nh} \left(\frac{p_i}{2} \theta_i^T \theta_i + J_i (\sigma_i^2 - \ln\sigma_i^2 - 1) \right) + C \tag{8.54}$$

式中：p_i 为预先定义的概率值；σ 为一个值很小的标量；J_i 为第 i 层网络层的节点数；C 为一个常量。

当 σ 趋近于 0 且忽略常量 C 时，第二项相对熵可以视为变分参数的正则化损失。

综上所述，整个贝叶斯神经网络模型的损失函数为平方损失函数与变分参数的正则化之和。

8.2.3.4 模型训练

与普通的回归问题所不同，水库调度规则在 t 时刻的决策水位将成为 $t+1$ 时刻的初始水位，也就是说 t 时刻的模型输出将会成为 $t+1$ 时刻的模型输入数据。因此，本研究采用基于仿真的训练模式对模型进行训练，其具体训练步骤如下：

步骤 1：给出调度周期下第一个时段的初始水位 Z_0，此时 $t=0$。

步骤 2：以面临时段水库上游水位 Z_t 面临时段水库来水概率预报 $p(I_t)$ 为输入变量，以 $ELOB$ 为损失函数训练模型。

步骤 3：根据训练的模型对模型下一时段的水库水位进行决策，得到决策水位 Z_{t+1}。

步骤 4：当决策水位不满足水位约束、流量约束和发电约束时，修正决策水位 Z_{t+1}。

步骤 5：将下一时刻的初始水位设置为修正后的决策水位 Z_{t+1}，此时 $t=t+1$。

步骤 6：重复步骤 2～步骤 5 直到调度期的每个时段都训练完成。

8.2.4 结果及分析

为了验证研究所提出模型的性能，通过提出的模型采用 4 种训练方式得到 4 种调度规则：规则 1——采用概率预报结果作为模型的输入以及模型验证；规则 2——不考虑预报信息；规则 3——采用历史实际径流数据作为模型训练输入，采用概率预报径流数据验证；规则 4——采用完美预报即实测径流作为模型训练及模型验证。4 种规则均采用以上提出的贝叶斯神经网络模型进行训练。同时还采用线性规划模型提取了两种规则：LR1——采用完美预报即实测径流作为模型训练及模型验证；LR2——采用历史实际径流数据作为模型训练输入，采用概率预报径流数据验证。不同调度规则的特征见表 8.1。

表 8.1 不同调度规则的特征表

模　　型	调度规则	训练模型输入	验证模型输入	是否考虑模型参数不确定性	是否考虑入库不确定性
贝叶斯深度学习模型 BDL	规则 1	Z_{t-1}，$p(I_t)$	Z_{t-1}，$p(I_t)$	考虑	考虑
贝叶斯深度学习模型 BDL	规则 2	Z_{t-1}	Z_{t-1}	考虑	不考虑
贝叶斯深度学习模型 BDL	规则 3	Z_{t-1}，I_t	Z_{t-1}，$p(I_t)$	考虑	考虑
贝叶斯深度学习模型 BDL	规则 4	Z_{t-1}，I_t	Z_{t-1}，I_t	考虑	不考虑
线性规划模型 LR	LR1	Z_{t-1}，I_t	Z_{t-1}，I_t	不考虑	不考虑
线性规划模型 LR	LR2	Z_{t-1}，I_t	Z_{t-1}，$p(I_t)$	不考虑	考虑

采用以上 6 种规则对三峡水库的多年确定性优化调度结果进行提取，采用均方根误差（RMSE）、多年平均发电量以及多年运行发电出力保证率三个指标验证模型，其结果见表 8.2，从表中可以看出，确定性优化调度结果是在完美预报条件下优化得到的，以其作为对比指标可看出其他模型的优劣。规则 4 的 $RMSE$ 值最小且年均发电量最大，LR1 的 $RMSE$ 值和年均发电量与规则 4 十分接近，这是因为此两种模型都是基于未来一个时段的完美预报条件下训练及验证的，而规则 4 的 $RMSE$ 值比 LR1 小 14.6%，证明贝叶斯深度学习方法要优于线性规划方法。

在实时调度过程中，无法知道未来的径流值，只能通过预报径流作为模型的输入，规则 1、规则 2、规则 3 以及 LR2 则是在调度模拟仿真过程中采用径流预报作为模型输入。可以看出规则 1 与规则 3 的结果相似，这说明在模型训练过程中，采用历史实际径流或概率径流预报模型均能够得到理想的效果，更为精确的径流预报能够提高调度的发电效益。

表 8.2   调度规则提取仿真模拟结果

调度规则	RMSE		年均发电量/(亿 kW·h)		发电出力保证率	
	训练期	验证期	训练期	验证期	训练期	验证期
确定性优化			96.57	92.95	99.64%	99.86%
规则 1	1.48	1.01	96.04	92.32	99.56%	99.86%
规则 2	1.57	1.23	96.01	92.27	99.56%	99.86%
规则 3	1.56	1.06	96.04	92.31	99.56%	99.86%
规则 4	1.36	0.82	96.13	92.38	99.56%	99.86%
LR1	1.48	0.96	96.12	92.36	99.56%	99.86%
LR2	1.58	1.43	96.06	92.09	99.56%	99.86%

相比于传统调度规则提取的方法，本研究提出的调度规则不仅仅能为决策者提供一个决策水位，而且还能够提供一个可靠的决策水位范围（图 8.9）。可以看出，当考虑到预报不确定的条件下，线性规划方法所得到的决策不确定性很大［图 8.9 (f)］，不利于决策者的选择，而采用本研究提出的贝叶斯深度学习模型得到的调度规则能够给出一定的合

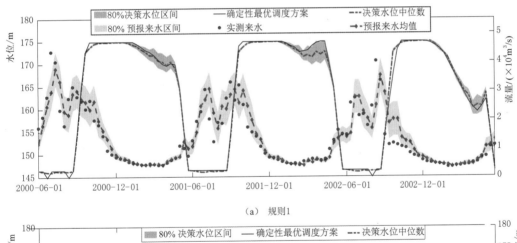

（a）规则1

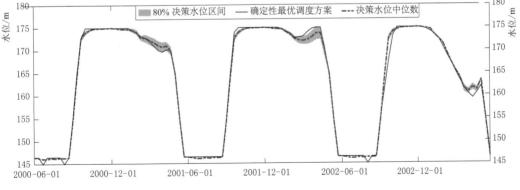

（b）规则2

图 8.9 （一） 调度规则水位运行范围

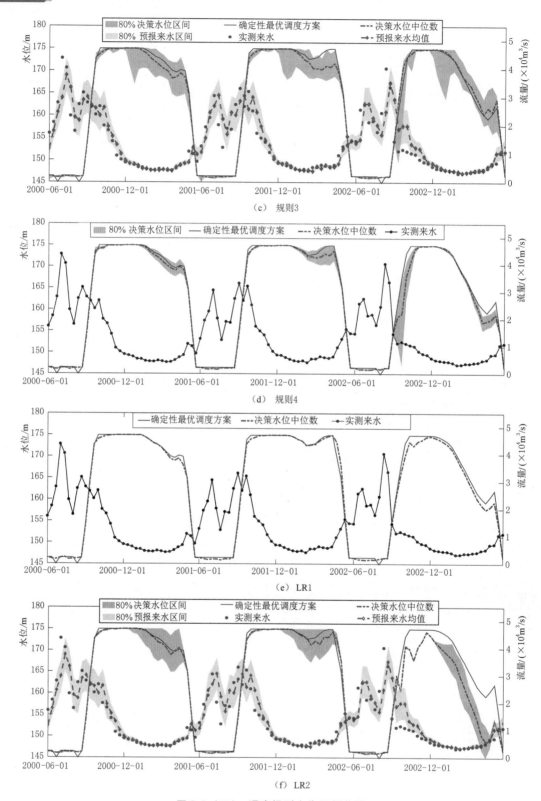

图 8.9 (二) 调度规则水位运行范围

理的决策范围。此外，在不同的训练方式下，决策的不确定性也会不同。规则 1 在训练过程中采用概率径流预报，而规则 3 在训练过程中采用的是历史实际径流，可以看出规则 3 得到的决策不确定性要大于规则 1。这一现象证明，当训练过程中也采用概率径流预报作为径流输入时，模型能够同时考虑预报不确定性以及模型参数不确定性，多重不确定性下的模型能够有效地抵消预报不确定性对决策的影响，能够为决策者提供更为确定、可靠的结果。

8.3 水库群调度规则提取

8.3.1 调度规则综述

水库群联合调度是对相互间具有水文、水力联系的水库以及相关设施进行统一协调调度，从而获得单独调度难以实现的更大效益。水库优化调度技术利用优化理论指导水库实际调度，具有显著的经济效益。但在水库中长期调度中，受限于预报技术与信息采集条件，降雨、径流等预测结果具有高度不确定性，导致了水库调度成为不完全信息条件下的序贯决策问题。水库群联合调度规则作为指导库群系统调度运行的重要工具，不仅是以水库群为核心的水利工程设施在规划设计时期的决策参考要素，而且是运行管理期内影响水库群联合调度效益发挥的关键技术之一。

合理的水库群联合调度规则，一方面要首先保证规则形式是合理的，另一方面要在确定规则形式框架下通过有效的提取方法获得最优的调度规则，即水库群联合调度规则优劣取决于两方面因素：调度规则形式与规则提取方法。

8.3.1.1 调度规则表现形式

水库调度规则是指导水库运行决策的有效途径之一，其表现形式有很多种类型。用来表示水库群联合调度的比较常见的规则形式有 3 种，分别是调度图、调度函数和以语言叙述方式表达的调度原则。

（1）水库调度图是指导水库运行的一组控制曲线图，一般以时间（月或旬）为横坐标，以库水位或蓄水量为纵坐标，通过一些控制水库蓄水量和供水量（或电站出力）的指示线划分出不同的流量或者出力控制区，是指导长期调节水库控制运用的主要工具。水库调度图可以直观地综合反映水库在各种水文条件下满足各方面要求的调度规则，适用于任何物理结构的水库群系统和长中短期调度，是指导水库运行的最广泛的一种方式。

（2）调度函数是将径流序列、优化方法确定的最优运行轨迹作为水库运行要素的实验数据，利用回归分析与数据挖掘等技术，提取调度决策与运行要素之间的函数关系。调度函数通过数学映射的形式，能够定量、连续地指导水库运行操作。

（3）以语言叙述方式表达的调度原则是水库群调度规则中比较特殊的一种形式，它是一种指示性调度运行准则，是水库群的一种简化运行方式，通常以"达到某一条件，水库群中的成员水库如何动作"这样的模式展现，特别是对于多年调节水库，简化运行策略指导水库操作效果较为明显。

以上几种常见的调度规则表达形式中，水库调度图虽然应用较广，但多集中在供水调度图、蓄能调度图、防洪调度图等单一调度的应用上，相对来说，难以包容像梯级水库群的防洪、发电、生态、航运、供水这样复杂的目标需求。对于水库调度函数的确定，在不同程度上存在着选择基函数和求解系数的困难，求得的调度函数难以表示出水库调度决策变量及其影响因子间固有的、可能极其复杂的非线性关系等问题；此外，由于调度函数一般是按时段来编制，有时还会出现相邻时段的调度函数形式差异很大的情况。以语言叙述方式表达的调度原则，可以指导多目标调度，但很难体现最优的调度序列。因此，对梯级水库群多目标综合利用的调度规则，单一模式很难满足实际优化调度的需求，需要多种形式结合呈现。

8.3.1.2　调度规则提取方法

水库群联合调度规则提取方法的发展与优化理论同计算技术的进步密切相关，它经历了常规方法→模拟方法→优化方法→模拟-优化结合方法的发展过程。

（1）常规方法以实测资料为依据，常采用时历法或统计法拟定水库调度规则，难以实现最优。该方法简单直观，且可以汇集调度人员和决策人员的经验和判断能力，曾是实践中普遍应用的方法，但该方法的主观性强，自动化程度不高，处理复杂调度决策问题的能力不足。

（2）模拟方法通过对一定调度规则下的库群系统运行及其伴生过程进行模拟，并对调度结果进行准确评价和有效比选，可以得到令决策者满意的水库群调度规则。它对于解决有多目标、多变量、多约束等复杂性特征的水库群调度问题尤为适用，可以有效描述复杂水库系统对调度规则的目标响应关系。在实际应用中，模拟方法更容易加入规划设计人员和管理者的经验和判断，具有很强的可操作性，但它只能对有限的调度方案或调度规则效果进行评价，不能保证确定方案或规则的最优性。

（3）优化方法常用于确定水库群的最优运行过程，主要基于数学规划方法和人工智能算法来进行，其中，基于数学规划的优化方法主要用于确定水库群的最优运行过程，很难直接提取水库群的联合调度规则；而人工智能算法虽然一般很难保证所得结果是理论最优的，但它所提取的规则一般是相对较好的，足够满足生产实践的需要。

（4）在早期的水库调度中，模拟方法和优化方法是分开的。但是，一方面，模拟方法与优化方法的优缺点有较好的互补性；另一方面，近些年来，以随机迭代优化为基本寻优原理的智能演化算法取得了长足的进步，这为模拟-优化结合模式的水库群联合调度规则提取方法的出现创造了条件。模拟-优化结合方法综合了模拟与优化两种方法的优势，不仅可以对复杂的水库群系统调度过程进行充分描述，而且有助于降低手工计算量和寻找最优解，对于难以建立模型直接求解的复杂调度问题尤为适用。

除了上述几种方法，随着计算机技术的进步，数据挖掘、决策树、集对分析等其他新方法也为水库调度规则提取提供了新的思路和方法框架，但它们一般也会借助其他优化方法实现调度规则的寻优。

由于水库调度决策中存在着大量的不确定性因素，包括研究对象发生与否的不确定性（随机性，这里是指天然径流过程的不确定性），研究对象概念的不确定性（模糊性），研究对象信息量不充分而出现的不确定性（灰色性）等，所以水库优化调度规则提取的关键就在于对这些不确定因素的处理。影响水库调度函数实用性和科学性的不确定性因素主要包括：①水文不确定性；②优化模型结构的不确定性；③调度函数线形的不确定性。这些不确定性因素决定了是否能够平衡水库调度规则的拟合效果和泛化推广能力，是一个较难解决的问题。

8.3.2　多元线性回归提取

一般而言，调度函数以仅考虑面临时刻与以前的、已知的信息作为自变量，不考虑未来的、未知的信息，因此确定调度函数的关键在于选定合适的自变量以及函数形式。关于线形构造分为显函数与隐函数两种，显函数中以多元线性函数构型最多，隐函数中以神经网络模型最具有代表性。除此之外，数据挖掘作为当前研究的新方向，能够从数据库中提取暗含的、存在潜在价值的规律，越来越多地被应用于提取水库调度规则中。

水库群联合调度函数一般可表述为

$$R_{j,t} = g_j(V_t, IU_t) \quad j=1,2,\cdots,n; t=1,2,\cdots,T \tag{8.55}$$

式中：$V_t = [V_{1,t}, V_{2,t}, \cdots, V_{1,t}]$，$IU_t = [IU_{1,t}, IU_{2,t}, \cdots, IU_{n,t}]$，分别为系统各库在时段 t 的蓄量、区间入流量；$V_{j,t}$ 为 j 库 t 时段初蓄水量；$IU_{j,t}$ 为 j 库 t 时段评价区间入流；$g_j(\cdot)$ 为各库相应函数映射关系。

在回归分析中，一个现象往往与多个因素相联系，由多个自变量的最优组合共同来预测因变量，往往比用单个自变量估计更有效。多元线性回归是研究一个因变量（Y）与多个自变量（X_1，X_2，$\cdots$，X_k）之间的定量关系的方法，其回归模型为

$$Y = \beta_0 + \beta_1 X_1 + \beta_2 X_2 + \cdots + \beta_k X_k + \varepsilon$$

模型表达式中，β_k 是固定的未知参数，称为回归系数；ε 是均值为 0、方差为 σ^2 的随机误差，代表其他随机因素对因变量 Y 产生的影响。

对于总体（X_1，X_2，$\cdots$，X_k；Y）的 n 组观测值（$x_{i,1}$，$x_{i,2}$，$\cdots$，$x_{i,k}$；y_i）（$i=1$，2，$\cdots$，n），线性回归模型可表示为

$$\begin{cases} y_1 = \beta_0 + \beta_1 x_{1,1} + \beta_2 x_{1,2} + \cdots + \beta_k x_{1,k} + \varepsilon_1 \\ y_2 = \beta_0 + \beta_1 x_{2,1} + \beta_2 x_{2,2} + \cdots + \beta_k x_{2,k} + \varepsilon_2 \\ \quad\quad\quad\quad\quad\quad \vdots \\ y_n = \beta_0 + \beta_1 x_{n,1} + \beta_2 x_{n,2} + \cdots + \beta_k x_{n,k} + \varepsilon_n \end{cases} \tag{8.56}$$

设 $\hat{\beta_0}$，$\hat{\beta_1}$，$\hat{\beta_2}$，$\cdots$，$\hat{\beta_k}$ 分别为 β_0，β_1，β_2，$\cdots$，β_k 的最小二乘估计，则 y_i 的观测值可表示为

$$y_i = \hat{\beta_0} + \hat{\beta_1} x_{i,1} + \hat{\beta_2} x_{1,2} + \cdots + \hat{\beta_k} x_{i,k} + \varepsilon_i \tag{8.57}$$

令 $\hat{y_i}$ 为 y_i 的估计值，则有

$$\hat{y_i} = \hat{\beta_0} + \hat{\beta_1} x_{i,1} + \hat{\beta_2} x_{1,2} + \cdots + \hat{\beta_k} x_{i,k} \tag{8.58}$$

$$\varepsilon_i = y_i - \hat{y_i} \tag{8.59}$$

根据最小二乘原理，$\hat{\beta_0}$，$\hat{\beta_1}$，$\hat{\beta_2}$，$\cdots$，$\hat{\beta_k}$ 应使全部观测值 y_i 与回归值 $\hat{y_i}$ 的离差平方和 Q 最小，即 $Q = \sum_{i=1}^n [y_i - (\hat{\beta_0} + \hat{\beta_1} x_{i,1} + \hat{\beta_2} x_{1,2} + \cdots + \hat{\beta_k} x_{i,k})]^2$ 有最小值。根据极值原理，$\hat{\beta_0}$，$\hat{\beta_1}$，$\hat{\beta_2}$，$\cdots$，$\hat{\beta_k}$ 应满足式（8.60）的方程组：

$$\begin{cases} \dfrac{\partial Q}{\partial \widehat{\beta_0}} = -2 \times \sum_{i=1}^{n} \quad (y_i - \widehat{y_i})^2 = 0 \\[2mm] \dfrac{\partial Q}{\partial \widehat{\beta_1}} = -2 \times \sum_{i=1}^{n} \quad (y_i - \widehat{y_i})^2 x_{i,1} = 0 \\[1mm] \qquad\qquad \vdots \\[1mm] \dfrac{\partial Q}{\partial \widehat{\beta_k}} = -2 \times \sum_{i=1}^{n} \quad (y_i - \widehat{y_i})^2 x_{i,k} = 0 \end{cases} \tag{8.60}$$

则求得的 $\widehat{\beta_0}$，$\widehat{\beta_1}$，$\widehat{\beta_2}$，$\cdots$，$\widehat{\beta_k}$ 是使所有观测值（$x_{i,1}$，$x_{i,2}$，$\cdots$，$x_{i,k}$）与 y_i 拟合效果最好的一组参数。

在本次研究中，选取 t 时段的期初水位和平均入流作为自变量，预测 t 时段的平均下泄流量，选取长江上游大中型水库平水年的多目标优化调度过程线作为样本进行训练，求得调度函数，结果见表8.3～表8.7。

表 8.3　　　　　　　　　　多元线性回归计算结果　　　　　　　　$q_{下泄} = a Q_{入流} + bz + c$

月份	两河口			锦屏			二滩			乌东德		
	a	b	c	a	b	c	a	b	c	a	b	c
11	0	0.17987	0	0	0.657252	0	1.034861	0	0	1.006047	0	0
12	−388.796	33.20288	0	−69.5158	37.86725	0	−42.105	38.04982	0	103.4809	−214.533	0
1	−224.746	15.88257	0	−97.496	45.12515	0	1179.453	−956.765	0	−53.2049	115.0461	0
2	−222.862	14.05415	0	1812.5	−420.99	0	−54.711	30.19154	0	74.64105	−97.704	0
3	−958.178	67.69295	0	−35.1576	8.281175	0	−21.1554	9.800797	0	−64.4539	82.72751	0
4	−845.248	85.59009	0	−15.0174	2.624668	0	−28.2203	12.07733	0	−12.9631	17.85917	0
5	−393.735	57.42375	0	1.500288	−0.39816	0	−38.1003	19.71244	0	−4.0411	9.996121	0
6	1	0	0	1	0	0	1	0	0	−2181.71	8468.046	0
7	1	0	0	1	0	0	1	0	0	1	0	0
8	−218.307	59.78398	0	66.92236	−76.964	0	−36.6512	68.76917	0	1	0	0
9	−196.756	99.35024	0	−13.9716	25.88557	0	−10.7223	34.43665	0	1	0	0
10	−129.93	43.46342	0	−48.2937	50.84551	0	−21.9721	41.79047	0	−20.3125	119.1126	0

表 8.4　　　　　　　　　　多元线性回归计算结果　　　　　　　　$q_{下泄} = a Q_{入流} + bz + c$

月份	白鹤滩			溪洛渡			向家坝			下尔呷		
	a	b	c	a	b	c	a	b	c	a	b	c
11	1.002058	0	0	0.999145	0	0	1.005144	0	0	0	0.090592	0
12	−44.7256	146.1747	0	−60.6672	295.0806	0	−9.32584	78.59359	0	1366407	−28104.8	0
1	−770.245	1879.289	0	−352.485	1383.572	0	−36.1407	236.6244	0	−660.379	7.659338	0
2	−58.9779	109.1064	0	−28.2489	99.08733	0	−37.2222	207.699	0	−1247.04	14.05927	0
3	−23.2025	49.59818	0	−16.834	64.22499	0	−8.76637	56.53492	0	−571.204	8.469651	0
4	−51.8296	77.13211	0	−7.99217	26.69185	0	58.99306	−287.309	0	−465.337	11.85076	0

续表

月份	白鹤滩			溪洛渡			向家坝			下尔呷		
	a	b	c	a	b	c	a	b	c	a	b	c
5	−14.6108	35.5418	0	−11.8127	53.08137	0	−818.886	5223.793	0	−359.857	15.45699	0
6	−12.8956	75.69884	0	−3.32683	47.04442	0	24.93443	−512.867	0	1	0	0
7	1	0	0	1	0	0	1	0	0	1	0	0
8	1	0	0	1	0	0	1	0	0	1	0	0
9	1	0	0	1	0	0	1	0	0	1	0	0
10	--14.3814	104.391	0	−7.53032	86.99523	0	−100.11	1561.072	0	−123.937	15.45699	0

表 8.5 　　　　　　　　　　多元线性回归计算结果 　　　　　$q_{下泄} = aQ_{入流} + bz + c$

月份	双江口			瀑布沟			紫坪铺			碧口		
	a	b	c	a	b	c	a	b	c	a	b	c
11	0	0.216684	0	1.023044	0	0	0	0.280148	0	0.092475	0	0
12	−382.463	33.77979	0	−53.5609	47.27117	0	−16.7014	3.019687	0	−1.82752	5.553104	0
1	−577.664	24.68857	0	−36.8592	16.60902	0	−42.0562	5.700715	0	−1.3591	4.130527	0
2	−223.564	18.24114	0	−56.1203	34.13412	0	−67.6718	6.382193	0	−2.95772	5.578458	0
3	−330.915	16.28547	0	−67.9952	28.1176	0	1671.889	−237.87	0	−2.3124	4.186978	0
4	−211.017	15.46236	0	−63.6141	30.99404	0	−32.9466	5.966552	0	−2.38028	4.405181	0
5	−80.7472	14.41212	0	−28.1722	34.40352	0	−26.8676	5.770236	0	1	0	0
6	1	0	0	1	0	0	1	0	0	1	0	0
7	1	0	0	1	0	0	1	0	0	1	0	0
8	1	0	0	1	0	0	1	0	0	1	0	0
9	1	0	0	1	0	0	1	0	0	1	0	0
10	−34.765	11.71642	0	−13.2922	32.37283	0	−10.3696	5.883348	0	−0.48802	4.480287	0

表 8.6 　　　　　　　　　　多元线性回归计算结果 　　　　　$q_{下泄} = aQ_{入流} + bz + c$

月份	宝珠寺			亭子口			洪家渡			东风		
	a	b	c	a	b	c	a	b	c	a	b	c
11	0	0.680258	0	1.006213	0	0	0	0.081127	0	0	0.160649	0
12	−50.2962	14.78153	0	194.1233	−77.5305	0	−714.63	29.52884	0	−97.4154	7.607887	0
1	−123.333	18.5682	0	−249.138	61.75181	0	−376.681	12.27098	0	−73.7823	6.858586	0
2	−98.2282	17.32115	0	−227.921	49.15164	0	−382.551	13.47768	0	−99.7754	8.631085	0
3	−137.763	22.23154	0	−86.9428	45.43295	0	−315.691	13.07354	0	−74.4976	6.361105	0
4	−67.6329	25.77183	0	−53.7067	36.49783	0	−1046.84	53.37958	0	−54.8619	5.952465	0
5	−37.728	20.89011	0	−22.3806	24.55169	0	−322.489	12.50747	0	−58.5284	6.723446	0

续表

月份	宝珠寺			亭子口			洪家渡			东风		
	a	b	c	a	b	c	a	b	c	a	b	c
6	1	0	0	1	0	0	1	0	0	1	0	0
7	1	0	0	1	0	0	1	0	0	1	0	0
8	1	0	0	1	0	0	1	0	0	1	0	0
9	1	0	0	−418.961	773.7668	0	−33.6845	9.308727	0	−158.31	115.8511	0
10	−21.9746	20.88034	0	−15.4493	31.71536	0	−83.8721	12.50747	0	−23.7056	7.469674	0

表 8.7 　多元线性回归计算结果　　　$q_{下泄}=aQ_{入流}+bz+c$

月份	乌江渡			构皮滩			彭水			三峡		
	a	b	c	a	b	c	a	b	c	a	b	c
11	0	0.266883	0	0	0.651182	0	1.022599	0	0	1.003416	0	0
12	−84.6175	10.31297	0	−284.423	89.15489	0	−126.46	137.2279	0	−10.1239	429.4389	0
1	−157.744	23.68411	0	−249.604	80.88377	0	−16.1007	19.13371	0	5.186059	−119.096	0
2	−169.178	27.24369	0	−260.294	54.66921	0	0.922419	0.222379	0	12.79051	−287.534	0
3	−175.248	27.56382	0	−132.931	46.52646	0	−11.4244	14.81818	0	7.4962	−185.419	0
4	−69.4892	17.72516	0	−107.647	45.83231	0	−11.2087	20.14446	0	1.013481	3.048381	0
5	−351.286	81.93885	0	−676.663	323.6048	0	1	0	0	−4.14458	319.4113	0
6	1	0	0	1	0	0	1	0	0	1	0	0
7	1	0	0	1	0	0	1	0	0	1	0	0
8	1	0	0	1	0	0	1	0	0	1	0	0
9	−8.35532	13.90342	0	−17.0806	55.02095	0	−109.218	1081.488	0	1	0	0
10	−76.9722	31.93272	0	−67.3497	55.43894	0	−5.18975	14.9116	0	−4.3092	550.0305	0

8.3.3 逐步回归提取

在多元线性回归中，显而易见的是，增加自变量的个数可以有效增加回归方程的效果与精度。在"最优"回归方程中总希望包括尽可能多的自变量，但是过多的自变量会导致计算量的显著增加，而那些"作用不大"的自变量会影响回归方程的稳定，降低预测效果。因此，"最优"的回归方程，就是包括了所有对因变量 Y 影响显著的自变量，而不包括对其影响不显著的自变量的回归方程。那么，可以采取将自变量逐步引入的方法。引入自变量的条件是：该自变量的偏回归平方和，经检验是所有自变量中最显著的。同时，每引入一个新变量后，要求对已引入的自变量逐个进行检验，将偏回归平方和变得不显著的自变量及时剔除。由于每步都进行了检验，因而保证了最后所建立的回归方程中所有自变量都是显著的。这种建立回归的方法，就是逐步回归法，其基本工作如下。

分别对所有可能的因子计算其方差贡献（偏回归平方和），以衡量其重要性。在因子集中挑选方差贡献最大的因子，并对该因子做引入 F 检验，即令方差贡献最大因子序为 i，则 $F_i = \dfrac{V_i^{(l)}/l}{Q^{(l)}/(2n-p-1)}$，其中 $V_i^{(l)}$ 为第 i 个因子的 l 步的方差贡献，$Q^{(l)}$ 为第 l 步的残差平方和，p 为当前方程中因子的个数。对于给定的置信度 α，若 $F_i > F_\alpha$，则认为该因子的影响是显著的，可以在回归方程中引入该因子。挑选回归方程中方差贡献最小的因子做 F 检验，次数第 m 个因子的 F 贡献值为 $F_m = \dfrac{V_m^{(l)}/l}{Q^{(l)}/(2n-p-1)}$，各项意义同前。如果 $F_m < F_\alpha$，即该自变量的影响已不再显著，需要剔除。令 $l \leftarrow l+1$，继续引入、剔除因子，直至方程中既不能引入也不能剔除因子为止。

逐步回归中，选取时间因子 t 时段的本库期初水位、平均入流，$t-1$ 时段的本库期初水位、平均入流以及空间因子 t 时段的上一库的期初水位、平均入流作为自变量。其中，具体回归计算时，每条支流的龙头水库第一时段进行逐步回归，其他水库第一时段仅考虑 t 时段的本库以及上游水库期初水位和平均入流。逐步回归计算结果见表 8.8～表 8.17。

8.3.4　调度方式归纳

根据提取的调度规则，归纳调度原则如下：

在雅砻江梯级水库群中，两河口优先消落，锦屏一级其次，二滩可较长时间维持高水位，锦屏一级和二滩在汛期到来前维持 1 个月的集中消落期。在汛期 3 座水库维持汛限水位，其中两河口为 6 月、7 月，锦屏一级为 7 月，二滩为 6 月、7 月。在蓄水期逐步蓄水至正常高，其中两河口优先蓄水。

在金沙江下游梯级水库群中，汛前乌东德、白鹤滩优先消落至汛限水位，溪洛渡、向家坝可较长时间维持高水位，在汛前集中消落。在汛期 4 座水库均维持汛限水位，汛期为 7—9 月。4 座水库在蓄水期逐步蓄水至正常蓄水位。

在大渡河梯级水库群中，下尔呷、双江口优先消落至汛限水位，瀑布沟缓慢消落至汛限水位。在汛期水库均维持汛限水位，其中下尔呷、双江口汛期为 6—9 月，瀑布沟汛期为 6 月。在蓄水期逐步蓄水至正常蓄水位，其中双江口优先蓄满。

在岷江，紫坪铺在非汛期缓慢消落至汛限水位，在 6—9 月的汛期中维持汛限水位，在蓄水期逐步蓄水至正常蓄水位。

在嘉陵江梯级水库群中，碧口、宝珠寺优先消落，随后根据来水条件有序蓄泄，亭子口缓慢消落至汛限水位。在汛期，水库维持汛限水位，其中碧口汛期为 5—9 月，宝珠寺汛期为 7—9 月，亭子口汛期为 6—8 月。在蓄水期，碧口、宝珠寺优先蓄至正常高水位。

在乌江梯级水库群中，洪家渡优先消落至汛限水位，其余 4 座水库根据来水有序蓄泄。在汛期，各库维持正常高水位，其中洪家渡、东风为 6—8 月，乌江渡、构皮滩、东风为 5—8 月。蓄水期各库逐步蓄水至正常高水位，其中洪家渡与构皮滩优先蓄满。

在长江干流，三峡在非汛期缓慢消落至汛限水位，在 6—9 月的汛期中维持正常高水位，在蓄水期逐步蓄水至正常高水位。

表 8.8　逐步回归计算结果（一）

月份	两河口					锦　屏						
	上游水库本时段流量	本库上时段水位	本库本时段流量	本库本时段水位	c	上游水库本时段流量	上游水库本时段水位	本库上时段流量	本库上时段水位	本库本时段流量	本库本时段水位	c
11			多元回归	多元回归	0	0	0.4312			0	0	0
12	0	0	0	33.2	−94477.4	0	0	0	−69.83	1.23	69.735	0
1	0	189.518	−2723.52	0	0	0	0	0	0	1.64	80.64	−152449
2	0	377.87	−6026	0	0	2620.3	−105.162	0	103.972	0.84	−194.178	0
3	0	42.65	−1392.72	55.73	0	0	−37.024	−0.46	0	0.422	9.044	89039.6
4	0	−14.6348	−690.074	84.531	0	−78.92	0	0	−7.63	0.84068	19.9	0
5	0	−0.5	−388.758	57.2	0	1451.62	−209.373	0	−11.5951	4.06276	7.8216	0
6	0	0	1	0	0	0	0	0	0	0	29.37	−53399.3
7	0	0.36	0	0	0	0	0	0	−0.072	0.993	0.07	0
8	0	0	0	59.784	−169407	0	0	0	74.5335	0.89967	−74.5184	0
9	−49.665	0	99.246	0	−140300	0	−5.965	−0.11374	0	0.9989	28.6885	−36659.5
10	−85	−0.5922	0	43.45	0	0	0	0	0	1	29.7566	−55942.3

表 8.9　逐步回归计算结果 (二)

月份	二滩							乌东德						
	上游水库本时段流量	上游水库本时段水位	本库上时段流量	本库上时段水位	本库本时段流量	本库本时段水位	c	上游水库本时段流量	上游水库本时段水位	本库上时段流量	本库上时段水位	本库本时段流量	本库本时段水位	c
11	0	0			1.0112	0	−91.8726					多元回归	多元回归	0
12	0	0	0	−37.8831	0.996729	37.9	0			74.8066	0	0	−118.135	0
1	0	0	0	0	1.18326	−1919.28	230211			0	103.253	0	−119.995	18362.4
2	0	0	0.44985	0	−0.10964	4.42747	5132.09			0	69.3557	0	0	256322
3	0	0	−0.1435	0	0	120.965	−13758.4			0	0	0	82.7275	−78735.6
4	−0.1956	−4.66272	0	0	0.6372	16.3865	−10613.1			0	0	0	17.8592	−15714.5
5	0	−0.17927	0	−0.28955	1	36.2639	−42487.2			0	0	1.55303	0	0
6	0	0	0	0	1	0	0			0	0	−4610.98	8468.07	0
7	0	0	0	0	1.02315	0	−64.8945			0	0	1	0	0
8	−1.38553	−139.68	−1.51499	228.229	−0.92088	0	0			0	0	1	0	0
9	−0.63739	−20.8291	0.	0	1.65157	41.3196	−10762.3			0	0	1	0	0
10	−0.80673	−24.0092	0	0	1.8067	37.4076	0			−21.117	0	0	119.113	0

表8.10　逐步回归计算结果（三）

月份	白鹤滩							溪洛渡						
	上游水库本时段流量	上游水库本时段水位	本库上时段流量	本库上时段水位	本库本时段流量	本库本时段水位	c	上游水库本时段流量	上游水库本时段水位	本库上时段流量	本库上时段水位	本库本时段流量	本库本时段水位	c
11	0	0			1.04326	0	-127.109	0	-0.01879			1.00465	0	0
12	43.5933	0	1	0	0	-83.4877	0	-0.61337	-50.3726	0	0	1.6187	46.2053	13686
1	172.713	-142	-1.27975	0	0.954415	0	0	0	-132.753	0	0	1.00648	124.806	34640.9
2	0	0	0.039466	-122.555	1.02498	82.1161	0	0	0	0	0	1.01306	50.8855	-30554.6
3	-99.7955	0	0.005878	0	1.00627	80.768	0	1.17655	211.324	0	0	0	48.9428	-202417
4	-101.581	-4.53931	0	-16.8607	0.886163	120.464	0	1.75607	0	0	0	-0.56022	22.407	-12810.6
5	-52.3063	0	0	0	0.994584	77.4582	0	0	0	-0.54025	0	2.39062	44.9642	-29392
6	-31.9107	0	0	0	1	72.2608	0	0.997811	71.4008	-0.06083	-136.107	0	46.6258	0
7	0	0	0	0	1	0	0	0	0	0	0	1	0	0
8	0	0	0	0	1	0	0	0	0	0	0	1	0	0
9	0	0	0	0	1.307204	0	-5379.27	0	0	0	0	1.03512	0	-2020.73
10	-19.9373	0	0	0	1.0001	80.7888	0	1.00419	81.0736	0.0034	-169.398	0	47.9169	0

表 8.11　逐步回归计算结果（四）

月份	向家坝							下尔呷						
	上游水库本时段流量	上游水库本时段水位	本库上时段流量	本库上时段水位	本库本时段流量	本库本时段水位	c	上游水库本时段流量	上游水库本时段水位	本库上时段流量	本库上时段水位	本库本时段流量	本库本时段水位	c
11	0	0			1.0043	0	7.61609					多元回归	多元回归	0
12	1.08418	0	0.30562	0	0	0	−1280.58			0	0.0238	0	0	0
1	0	0	0	0	0.997873	33.9486	−12848.1			−371.463	0	0	7.65934	0
2	0	0	−0.01794	−21.0363	0.979588	36.5662	−5687.13			−1212.4	0	0	14.0593	0
3	0	0	−0.001	0	0.99949	33.7	−12738.2			0	0	−571.204	8.46965	0
4	0	0	0	0	1.00031	36.9997	−14057.3			0	3.96859	−542.999	9.85667	0
5	0	0.739012	0.009736	0	0.99924	0	−401.059			0	0	359.857	−15.457	0
6	0	0	0	0	1	35.9568	−13315.2			0	0	1	0	0
7	0	0	0	0	1	0	0			0	0	1	0	0
8	0	0	0	0	1	0	0			0	0	1	0	0
9	−0.00232	−0.61417	0	0	1.00245	0	0			0	0.081	0	0	0
10	1.00387	48.0911	0.003467	−112.447	0	33.8307	0			0	−15.4073	0	26.457	0

表8.12 逐步回归计算结果（五）

月份	双江口							瀑布沟						
	上游水库本时段流量	上游水库本时段水位	本库上时段流量	本库上时段水位	本库本时段流量	本库本时段水位	c	上游水库本时段流量	上游水库本时段水位	本库上时段流量	本库上时段水位	本库本时段流量	本库本时段水位	c
11	0	0.1736			0	0	0	-917.121	192.927			1.63215	0	0
12	0	0	0	0	0.997597	19.7845	-49312.2	0	-9.11249	0	0	0.986982	28.9186	-1639.87
1	0	0	0	-33.9587	1.42717	0	84773.4	-0.99608	0	0	0	1.75043	0	29.6708
2	-1213.49	0	0	0	1.00611	17.0767	0	1.0905	18.8997	0	-64.6878	0	28.134	-15840.8
3	980.339	0	0	0	1.17353	16.9963	0	0	0	0	0	0.835419	33.5854	-28189.9
4	-482.829	0	0	0	1.2176	15.317	0	0	0	0	0	1.22918	35.4847	-298865
5	-588.969	15.4312	0	0	0	12.3898	0	0	0	0	-0.05358	1.00146	29.0686	-24264
6	0	0	0	0	1	0	0	0	0	0	0	1	0	0
7	0	0	0	0	1	0	0	0	0	0	0	1	0	0
8	0	0	0	0	1	0	0	0	0	0	0	1	0	0
9	0	-0.05732	0	0	0.982354	0	0	0.04476	0.598265	0	0	1	0	0
10	0	0	17.3682	-25.3841	18.9472	13.3662	0	0	0	-2.54971	-18.3866	-1.67946	30.4286	0

表 8.13　逐步回归计算结果（六）

月份	紫坪铺 上游水库本时段流量	紫坪铺 上游水库本时段水位	紫坪铺 本库上时段流量	紫坪铺 本库上时段水位	紫坪铺 本库本时段流量	紫坪铺 本库本时段水位	紫坪铺 c	碧口 上游水库本时段流量	碧口 上游水库本时段水位	碧口 本库上时段流量	碧口 本库上时段水位	碧口 本库本时段流量	碧口 本库本时段水位	碧口 c
11					逐步回归	逐步回归						逐步回归	逐步回归	
12			0	0	0	3.01969	−2405			0	0	0	5.5531	−3729.83
1			−33.0024	0	0	5.7	0			−18.0896	0	0	4.13053	0
2			−47.3104	0	0	6.38219	0			−43.9951	0	0	5.57846	0
3			0	3.08054	0	0	−2528.73			0	0	−27.425	4.18698	0
4			0	18.1822	−135.284	5.96343	0			0	0	−16.3023	4.40518	0
5			0	0	−26.8676	5.77024	0			0	0	1	0	0
6			0	0	0	0.516471	0			0	0	1	0	0
7			0	0	1	0	0			0	0	1	0	0
8			0	0	1	0	0			0	0	1	0	0
9			0.472989	0	0	0	0			0	0.531	0	0	0
10			0	−5.53856	0	5.88335	0			0	−3.82517	0	4.48029	0

193

表 8.14 逐步回归计算结果（七）

月份	宝珠寺							亭子口						
	上游水库本时段流量	上游水库本时段水位	本库上时段流量	本库上时段水位	本库本时段流量	本库本时段水位	c	上游水库本时段流量	上游水库本时段水位	本库上时段流量	本库上时段水位	本库本时段流量	本库本时段水位	c
11	0	0.56817			0	0	0	0	-0.68279			0.992147	0	0
12	0	0	0	-16.1849	1.08846	16.2115	0	0	0	0	-20.0975	0.9978	20.3482	0
1	-116.478	0	0	0	0.881325	17.3248	0	0	0	-0.0665	83.8278	0.9869	97.9028	-55429.8
2	-133.526	0	0	0	0.717506	17.6022	0	0	0	0	0	1.52215	42.0082	-18902.8
3	-136.645	0	0	0	1.10738	24.0295	0	0	9.94413	0	0	0.994562	39.0726	-23342
4	-75.271	0	0	-2.21045	1.3394	24.9087	0	0	0	0	0	0.981795	34.8706	-15598.6
5	0	-17.0997	0	0	0	20.8901	0	-46.2879	0	0	0	1	32.619	0
6	0	0	0	0	1	0	0	0	0	0	0	1	0	0
7	0	0	0	0	1	0	0	0	0	0	0	1	0	0
8	0	0	0	0	1	0	0	0	0	0	0	1	0	0
9	0	0.590477	0	0	-0.13	0	0	0	0	0	0	0.999296	0	256.061
10	0	0.51099	-1.28669	-19.4834	-0.44363	20.908	0	-1.08126	-22.607	0	0	-2.01412	35.7602	0

表 8.15　逐步回归计算结果（八）

月份	洪家渡							东风						
	上游水库本时段流量	上游水库本时段水位	本库上时段流量	本库上时段水位	本库本时段流量	本库本时段水位	c	上游水库本时段流量	上游水库本时段水位	本库上时段流量	本库上时段水位	本库本时段流量	本库本时段水位	c
11					0	0	0	0	0			1.05135	0	0
12			0	−29.4628	0	29.5288	0	0	39.2832	0	−5.6137	0	7.59153	0
1			0	−11.3353	0	12.0688	−802.476	0	13.039	0	−0.17809	0	7.17369	−21723.9
2			0	0.18995	−387.582	13.4643	0	0	5.36897	0	−0.51361	0	8.63109	−8280.09
3			0	−0.0048	−315.691	13.0735	0	0	83.5053	0	−0.31911	0	6.3611	−6082.49
4			0	−7.29443	−1046.84	53.3796	0	0	−192.936	0	−0.35447	0	5.95247	−5664.08
5			−244.647	5.23E−11	0	12.5075	0	0	12.5075	0	0	0	6.72043	−220637
6			0	5.38E−23	0	0.166081	0	0	0	5.13097	0	0	0	0
7			0	0.151142	0	0	0	0	0.342707	0	0	0	0	0
8			0	0.268884	0	0	0	0	0	0	0	0.983529	0	0
9			0	−9.05753	0	9.30873	0	0	−9.47126	0	0	0	115.851	−111635
10			−46.0474	−6.2E−13	0	12.5075	0	0	12.5075	0	0	0	6.72043	−20480.3

表8.16

逐步回归计算结果（九）

月份	乌江渡							构皮滩						
	上游水库本时段流量	上游水库本时段水位	本库上时段流量	本库上时段水位	本库本时段流量	本库本时段水位	c	上游水库本时段流量	上游水库本时段水位	本库上时段流量	本库上时段水位	本库本时段流量	本库本时段水位	c
11	0	0			1.16174	0	0	0	0.539796			0	0	0
12	0	6.76742	0	−8.49643	0	13.5169	0	2.43605	11.3994	0	0	0	89.1549	0
1	0	9.23034	0	14.7793	0	23.4056	−2629.5	0	23.1253	0	−252.747	0	115.634	−89771.2
2	0	6.42512	0	2.00306	0	27.2437	−20509.9	0	30.1127	0	−43.5099	0	46.3598	−51681.5
3	0	6.69196	0	2.09836	0	27.5829	−27239.3	0	27.2828	0	7.28684	0	39.9194	−44887.1
4	0	5.93002	0	0.288436	0	17.8135	−19009	0	17.7565	0	−1.30015	0	39.9673	−37358.6
5	0	6.72828	0	0.182789	0	11.4592	−14994.9	1.701	84.6224	0	0.401119	0	323.605	0
6	0	0.811983	0	−6.8E−12	0	0	0	0	0	0	1.94E−20	0	2.29944	0
7	0	0.616736	0	0	0	0	0	0	0	0	1.19822	0	0	0
8	1.41457	0	0	0	0	0	0	0	0	0	2.10959	0	0	0
9	0	80.6071	0	−116.497	0	14.3542	0	0	13.7669	0		0	55.1033	−43183.4
10	0	7.19588	0	0.822728	0	20.8434	−22503.1	0	32.3434	0	−19.345	0	69.0088	−11920.7

表 8.17　　逐步回归计算结果（十）

月份	彭　水							三　峡						
	上游水库本时段流量	上游水库本时段水位	本库上时段流量	本库上时段水位	本库本时段流量	本库本时段水位	c	上游水库本时段流量	上游水库本时段水位	本库上时段流量	本库上时段水位	本库本时段流量	本库本时段水位	c
11	0	0			1.0226	0	0			0	−393.698	0	429.439	0
12	0	168.14	0	−135.756	0	137.228	0			0	−413.952	1.1403	−119.096	0
1	0	39.9383	0	19.083	0	19.1337	−5224.42			0	−1535.19	0	−287.534	55714.5
2	0	56.8313	0	0.867179	0	1.7912	−35337.1			0	−13.4572	0	−185.419	37709.4
3	0	52.914	0	12.0059	0	3.51312	−36339.4			0	4.35263	1.10095	3.04838	0
4	0	45.1752	0	3.57559	0	14.7809	−33104.5			0	44.1725	0	319.411	−38091.1
5	3.02207	323.605	0	−0.06258	0	0	0			0	−13.8459	0	141.815	0
6	0	0	2.39696	0	0	0	0			0	0	0.999877	0	0
7	0	1.7651	0	0	0	0	0			0	0	1.00146	0	0
8	0	2.44806	0	0	0	0	0			0	0	0.673004	0	0
9	0	89.1301	1.79491	0	0	1081.49	0			0	0	0	550.031	0
10	0	160.144	0	−304.598	0	14.8343	−15271.8			0	0	0	0	0

8.4 多目标防洪调度规则优化研究

受中长期水文预报精度的制约，确定性优化模型和方法在应用于梯级水库群时存在其固有的不足，而调度规则是面向当前时段的调度决策，更具有实用价值，因此，获取优化调度规则是处理此问题的有效途径之一。以往水库调度规则研究多面向兴利效益的发挥，较少对生态环境效益予以考虑。针对以上问题，推求了梯级水库群时段出力、运行水位和下泄流量等调度域边界，建立了以年均发电量最大为目标的梯级电站联合调度图优化模型；同时，从梯级联合调度对下游生态的影响出发，充分考虑水库群天然径流过程与经过调蓄后的径流过程的差异，建立发电-环境多目标均衡的流域水库群联合调度图优化模型，采用 MOCDE/D 高效求解算法得到多种目标组合的 Pareto 解集，给出关于、发电、环境等多维调控目标方案集的非劣前沿（曲面/超曲面）；进而，通过坐标投影降维，推求发电-环境等不同目标耦合效益关系曲线，为调控方案的多属性决策优选提供数量依据。

洪水具有灾害、兴利双重属性，过去人们往往更多注重安全，希望洪水早日"入海为安"。进入新时期，治水理念逐步由"控制洪水"向"洪水管理"转变，洪水资源化日益成为人们关注与研究的热点。充分利用水、雨、工情等信息，在保障防洪安全的前提下，调整水库汛限水位（即重新分配水库防洪库容）是实现洪水资源化、提高洪水利用率的重要手段。研究建立一种分级防洪调度规则，旨在根据不同水位情况和来水情况，在当前时段对下泄流量进行指导。以上游防洪目标、下游防洪目标、发电目标以及航运目标建立三峡水库多目标分级防洪调度规则优化模型，采用 MOCDE/D 算法进行求解，得到非劣方案集，为不同调度目标给出不同的指导方针。

8.4.1 模型建立

8.4.1.1 目标函数

（1）上游防洪安全。为确保大坝枢纽安全，同时减轻上游的尾水淹没压力，要求水库汛期运行水位尽量保持最低：

$$\min F_1 = \max\{Z_{11}, Z_{1t}, Z_{1T}\} \tag{8.61}$$

式中：F_1 为水库最高运行水位；Z_{1t} 为水库第 t 时段运行水位；T 为调度期时段数。

（2）下游防洪安全。为确保下游河段和地区的防洪安全，要求水库汛期下泄流量尽量保持最小：

$$\min F_2 = \max\{Q_{11}, Q_{1t}, Q_{1T}\} \tag{8.62}$$

式中：F_2 为水库最大下泄流量；Q_{1t} 为水库第 t 时段下泄流量。

（3）通航保证率最大。通过控制水库下泄流量实现梯级航运效益最大：

$$\max F_3 = \frac{1}{T} \sum_{t=1}^{T} K_t(Q_{1t}) \tag{8.63}$$

式中：F_3 为两坝间河道通航保证率；$K_t(Q_{1t})$ 为第 t 时段通航保证率，与水库下泄流量相关。

（4）梯级发电量最大。通过控制运行过程实现梯级发电效益最大：

$$\max F_4 = \sum_{i=1}^{2} \sum_{t=1}^{T} A_i H_{it} q_{it} \Delta t \tag{8.64}$$

式中：F_4 为梯级电站总发电量；A_i 为第 i 水库发电出力系数；H_{it} 和 q_{it} 为第 i 水库第 t 时段水头和发电流量；Δt 为时段间隔。

8.4.1.2 约束条件

（1）运行水位约束。为确保枢纽防洪安全，梯级水库运行水位要求在防洪高水位以下，同时满足水库汛期最低运行水位要求：

$$A_{it}^{\min} \leqslant Z_{it} \leqslant Z_{it}^{\max} \tag{8.65}$$

式中：Z_{it} 为第 i 水库第 t 时段运行水位；$Z_{it}^{\max}$、$Z_{it}^{\min}$ 为第 i 水库第 t 时段运行水位上、下限。

（2）下泄流量约束。在保证自身枢纽安全的前提下，要合理利用防洪库容拦蓄洪水，以确保下游地区的防洪安全。因此，水库下泄流量要满足相应的要求，即

$$Q_{it}^{\min} \leqslant Q_{it} \leqslant Q_{it}^{\max} \tag{8.66}$$

式中：Q_{it} 为第 i 水库第 t 时段下泄流量；$Q_{it}^{\max}$、$Q_{it}^{\min}$ 为第 i 水库第 t 时段下泄流量上、下限。下泄流量约束与当前运行水位和来水相关。

（3）水量平衡方程。为确保前后时段间水量平衡，梯级水库遵循水量平衡方程，即

$$V_{it+1} = V_{it} + (I_{it} - Q_{it}) \cdot \Delta t \tag{8.67}$$

式中：V_{it} 为第 i 水库第 t 时段蓄水量；V_{it+1} 为第 i 水库第 $t+1$ 时段蓄水量；I_{it} 为第 i 水库第 t 时段来水流量。

（4）弃水流量方程。受梯级电站机组过流能力的限制，当水库下泄流量大于电站所有机组过流能力之和时，梯级水库将因机组满发而产生弃水，即

$$q_{it} + S_{it} = Q_{it} \tag{8.68}$$

式中：S_{it} 为第 i 水库第 t 时段弃水流量；当水库下泄流量小于满发流量时，发电流量等于下泄流量，水库没有弃水；否则，发电流量等于当前水头下的满发流量，水库产生弃水。

此外，梯级水库的汛期综合运用还需满足水库出力、水力联系、初末水位等约束。

8.4.2 三峡分级防洪调度规则建立

如何在满足防洪标准的情况下洪水资源化是一个热点问题，对此，需研究建立一种多目标分级防洪调度规则。分级防洪调度规则将入库流量与水库当前水位分为不同等级，在不同的水位等级与入库流量等级下对应一个决策下泄流量，见表 8.18。

根据《三峡—葛洲坝梯级水利枢纽梯级调度规程》，三峡船闸设计的最大通航流量为 $56700\mathrm{m^3/s}$，以确保通航设施的正常运行和船舶航运安全。然而，在三峡—葛洲坝梯级实际运行过程中，受两坝间河道不稳定流的影响，当三峡水库下泄流量大于 $45000\mathrm{m^3/s}$ 时停止通航。按照《三峡—葛洲坝水利枢纽两坝间水域大流量下限制性通航暂行规定》，当三峡水库下泄流量为 $25000\sim45000\mathrm{m^3/s}$ 时，每隔 $5000\mathrm{m^3/s}$ 流量按不同船舶功率大小限制性通航，两坝间河道通航标准见表 8.19。

表 8.18 分级防洪调度规则表

水位/m	入库流量/(×10⁴ m³/s)				
	[0, 3)	[3, 4)	[4, 5)	[5, 5.5)	[5.5, +∞)
[145, 146.5)	来水	X_1	X_2	X_3	X_4
[146.5, 150)	X_5	X_6	X_7	X_8	X_9
[150, 155)	X_{10}	X_{11}	X_{12}	X_{13}	X_{14}
[155, 160)	X_{15}	X_{16}	X_{17}	X_{18}	X_{19}
[160, 165)	X_{20}	X_{21}	X_{22}	X_{23}	X_{24}
[165, 171)	X_{25}	X_{26}	X_{27}	X_{28}	X_{29}
[171, 175)	根据《梯级调度规程》下泄				
175	根据《梯级调度规程》下泄				

表 8.19 三峡-葛洲坝区间河道通航标准

船舶功率/kW	上行流量/(m³/s)	下行流量/(m³/s)	船舶功率/kW	上行流量/(m³/s)	下行流量/(m³/s)
630 以上	45000	45000	270~368	30000	35000
440~630	40000	45000	200~270	25000	30000
368~440	35000	40000	200 以下	25000	25000

根据 2003—2013 年实际通航船舶分类统计资料：功率小于 200kW 的船舶占 16.49%，200~270kW 的船舶占 21.60%，270~368kW 的船舶占 26.49%，368~440kW 的船舶占 16.79%，440~630kW 的船舶占 7.19%，大于 630kW 的船舶占 11.46%。当三峡下泄流量满足最小通航流量且不超过 25000m³/s 时，所有的船舶都可以通行，即梯级通航保证率为 100%；当三峡下泄流量超过 45000m³/s 时，所有的船舶都禁止通行，即梯级通航保证率为 0。此外，根据梯级水库调度规程，葛洲坝下游庙嘴水位不低于 39m，相应的最小通航流量为 3200m³/s。若假设上行船舶和下行船舶所占比例相同，则可以建立三峡下泄流量和梯级通航保证率间的映射关系，相应的映射关系见图 8.10。

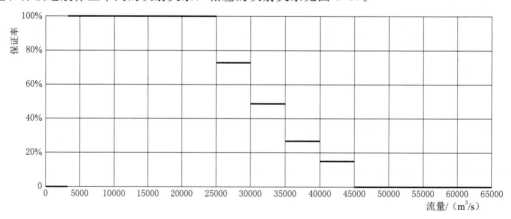

图 8.10 三峡下泄流量和梯级通航保证率的映射关系

8.4.3 结果及分析

对每个不同流量级和水位级下的决策下泄流量进行编码，如表 8.18 中的 $X_1 \sim X_{29}$，采用实数编码。其中，每个决策变量均为以 100 为倍数的正整数，且按照流量级别增加以及水位级别增加，决策变量相应也要呈递增状态。采用 MOCDE/D 算法求解，种群个数为 120 个，信念空间档案集个数为 60 个，进化最大代数为 500 代，其他参数设置与表 8.18 相同。表 8.20 列出了算法求得的分级防洪调度规则非劣方案集合，各个方案的最高

表 8.20 分级防洪调度规则非劣方案集

序号	最高水位/m	最大下泄流量/(m³/s)	发电量/(×10⁸ kW·h)	通航率/%	序号	最高水位/m	最大下泄流量/(m³/s)	发电量/(×10⁸ kW·h)	通航率/%
1	145.8	49096	533.3	77.8	31	153.0	47336	567.3	75.4
2	147.0	48616	534.2	77.8	32	153.1	43105	558.0	78.8
3	147.1	46863	534.4	77.6	33	153.3	45372	561.5	78.4
4	148.1	45624	535.7	77.3	34	153.4	45752	566.5	73.9
5	148.1	48080	537.4	76.7	35	153.6	45864	565.3	79.2
6	148.3	49017	540.3	77.2	36	153.8	44182	567.1	73.7
7	148.9	46720	536.8	77.9	37	153.9	47320	570.2	75.0
8	149.4	47335	539.8	78.6	38	154.0	47171	570.5	79.6
9	149.4	45566	539.1	76.7	39	154.1	45482	570.2	77.7
10	149.6	47535	548.2	75.5	40	154.5	42319	560.8	78.6
11	149.6	47052	544.2	77.2	41	154.7	45912	574.0	77.0
12	150.4	47668	548.7	79.6	42	154.8	43370	568.9	73.8
13	150.4	44095	540.2	76.9	43	154.9	43708	567.8	78.0
14	150.5	45700	544.3	78.8	44	155.0	44879	572.0	79.4
15	150.5	46348	546.6	75.7	45	155.3	44411	572.5	74.4
16	150.6	46748	552.2	74.5	46	155.5	44988	576.5	73.6
17	151.0	48792	557.9	75.5	47	155.6	45342	575.8	80.1
18	151.3	47385	556.8	77.7	48	156.0	43022	572.5	74.7
19	151.3	46067	554.4	76.0	49	156.0	43072	571.7	78.5
20	151.4	45270	549.8	77.8	50	156.3	44692	578.8	74.7
21	151.4	43379	542.8	77.5	51	156.4	43121	578.7	73.5
22	151.5	47251	560.6	74.7	52	156.7	43516	576.6	79.6
23	151.7	44701	551.8	75.1	53	157.2	44401	582.7	75.1
24	151.7	48092	562.0	78.7	54	157.3	42672	581.7	73.0
25	152.0	43450	551.8	78.6	55	157.3	44609	581.7	80.2
26	152.0	45755	557.7	75.7	56	157.6	42733	578.9	79.4
27	152.1	45988	561.3	74.3	57	157.9	44894	585.7	80.1
28	152.2	45026	556.4	79.2	58	158.0	42575	582.6	79.5
29	152.4	46215	561.1	79.2	59	158.6	43338	587.2	73.2
30	152.7	47018	564.8	79.5	60	158.8	43290	588.6	79.5

水位、最大下泄流量、年均发电量以及通航率均列在表中。需要指出的是，最高水位值是每130年最高水位的平均值，而不是整个130年的最高水位，最大下泄流量、发电量和通航率也是如此。对于每种非劣方案，均满足防洪约束：最大水位低于171m，最大下泄流量小于$5.5 \times 10^4 \mathrm{m}^3/\mathrm{s}$。从表8.20可以看出，平均最高水位在145.8~158.8m之间。相应的，平均最大下泄流量从49096下降到42319m^3/s。方案1具有最好的上游防洪目标值，与设计规则相同。年平均发电量为$533.3 \times 10^8 \mathrm{kW} \cdot \mathrm{h}$（方案1）至$588.6 \times 10^8 \mathrm{kW} \cdot \mathrm{h}$（方案60），这意味着方案60可以使年均发电量增加10.37%。平均航行率可以优化到80.2%，原设计规则的平均航行率为77.8%。因此，优化后的分级防洪调度规则能够在不违反防洪标准的前提下大幅度提高汛期发电量以及改善汛期通航率。

图8.11显示了MOCDE/D算法求解4个目标优化问题的所有解的目标函数值路径，所有的目标值被归一化为[0，1]。从图中可以看出，所有4个目标之间的权衡分配也是从情节中明确的，前3个目标之间的关系比第四个目标（导航率）之间的关系更强。选择了5种典型的方案来验证不同洪水情况下的水位和下泄过程：方案1、方案30、方案40、方案47和方案60。表8.21展示了方案40的分级防洪调度规则。每个规则表也可以如图8.12那样以三维图表示，可直观地给出不同水位和来水对应的下泄流量值。在图中，X方向的坐标轴代表不同的来水层次，Y方向代表不同的水位层次，Z方向代表优化的下泄流量。

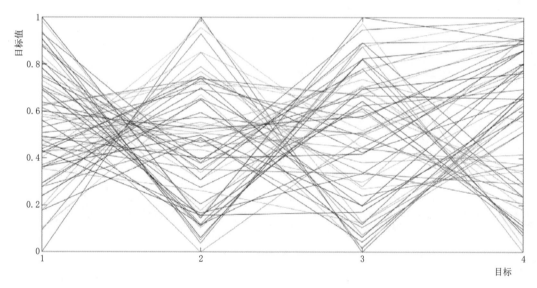

图8.11　四维目标值路径图

表8.21　　　　　　　　　　　方案40分级防洪调度规则表

水位/m	来水流量/($\times 10^4 \mathrm{m}^3/\mathrm{s}$)				
	[0，3)	[3，4)	[4，5)	[5，5.5)	[5.5，$+\infty$)
[145，146.5)	来水	34900	34900	40500	47400
[146.5，150)	30000	34900	37000	40600	47400

水位 /m	来水流量/($\times 10^4 \, \text{m}^3/\text{s}$)				
	[0, 3)	[3, 4)	[4, 5)	[5, 5.5)	[5.5, +∞)
[150, 155)	30000	34900	38000	47400	47400
[155, 160)	36100	37200	38500	47500	47500
[160, 165)	39900	39900	45000	47500	55000
[165, 171)	44400	45000	49300	55000	55000
[171, 175)	根据规程确定确定下泄				
175	根据规程确定确定下泄				

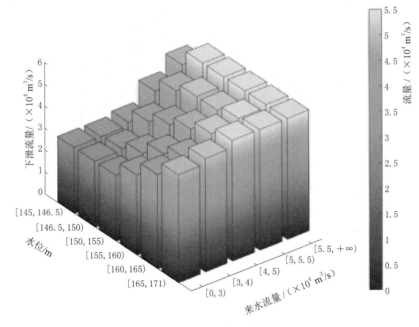

图 8.12　分级防洪调度规则图

研究采用矩阵散点图（图 8.13）更详细地分析四个目标的权衡关系。在散点图矩阵中，总共有 $4 \times 4 - 4 = 12$ 个子图，矩阵 M_{ij} 的子图表示第 i 个与第 j 个目标之间的散点图。从图上可以看出上游防洪目标与下游防洪目标之间存在负相关关系：当最高水位上升时，最大泄洪量相应减小。因为大量下泄防水降低水库的蓄水量，导致水位下降，反之亦然。年均发电量与上游防洪目标有很强的相关性。因为高水位会导致高水头，使电厂产生更多的电力。在散点图矩阵中，平均航行速度与其他三个目标相关性较弱，这可能是因为航速的计算方式根据的是不同的排量水平。因此，在发电量不同的情况下可能发生的高通航率也可能具有低通航率。

从 130 年中选择三个典型年的汛期洪水过程验证，即 1954 年、1981 年和 2010 年。图 8.14～图 8.16 分别给出了五个典型方案在三次洪水情况下的详细流量过程和水位过

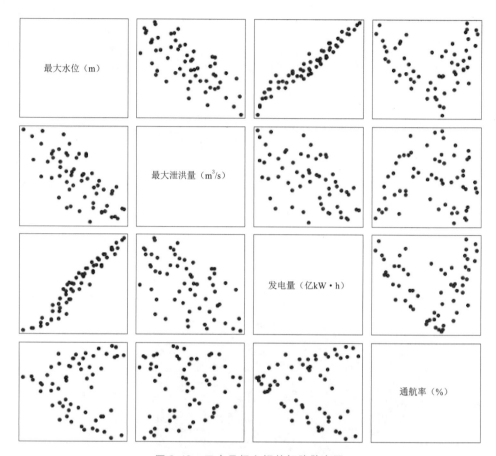

图 8.13　四个目标之间的矩阵散点图

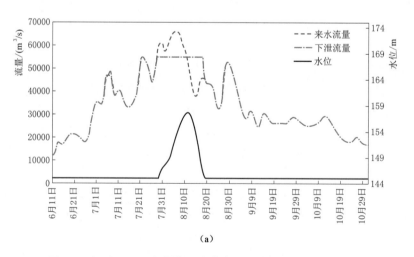

(a)

图 8.14（一）　1954 年汛期五个方案下泄流量以及水位过程图

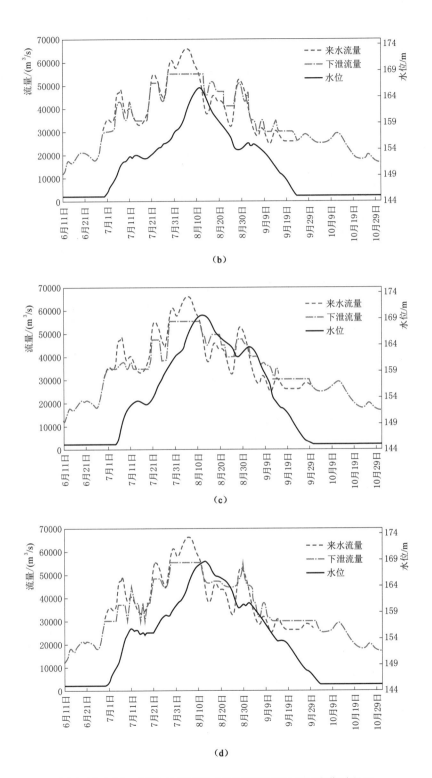

图 8.14（二）　1954 年汛期五个方案下泄流量以及水位过程图

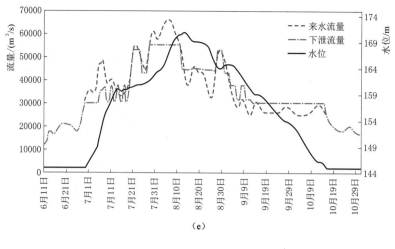

(e)

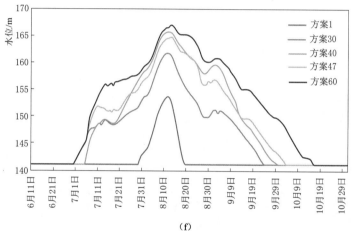

(f)

图 8.14（三） 1954 年汛期五个方案下泄流量以及水位过程图

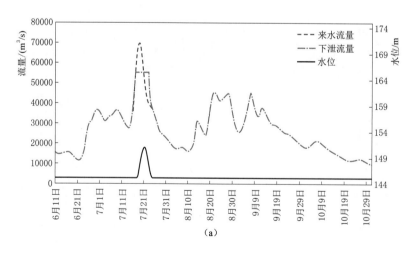

(a)

图 8.15（一） 1981 年汛期五个方案下泄流量以及水位过程图

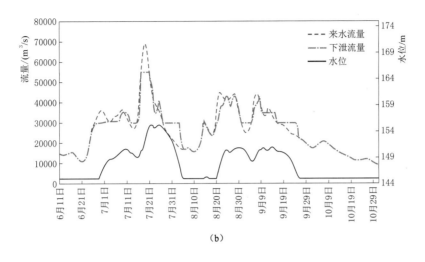

（b）

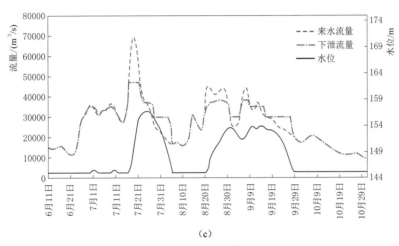

（c）

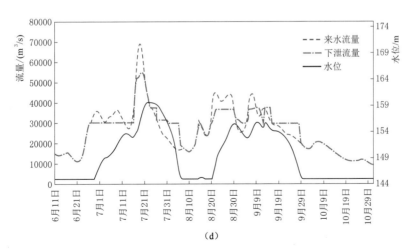

（d）

图 8.15（二） 1981 年汛期五个方案下泄流量以及水位过程图

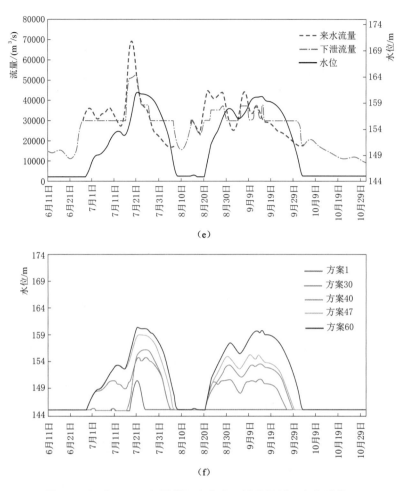

图 8.15（三） 1981 年汛期五个方案下泄流量以及水位过程图

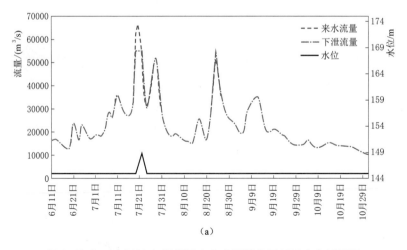

图 8.16（一） 2010 年汛期五个方案下泄流量以及水位过程图

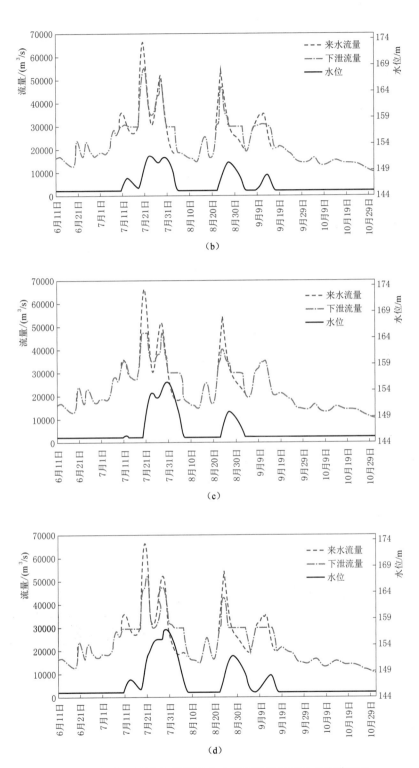

图 8.16（二） 2010 年汛期五个方案下泄流量以及水位过程图

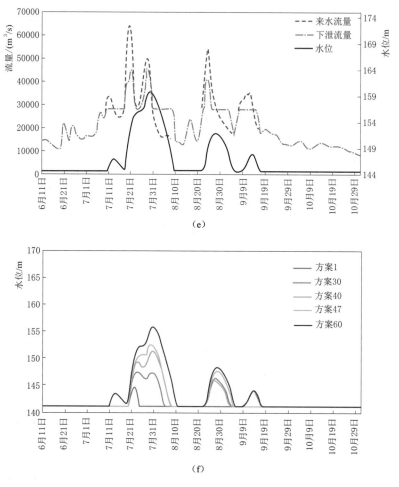

图 8.16（三） 2010 年汛期五个方案下泄流量以及水位过程图

程。从图中可以看出，方案 1 只有在来水大于 $55000\text{m}^3/\text{s}$ 或水位高于 145m 时才将下泄流量降至 $55000\text{m}^3/\text{s}$；这样可以最大限度地保护上游安全，但是由于水位低，发电量会受到限制。方案 30、方案 40、方案 47 和方案 60 不仅阻止了高于 $55000\text{m}^3/\text{s}$ 的洪峰，而且阻止了低于 $55000\text{m}^3/\text{s}$ 的中小洪水。这些方案将不同程度地提高水位，减少下泄流量。因此，更多的洪水资源被用于发电和航运。所有方案在防洪标准下进行了优化，所有情况下最高水位均在 171m 以下，最大下泄流量不大于 $55000\text{m}^3/\text{s}$。

8.5 小结

本章在水库调度规程的基础上，研究不同调度期的转化问题。将全年分为枯水期、消落期、汛期、蓄水期，需要考虑自适应调度目标共包含 4 个转换过渡期：①枯水期—消落期；②消落期—汛期；③汛期—蓄水期；④蓄水期—枯水期。其中枯水期—消落期需要考虑：径流预报、库容、生态相关指标（流速、水温、水位涨幅）、供水及航运需水量；

消落期—汛期需要考虑：径流预报、库容、下游防洪控制断面水位、供水及航运需水量；汛期—蓄水期需要考虑：径流预报、库容、下游防洪控制断面水位、供水及航运需水量；蓄水期—枯水期需要考虑：径流预报、库容、供水及航运需水量。根据以上建立的指标体系，提出了一种基于深度学习的自适应模式识别器，实现对历史的实际调度过程的学习，从而达到调度期的自适应识别。

进一步，本章采用不同方式对水库的调度规则进行了提取和优化。

（1）考虑多重不确定性的调度规则提取。通过优化算法或已有成果得到确定性的最优调度方案，然后，采用隐含马尔可夫-混合高斯回归概率预报模型（HMM-GMR）模拟水库的来水过程，最后，建立贝叶斯神经网络模型，将确定性最优调度方案和概率径流模拟结果作为输入，提取得到水库运行调度规则。

（2）基于线性回归的调度规则提取。将水库的下泄流量与自身的水位、来水以及上游水库的水位、来水之间建立线性关系，根据不同回归方法率定各变量的系数，以此确定各水库不同时段的下泄流量。本章以长江上游水库群为对象进行了调度规则提取，并给出了调度方式建议。

（3）基于分段控泄的调度规则提取。将水库的下泄规则描述为不同水位区间与下泄流量的映射关系，然后将不同水位区间对应的下泄流量序列作为寻优的对象，采用多目标优化算法进行求解，即可得到不同偏好下的水库控泄方式。本章以三峡水库为研究对象，确定了分级控泄的方案框架，以上游防洪安全、下游防洪安全、发电效益、通航效益为目标，对分级控泄方式进行了提取优化，并给出了推荐方案。

第9章

长江上游水库群多目标综合调度

9.1 模型搭建

本研究采用防洪、水量利用率、发电、供水等四个目标作为综合调度的效益衡量方式。防洪主要考虑降低洪灾损失，水量利用率表示发电对水量的利用程度，发电量目标用发电量的增长表示，供水主要针对长江中下游主要干流站点的枯期流量。

9.1.1 效益评价方式

（1）防洪减灾。以典型年年实测洪水过程为方案计算的来水，涉及长江上游有预留防洪库容的26座水库，不包括洪家渡、乌江渡、东风、葛洲坝等4座。将年度《长江流域水工程联合调度运行计划》的水库防洪运行方式作为基础防洪方案，上游水库在配合三峡水库过程中，采用同步拦蓄方式，对于未开展配合三峡水库同步拦蓄研究的水库，则按照装机对应的满发流量控制下泄。

（2）水量利用率。采用以日为单位的长系列径流资料，重点考虑溪洛渡、向家坝、三峡等梯级水库。将梯级水库的总水量利用率作为评价指标，重点考虑目前存在弃水较多的年份，以目前发电运行方式作为基础方案，对比水量利用率的增加程度。

（3）发电量效益。与水量利用率采用同样的径流资料和基础方案，分析发电量的增加程度。

（4）供水效益。溪洛渡、向家坝、三峡水库应用与水量利用率同样的径流资料，其他水库采用旬径流（部分差值到日尺度），结合《长江流域水工程联合调度运行计划》和发电运行方式，将宜昌断面的枯期平均流量作为评价指标。

9.1.2 目标与调度阶段的耦合

（1）调度阶段的划分。水库数目多且分布区域广，调度目标类别涵盖供水、发电、生态、防洪等方面，呈现多样化特征。各类调度节点分布全流域，且同一调度期对不同目标的需求呈现层次性。调度目标的实现，既有时间的累加性（如水量利用率、发电效益），又有阶段聚集性（如防洪效益、供水效益）。

按照调度全周期的理念，考虑到阶段调度需求的差异性，将调度周期细划分为：汛前期、主汛期、汛期末段、蓄水期、供水期、汛期消落期等6个调度阶段，其中汛前期与汛前消落期、汛期末段与蓄水期有部分时段重合。汛前期与主汛期、蓄水期与供水期，因水库群分布区域广，具有一定水文异步性，在综合调度模型中只是概念上的划分，具体水库调度过程中，仍依据水库所在流域水文分期结论。

（2）不同调度阶段的目标。

1）汛前期。从流域防洪角度出发，汛前期主要以减少防洪压力为主。水库运行方式涵盖汛限水位上浮、中小洪水调度等，调度效果主要从防洪效益、水量利用率、发电效益等角度衡量，其中防洪效益指标主要是减少超警、超保时间。汛前期水量利用率和发电效益与中小洪水利用相关，当防洪运用较为频繁时，对水量利用率和发电效益的提升也较为明显。

2）主汛期。从流域防洪安全角度出发，主汛期主要以减灾为主，水库运行方式主要为保障流域防洪安全，但从洪水发生概率和洪水发展过程来讲，又分为发生或未发生标准以上洪水的情况，洪水过程又分为起涨、发展、成型、消退等阶段。因此，防洪方式与洪水量级有关，不同阶段不同量级洪水所追求的目标和附带的效应各不相同。综上所述，主汛期调度以防洪减灾为主，并在量级较小阶段考虑减轻防洪压力，主要涉及的效益目标包括防洪效益、水量利用率、发电效益等。

3）汛期末段。从流域防洪形势出发，该阶段的防洪重点是局部流域防洪安全，应为该区域预留足够水库防洪库容，同时，剩余的防洪库容，需结合流域防洪形势发展，随着时段逐步、有序的释放。该阶段，在确保局部流域防洪安全的前提下，确保蓄水调度与防洪库容利用之间的协调。体现的效益指标主要包括水量利用率、发电效益，同时应该适当考虑对洞庭湖、鄱阳湖两湖出湖水量的影响。

4）蓄水期。该阶段的重点是如何结合下游用水需求，优化水库蓄水进程，提高流域整体蓄水工况。效益指标体现在发电效益、两湖生态用水影响、水库蓄满率等指标上。由于供水期调度过程较为稳定，可在一定程度上推演后期两湖水位变化过程；进一步来说，蓄水期两湖水位直接决定后期对两湖生态的影响，这部分生态效益可结合后期水位过程变化推演，结合两湖各种生物对水位变化过程的需求，进行系统性评估。

5）供水期。该阶段主要是发电与供水的协调。供水保障目标具有一定的弹性，在保障后续发电能力的同时尽可能地提高供水量。该阶段的目标主要体现在发电效益和供水效益上，供水效益主要体现为供水调度目标断面的流量增幅。

6）汛前消落期。该阶段主要是发电与防洪的协调。重点解决集中消落次序的问题，而防洪影响相对较小，需要避免因水库集中下泄而增加下游防洪压力。主要目标以发电为主，同时需考虑防洪压力与水量利用率。防洪效益，主要考虑汛前期两湖来水与上游集中消落遭遇的可能性，预防对下游防洪造成压力；水量利用率方面，主要研究上游水库群的集中消落，需避免增加下游水库的弃水量。

9.2 多目标调度成果集成

水库群多目标调度因素多、范围广、时间跨度大，各调度期的重点和主要矛盾不同，但是考虑到长江上游水库群的调度任务汛期以防洪调度为主，枯期以水量调度为主，因此，多目标调度应以防洪和水量调度为主线，综合考虑各调度成果和约束，并作为可设置的参数，计算水库群的运行过程。

9.2.1 调度规则库

通过综合协调防洪、生态、洪水、发电、航运等不同运行需求，形成指导全周期调度的规则库，实现联合调度条件下各水库调度规则的分析、提取、存储和应用。规则库应用技术主要包括规则库架构搭建、调度规则的信息逻辑化以及规则库适应性分析。

（1）规则库架构搭建。依据流域水工程特征和调度方案，抽象化涉及的水库、来水边界站点、控制对象，在此基础上，解析水库的启用条件、来水情况、控制对象、控制需求、运行方式等要素间语义逻辑关系及内在规律，推导梯级水库运行规则的信息化描述构架，为调度方案逻辑化、关联化、服务化提供手段，最终形成可供调度模拟应用的洪水调度规则库构建框架。

（2）调度规则的逻辑化和信息化。现有调度方案多为便于实施的文字条款。为了保障规则库后期的应用、维护、升级和扩展，需要根据上游梯级水库群调度方案和已有研究成果，明确调度涉及的来水边界站点、控制对象，并结合调度方案的条款说明、相关专题成果和调度人员实践经验，分析其中考虑的洪水类型、预报趋势、计算边界、调度需求等信息和数据；进而采取知识图谱实体抽取和关系抽取相结合的方式，依据规则库的描述构架提取所涉及的各对象间的逻辑联系和数据信息，不断增强规则库的完备性和兼容性。

（3）多调度工况的适应性分析。为了处理规则库搭建相关方案中的调度方式不闭环和调度经验具体化等问题，调度方案中的条款往往只对特定防洪情况下的运行方式进行了规定，将其逻辑化为规则库后，须参考相关条款说明或专题研究成果，同时制定调度方案中未提到情况的默认运行方式，形成闭环的程序逻辑；对于调度经验，可通过社会网络模型分析涉及的信息和对象，明确其中数值的取值范围并与调度方式对应，形成经验相关的调度知识。

此外，上游水库群联合调度涉及多因素、多对象、多目标，为保障规则库内不同规则间的协调性，需要采用不同来水组成、不同防洪对象、不同控制指标的防洪情势对规则库的适用性进行分析，结合生态、水环境、供水、航运、发电等多方面的效益比对，不断反馈修正调度规则库的逻辑关系，以保证调度规则库的合理性、有效性、科学性。

9.2.2 规则库应用引擎

为了灵活应用规则库进行水库群联合计算，需要研发规则知识解析应用引擎，利用水利专业服务分析能力，提取调度对象与调度知识之间的逻辑化、数字化、结构化、智慧化的关系数据，实现各调度对象的运行要求及联合调度规则的交互式解析、修改、增加、删除等多维度应用，并对其进行服务化封装，用于支持不同水工程组合、不同业务功能模块和不同用户之间的交互需求。

同时，需要应用引擎实现水工程联合防洪调度方案智能推送。根据调度需求和人工交互信息，匹配生成联合防洪调度输入信息，并调用水工程智能调度引擎进行分析计算，实现基于调度节点目标调控的调度方案反演，并按照调度指标排序，推送合适的调度方案。此外，在自动推送调度方案基础上，可进一步修改水库、站点等计算对象的运用参数，完成调度方案试算，生成一个或多个调度运用方案供参考，同时，在方案制定过程中，实现防洪调度规则、水库运用能力、洪水统计参数等信息的查询。

9.2.3　多目标规则和成果集成方式

根据调度规划库的结构框架，将已有成果和相关规则进行集成。水库群调度主要涉及防洪、生态、供水、发电、蓄放水、风险、应急等方面，成果和约束主要包括两类：

（1）特定条件下的水库运行方式条款，比如在汛期，当溪洛渡、向家坝水库拦洪结束后，按照满发流量 $7000\text{m}^3/\text{s}$ 进行下泄，直至回到汛限水位或进入下一次拦洪，见表 9.1。此类规则能够直接确定调度过程中一个或多个时段的运行数值。

表 9.1　　　　　　　　　　特定条件下的水库运行方式条款示例

水库	条件	条款	备注
溪洛渡、向家坝	①汛期； ②不拦洪； ③水位高于汛限水位	①按照满发流量 $7000\text{m}^3/\text{s}$ 进行下泄，以此降低水库水位，直至回到汛限水位或进入下一次拦洪	需要关注中下游和本流域防洪安全

（2）与模型计算有关的单值或过程约束，比如在蓄水期，三峡下泄流量不能低于 $8000\text{m}^3/\text{s}$，见表 9.2。此类规则不能直接确定调度过程，而是给出范围。

表 9.2　　　　　　　　　　与模型计算有关的单值或过程约束示例

水库	条件	条款	备注
三峡	①蓄水期	①下泄流量不能低于 $8000\text{m}^3/\text{s}$	当出现极枯情况、严重影响蓄水时，可突破本约束

此外，还可以进行模型的集成，考虑以上提出的成果和约束，并作为可设置的参数进行水库群调度计算。模型的输入输出格式示例见表 9.3，其中输入中包含的控制参数可用于考虑不同时段、不同对象的各项约束。模型可通过服务的形式提供。

表 9.3　　　　　　　　　　模型输入输出格式示例

功能	联合调度水库运行过程计算（示例）
输入	private String schemeName；//方案名称 private int stepSize＝24；//步长，单位：小时， private int stepNumber＝8；//＊时段数 private List＜hyReservoir＞ reservoirList；//参与计算的水库 private List＜hyStation＞ stationList＝；//参与计算的控制节点 public class hyReservoir {String name； String ID； double sMaxFlow＝98200；//最大下泄，单位：立方米每秒 double sMinFlow＝900；//最小下泄，单位：立方米每秒 double sLevelVariationRange 默认＝5；// 最大水位上升变幅，单位：米 double sLevelVariationRangeDown 默认＝3；// 最大水位下降变幅，单位：米 double sMaxLevel；//最大水位，默认为防洪高水位 double sMinLevel；//最小水位

续表

功能	联合调度水库运行过程计算（示例）
输入	double [] sInflows；//来水过程 Double beginLevel；//初水位，默认为汛限水位，单位：米 Double floodControlLevel；// 汛限水位，单位：米} public class hyStation 　{String staName；//站点名 Double flowOfHighestLevel；// 保证水位流量，单位：立方米每秒 Double flowOfWarningLevel；// 警戒水位流量，单位：立方米每秒 Double flowOfCustomLevel＝0.0；//自定义水位流量，单位：立方米每秒}
输出	①各个水库的来水、水位、下泄过程； ②计算涉及的站点的水位、流量过程； ③各统计指标

9.3　全周期-自适应-嵌套式的水库群多目标模型

　　模型全周期，主要体现在调度贯穿全周期和调度阶段细分两方面，其中调度全周期主要针对调度过程的连续性和完整性；调度阶段细分主要体现调度目标间矛盾的聚焦性和调度方案的针对性。

　　模型自适应，主要体现目标的切换和水库调度方式的转换。目标切换主要发生在调度阶段的过渡和调度需求最低限值遭到破坏的情境；水库调度方式的转换发生在适应目标不同程度的需求变化和目标切换的情况。

　　模型嵌套式，主要体现在时、空两个层面。时间方面主要考虑水库运行方案从长、中期的计划到短期执行；空间方面主要考虑目标效益有从流域、区域、支流域、水库等逐级嵌套分解的特点。

9.3.1　多目标调度模型与各效益关系

　　水文数值模拟和预测技术是整个调度的数据基础，防洪、供水、生态、发电等研究调度目标则具有较强的针对性和调度阶段聚焦性，水库群联合调度风险决策为系统性评价水库群联合调度方案所获效益的不确定性提供技术支撑。

　　本书所建立多目标模型是实现综合调度目标的载体，是生成面向全周期多目标综合调度的水库群运行方案的主体。其中，防洪、发电、水量利用率、供水断面流量等目标增值的实现将成为在模型计算内在的驱动力和约束力。多目标效益之间的关联关系见图 9.1。

9.3.2　多目标模型边界约束

　　在明确研究目标以及各类目标实现所聚焦的具体调度阶段的基础上，建模的边界约束将变成驱动和约束模型优化走向的关键因素。依据模型特征分析，本研究将建模边界约束分为效益目标约束、调度节点需求极值约束、水库运行约束。为表达模型边界约束式，将

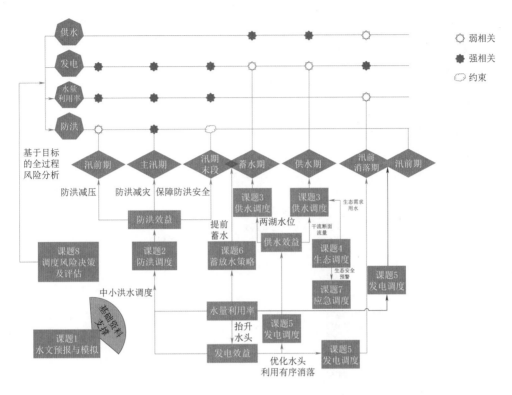

图 9.1　多目标效益之间的关联关系

调度周期细分的 6 个阶段依次编号为 1～6，分别代表汛前期、主汛期、汛期末段、蓄水期、供水期、汛前消落期。

（1）发电目标约束：

$$\sum_{T=1}^{6} E_T \geqslant E_0 \times 1.05 \tag{9.1}$$

式中：E_0 为设计发电量，见表 9.4。

表 9.4　　　　　　　　　　　　梯级水库设计发电量

电站	溪洛渡	向家坝	三峡	葛洲坝	合计
装机容量/万 kW	1260	600	2240	271.5	4371.5
发电量/(亿 kW·h)	571.2	307.47	881.9	157	1917.57

（2）水量利用率目标约束：

$$\frac{\sum W_T - \sum DW_T}{\sum W_T} \geqslant DA \times 1.03 \tag{9.2}$$

式中：W_T 为各阶段水库群总入库水量；DW_T 为各阶段的弃水水量；DA 为应用前的水量利用率。示范区各梯级水库水量基本情况见表 9.5。

表 9.5 梯级水库水量利用率（初步设计成果表）

电站	溪洛渡	向家坝	三峡	葛洲坝
装机容量/万 kW	1260	600	2240	271.5
坝址多年平均 径流量/亿 m³	1440 （1939 年 6 月— 1998 年 5 月）	1430 （1953 年 6 月— 1988 年 5 月）	4530	4530 （1877—1971 年）
水量利用率/%	88.9	89.98	97	75.5
上游建库规模		考虑了上游二滩、溪洛 渡、锦屏一级电站的调蓄 作用	考虑瀑布沟、二 滩等电站调蓄	三峡正常蓄水位 150m， 死水位 130m，防洪限制 水位 135m
应减少的弃水量 （按 3% 计）/亿 m³	43.2	42.9	135.9	135.9

（3）防洪减灾目标约束：

$$\Delta Q_{over} \geqslant Q^*_{over} \times 10\% \qquad T = 2 \qquad (9.3)$$

式中：Q^*_{over} 为水库防洪调度联合前流域超额洪量，ΔQ_{over} 为超额洪量的减少量。

因为洪水主要发生在主汛期，以 1954 年实际洪水为统计样本，不同成库水平年下长江中下游超额洪量见表 9.6。

表 9.6 不同成库水平年下长江中下游超额洪量

运行控制方式	三峡优化调度方案	2015 年成库水平	远景水平年
三峡水库控制	对城陵矶控制水位 155m		
上游拦蓄时机		同步	同步
上游水库拦蓄方式		拦蓄基流	拦蓄基流
超额洪量/亿 m³	401	325	253

（4）供水断面流量增加目标约束：

$$\overline{Q^i_T} - \overline{Q^{i*}_T} \geqslant 500 \qquad T = 4,5 \qquad (9.4)$$

式中：i 为供水目标控制断面编号；$\overline{Q^{i*}_T}$ 为近几年目标控制断面的时段平均流量。

9.3.3 多目标模型与不同目标间的关系

长江上游水库群多目标调度模型采用前述章节的相关理论和方法，主要包括调度期划分、目标效益评价方式、不同效益间的影响程度、调度期的衔接等，具体详见图 9.2。

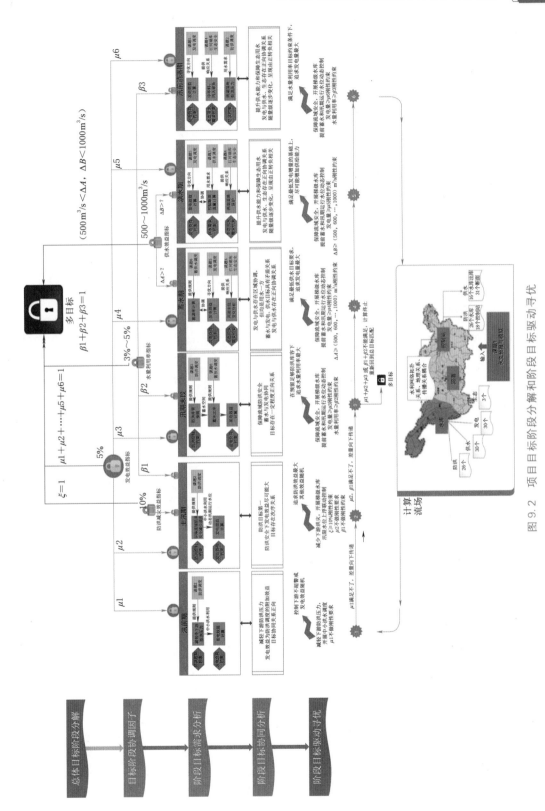

图9.2　项目目标阶段分解和阶段目标驱动寻优

9.4 长江上游水库群联合调度效果

将上述多目标调度模型应用于长江上游水库群调度，以此说明计算效果。本次选取流域整体来水较大，也常用于方案计算评价的 1998 年洪水用于模型计算。1998 年长江洪水是 20 世纪以来仅次于 1954 年的流域性大洪水，汛期暴雨频繁，雨带南北拉锯、上下游摆动，长江干流宜昌水文站出现了多次量级超 50000m³/s 的洪峰，下游两湖地区也多次发生较大涨水过程，中下游多站水位超历史最高值且长时间位于高位。

1998 年的三峡水库还原来水过程见图 9.3，最大洪峰约 62000m³/s，加上下游区间来水，使中下游河道流量超过中下游枝城、城陵矶地区的过流能力。枝城站和莲花塘站（城陵矶地区）是长江上游水库群对中下游防洪的重点控制站，1998 年枝城站和莲花塘站的河段过流能力为 56700m³/s 和 60000m³/s，汛期还原过程见图 9.4 和图 9.5，峰值约为 65000m³/s 和 103000m³/s，如果不进行有力应对，则会给中下游地区带来巨大洪灾损失。

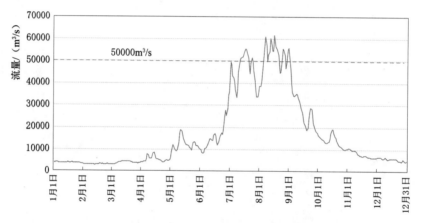

图 9.3 1998 年三峡水库还原来水过程

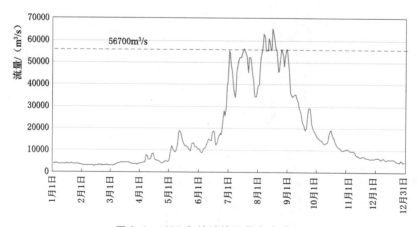

图 9.4 1998 年枝城站还原来水过程

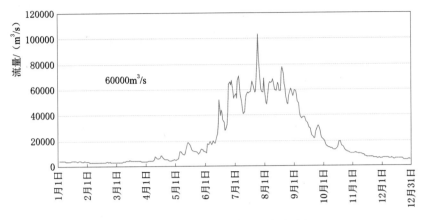

图 9.5　1998 年莲花塘站还原来水过程

　　接下来，将采用本研究提出的联合调度模型对 1998 年进行仿真计算。模型计算涉及长江上游 30 个水库，以防洪和综合利用效益为主，并考虑了下游地区的防洪、生态、供水、航运需求。汛期，重点针对洪水启用水库群进行联合防洪运用，并在退水阶段伺机腾库；同时，在来水较小的情况下适时进行洪水资源利用，发挥水资源综合利用效益。非汛期，水库群以综合利用为主，在考虑各河段生态基流、供水流量、航运需求的基础上，积极发挥水库群的发电效益，并在汛末和汛期过后尽量保障水库群蓄满，为后期水资源综合效益发挥提供条件。

　　1998 年洪水模型计算结果见表 9.7，30 座水库汛期拦蓄水量合计 427.56 亿 m³，全年发电 5272.91 亿 kW·h，弃水 5183.73 亿 m³，总体水量利用率 80.73%。此外，各水库的下泄流量都满足生态流量需求，确保了流域的生态效益。

表 9.7　　　　　　　　　　　　　1998 年洪水计算结果各水库统计指标

水库	汛期拦蓄水量 /亿 m³	发电量 /(亿 kW·h)	弃水量 /亿 m³	水量利用率	生态基流保证率
梨园	1.57	117.95	170.29	72.43%	100.00%
阿海	1.95	100.76	201.09	70.18%	100.00%
金安桥	1.43	125.75	226.64	66.75%	100.00%
龙开口	1.14	87.61	189.75	72.56%	100.00%
鲁地拉	5.10	105.25	202.52	71.92%	100.00%
观音岩	2.64	143.85	200.27	73.96%	100.00%
两河口	5.91	115.42	107.39	68.18%	100.00%
锦屏一级	8.32	199.76	178.82	68.31%	100.00%
二滩	3.61	194.89	184.88	71.39%	100.00%
乌东德	17.07	455.39	318.97	81.41%	100.00%
白鹤滩	58.54	698.45	232.73	86.61%	100.00%
溪洛渡	44.64	687.47	365.00	80.72%	100.00%

续表

水库	汛期拦蓄水量 /亿 m³	发电量 /(亿 kW·h)	弃水量 /亿 m³	水量利用率	生态基流保证率
向家坝	6.92	375.80	462.48	76.56%	100.00%
紫坪铺	0.00	20.73	0.00	100.00%	100.00%
下尔呷	0.00	24.72	8.32	86.28%	100.00%
双江口	0.01	89.72	67.49	73.59%	100.00%
瀑布沟	2.06	158.19	49.04	89.12%	100.00%
碧口	0.00	12.96	5.06	93.03%	100.00%
宝珠寺	0.00	16.70	0.24	99.71%	100.00%
亭子口	0.01	27.89	15.29	91.31%	100.00%
草街	0.01	21.73	268.77	61.33%	100.00%
洪家渡	0.00	13.13	3.96	90.69%	100.00%
东风	0.08	28.12	16.39	85.11%	100.00%
乌江渡	0.00	40.75	10.73	93.66%	100.00%
构皮滩	0.00	86.03	6.46	96.83%	100.00%
思林	0.00	38.46	9.31	96.09%	100.00%
沙沱	0.00	44.09	58.58	82.83%	100.00%
彭水	0.00	68.17	34.46	92.16%	100.00%
三峡	266.52	997.39	565.90	89.11%	100.00%
葛洲坝	0.01	175.76	1022.91	80.36%	100.00%

1998 年洪水三峡运行过程见图 9.6。

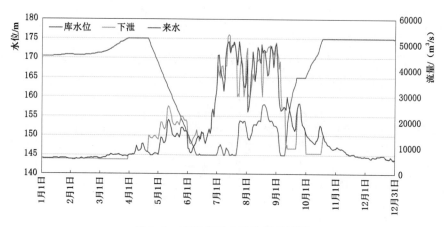

图 9.6　1998 年洪水三峡运行过程

1998 年枝城站和莲花塘站的还原和计算流量过程见图 9.7 和图 9.8，宜昌到枝城区间的来水较小，上游水库群主要对城陵矶地区进行防洪调度，同时兼顾了对枝城的防洪，通过拦蓄，枝城站和莲花塘站的流量分别降到 56700m³/s 和 60000m³/s 以下，保障了长江中下游河段的行洪安全。

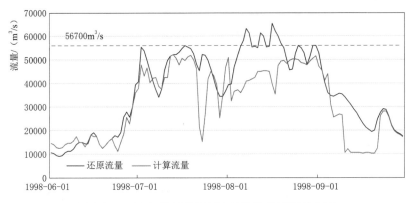

图 9.7　1998 年枝城站还原和计算流量过程对比图

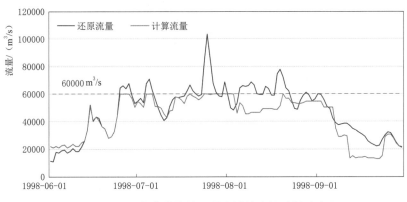

图 9.8　1998 年莲花塘站还原和计算流量过程对比图

从 1998 年洪水联合调度结果可以看出，提出的多目标联合调度模型，能够在批复的年度《长江流域水工程联合调度运用计划》的要求和调度空间内，充分发挥水库群的防洪和综合效益，在汛期成功应对流域型大洪水，在非汛期充分发挥发电、生态、供水、航运等综合效益，为长江上游水库群联合调度提供全时段的多目标综合调度技术支撑。

9.5　小结

本章在前述多目标调度相关研究的基础上进行了建模实践。通过水库群在全年内各效益间的协调竞争关系，明确了水库群调度的全周期要素；通过研究水库不同调度期的衔接方式，以及不同调度规则的提取方式，在调度规程的基础上明确了水库群在不同调度期间的自适应衔接方法；通过基于领导-服从的建模方式研究，明确了反映不同调度效益间主次关系的嵌套式建模方法。最终通过数字化的调度规则构建了水库群全周期-自适应-嵌套式多目标调度模型，实现全调度周期覆盖、调度期自适应衔接、调度目标主次嵌套的水库群联合调度。

第 10 章

结　语

10.1　结论

　　本研究围绕水库群系统多目标综合调度集成关键技术开展理论研究和技术攻关，建立了"全周期-自适应-嵌套式"水库群多目标协调调度模型，解决采用固定边界和约束的方法进行多维目标协同调度时存在的多维边界动态耦合难题，提出多层次、多属性、多维度综合调度集成理论与技术，揭示防洪、发电、供水、生态、航运多维调度目标之间协同竞争的生态水文、水资源管理等内在机制，提出长江上游水库群多目标联合调度方案。

10.1.1　多目标优化调度高效求解技术

　　从多目标非劣支配关系和算法的特点入手，对目前若干种成熟的原型算法进行了分析，给出了详细的算法步骤；进而结合水库群多目标调度的背景、特点、问题维度等方面，在多目标算法中简化了算法流程，引入了文化框架，在不影响非劣前沿特性的基础上削减非劣方案集数量，从而有效解决高维多目标调度模型的求解问题。提出了基于分解的文化多目标进化算法，并采用目标个数从 3 个到 8 个的 DTLZ1～DTLZ4 测试函数进行模拟仿真。测试结果表明，提出的算法能够得到非常均匀的非劣前沿，具有较好的多样性和均匀分布性，非劣前沿与实际 Pareto 解集也十分近似，收敛效果很好，为水库群多目标协同竞争分析提供了算法支撑。

10.1.2　水库调度多目标协同竞争机制分析

　　引入自然生态系统的生态位概念，提出了水库调度多维目标生态系统定义：水库调度多维目标生态系统是指调度目标，与其相互作用的供应者、需求者、竞争者、互补者、政府管理部门，及其所处的地域、政治、经济等环境所构成的一种复杂的生态系统。进一步，提出了水库调度多维目标生态理论，描述了生态位体系、要素、测度计算等内涵，并以三峡多目标调度为算例对理论进行了应用。

　　此外，针对高维目标优化问题的效益对比分析，引入了多维可视化技术，通过对空间三维图形、颜色图、亮度等要素的灵活应用，实现对最优前沿解的可视化展现与分析。进一步，结合经济学中的边际效益和边际替代率思想，提出优化调度目标置换率的概念，即当一个目标的效益增加时，其他的目标是呈现效益增加的趋势或是效益降低的趋势，从而可以判定两目标间是否存在竞争，此时再通过置换率的计算，可以更深入地对目标间竞争的特性进行分析和描述。

最终，明确了水库群多目标调度中的防洪、生态、供水、发电、航运等目标的表达方式，初步构建多目标优化模型，以发电与防洪、发电与生态、发电与供水、发电与航运等目标间的关系为研究对象，结合雅砻江、金沙江、岷江、大渡河、嘉陵江、乌江、长江干流的不同情况，进行目标间的响应关系分析，分别得到了不同条件下的目标间关系趋势。

10.1.3 水库群调度目标间二维关系定量分析

将全年划分为汛前期、主汛期、汛期末段、蓄水期、供水期以及汛前消落期，这6个不同时段构成了水库调度的全周期。应用统计和聚类方法对不同周期进行合理化分期，既可以确定水库优化调度的边界条件，又对实现洪水资源化具有指导意义。进一步，在水库群多目标协同竞争关系分析的基础上，引入全周期分期方式，结合水库群调度规程对防洪与发电、生态与发电、发电与航运间的竞争关系进行了二元分析，并给了水库典型运行过程。

10.1.4 水库群多目标互馈关系分析

在水库群多维目标分析的基础上，以长江上游水库群系统为研究对象，根据水库节点之间的水力和水利联系，建模连接水库群系统各库，针对防洪-发电-生态-供水-航运的五维目标，将防洪目标转换为刚性约束条件，研究四个兴利目标之间的互馈关系。经过模型优化计算后，分别得到在丰、平、枯三种来水条件下长江上游梯级水库群的多目标非劣解集，进一步分析后得到不同目标间的作用关系（表 10.1），其中"＋"表示协同关系，"－"表示竞争关系，符号的数量多少表示作用关系的强弱。

表 10.1　　　　　　　　　　　　四目标间作用关系表

目标	发电	供水	生态	航运
发电		－ －	－ －	－
供水	－ －		＋/－	＋
生态	－ －	＋/－		＋/－
航运	－	＋	＋/－	

10.1.5 基于领导-服从的二层调度模型以及在三峡水库调度中的应用

引入了二层规划的思想，从水库调度决策特征入手，描述领导与服从调度模型，在传统二层规划模型基础上，结合水库调度的特征，提出了新的部分合作二层规划模型，并采用标准算例验证了其有效性。接着，对三峡水库洪水峰现时间、需水量、流量过程等特征进行分析，采用提出的二层规划模型对三峡防洪和蓄水调度进行模拟，并对现有调度规程进行分析。结果表明，《梯级调度规程》和《09 优化调度方案》对超 $56700\text{m}^3/\text{s}$ 的洪水有一定的调控作用，但对于中小洪水几乎没有调控作用，这样，防洪能力较低的荆南四河地区的水位可能长期处于超警戒状态，不利于该地区的防洪减灾。对于 131 年历史日径流来说，前者的削峰效果更多，蓄水效果更好，这是因为前者蓄水时机更早，蓄水控制水位更高，蓄水更多，自然削峰效果更好。但对于未知大洪水来说，汛末提前蓄水时机提前，水库蓄水控制水位越高，遭遇大洪水时的调洪库容更少，调洪能力更弱，故会增加水库遭遇大洪水的防洪风险。另外，蓄水控制线不同，发电量和弃水量分布也不同，合理的蓄水控制线可以充分利用水资源，在弃水量更小的同时获得的发电量更多。

进一步，以三峡水库为研究对象，从目标效益分层、涉及调度要素、函数表达方式、决策业务流程等方面分析了建模条件和模型适用性，以二层规划方法对三峡水库汛末调度进行了建模和求解，将汛末防洪的风险和蓄水的效益考虑为一个系统的两个层面，将防洪风险作为上层，将蓄水效益作为下层，下层优化自身目标值并把决策反馈给上层，实现相互影响，其物理意义在于，要求在汛末调度中优化防洪时尽量满足蓄水要求。通过对模型求解，得到三峡水库汛末阶段的调度方案，分析了优化方案在发电量、防洪风险、蓄水效益等方面的优势，并应用随机模拟对优化调度方法进行了检验，结果表明，基于领导与服从的三峡水库调度优化方法具有良好的可靠性和优化性能，为目标效益间的分成嵌套式建模提供了可行方法。

10.1.6 多目标调度自适应建模技术

在水库调度规程的基础上，研究不同调期的转化问题。全年包含四个转换过渡期：①枯水期—消落期；②消落期—汛期；③汛期—蓄水期；④蓄水期—枯水期；其中枯水期—消落期需要考虑：径流预报、库容、生态相关指标（流速、水温、水位涨幅）、供水及航运需水量；消落期—汛期需要考虑：径流预报、库容、下游防洪控制断面水位、供水及航运需水量；汛期—蓄水期需要考虑：径流预报、库容、下游防洪控制断面水位、供水及航运需水量；蓄水期—枯水期需要考虑：径流预报、库容、供水及航运需水量。根据以上建立的指标体系，提出了一种基于深度学习的自适应模式识别器，实现对历史的实际调度过程的学习，从而达到调度期的自适应识别。

进一步，采用不同方式对水库的调度规则进行了提取和优化：①考虑多重不确定性的调度规则提取，建立贝叶斯神经网络模型，将已有最优调度方案和概率径流模拟结果作为输入，提取得到水库运行调度规则；②基于线性回归的调度规则提取，将水库的下泄流量与自身的水位、来水以及上游水库的水位、来水之间建立线性关系，根据不同回归方法率定各变量的系数，以此提取调度规则；③基于分段控泄的调度规则提取，将水库的下泄规则描述为不同水位区间与下泄流量的映射关系，然后将不同水位区间对应的下泄流量序列作为寻优的对象，采用多目标优化算法进行求解，即可得到不同偏好下的水库控泄方式。

10.1.7 长江上游多目标综合调度模型

通过水库群在全年内各效益间的协调竞争关系，明确了水库群调度的全周期要素；通过研究水库不同调度期的衔接方式，以及不同调度规则的提取方式，在调度规程的基础上明确了水库群在不同调度期间的自适应衔接方法；通过基于领导-服从的建模方式研究，明确了反映不同调度效益间主次关系的嵌套式建模方法。最终通过数字化的调度规则构建了水库群全周期-自适应-嵌套式多目标调度模型，实现全调度周期覆盖、调度期自适应衔接、调度目标主次嵌套的水库群联合调度。

10.2 展望

　　本研究从长江上游水库群的综合调度出发，进行了多目标协同竞争机制的研究，但提出的结论大都以长江流域控制性水库群为研究对象，对中小水库群和其他流域水库群的适用性尚需进一步尝试和论证。而且，本研究提出的多目标联合调度技术的实现和应用，需要大量具体水库、站点、运行过程等信息的支撑，并结合较为深入的各项专题研究成果，才能达到较好的运行效果，因此，在资料较少、研究较欠缺的流域应用本研究成果时，还需要结合其他水文分析、数据分析、信息处理等技术加深对流域特性的研究，以期提高应用效果。

参 考 文 献

[1] YEH W W G. Reservoir management and operations models: a state – of – the – art review [J]. Water Resources Research, 1985, 21 (12): 1797 – 1818.

[2] MEIER W L, Beightler C. An optimization method for branching multistage water resource systems [J]. Water Resources Research, 1967, 3 (3): 645 – 652.

[3] HALL W, SHEPHARD R. Optimum operations for planning of a complex water resources system [M]. Univ. Calif, 1967: 122.

[4] BECKER L, YEH W W G. Optimization of real time operation of a multiple – reservoir system [J]. Water Resources Research, 1974, 10 (6): 1107 – 1112.

[5] MANNE A S. Product – mix alternatives: flood control, electric power, and irrigation [J]. International Economic Review, 1962, 3 (1): 30 – 59.

[6] THOMAS H A, WATERMEYER P. Mathematical models: a stochastic sequential approach [M]. Boston: Havard University Press, 1962.

[7] LOUCKS D P. Computer models for reservoir regulation [J]. Journal of the Sanitary Engineering Division, 1968, 94 (4): 657 – 670.

[8] REVELLE C, JOERES E, KIRBY W. The linear decision rule in reservoir management and design: 1. development of the stochastic model [J]. Water Resources Research, 1969, 5 (4): 767 – 777.

[9] LOUCKS D P. Some comments on linear decision rules and chance constraints [J]. Water Resources Research, 1970, 6 (2): 668 – 671.

[10] REVELLE C, KIRBY W. Linear decision rule in reservoir management and design: 2. performance optimization [J]. Water Resources Research, 1970, 6 (4): 1033 – 1044.

[11] BELLMAN R. Dynamic programming and lagrange multipliers [J]. Proceedings of the National Academy of Sciences, 1956, 42 (10): 767 – 769.

[12] BURAS N. Dynamic Programming in Water Resources Develoment [J]. Advances in Hydroscience, 1966, 3: 367 – 412.

[13] HALL W A, HARBOE R C, ASKEW A J. Optimum firm power output from a two reservoir system by incremental dynamic programming [J]. Water Resources Center, 1969.

[14] TROTT W, YEH W G. Multi – level optimization of a reservoir system [M], 1971.

[15] HEIDARI M, CHOW V T, KOKOTOVIĆ P V. Discrete differential dynamic programing approach to water resources systems optimization [J]. Water Resources Research, 1971, 7 (2): 273 – 282.

[16] GILBERT K C, SHANE R M. Tva hydro scheduling model: theoretical aspects [J]. Water Resource Planning Manage, 1981: 108: WR1.

[17] EICHERT B S, BONNER V R. HEC Contribution to Reservoir System Operation. Dtic Document, 1979.

[18] EVENSON D E, MOSELEY J C. Simulation/optimization techniques for multi – basin water resource planning [J]. Journal of the American Water Resources Association, 1970, 6 (5): 725 – 736.

[19] COOMES R T. Regulation of Arkansas Basin Reservoirs [C] //Reservoir Systems Operations. ASCE, 2015.

[20] GILES J E, WUNDERLICH W O. Weekly multipurpose planning model for TVA reservoir system [J]. Journal of the Water Resources Planning and Management Division, 1981, 107 (2): 495 – 511.

[21] 谭维炎，黄宗信，刘健民. 单一水电站长期调度的国外研究动态 [J]. 水利水电技术，1962（4）：49-51.

[22] BELLMAN R，黎国良，马麟浚，等，动态规划理论 [J]. 中山大学学报（自然科学版），1961（1）：1-10.

[23] 张勇传，李福生，杜裕福，等. 水电站水库调度最优化 [J]. 华中工学院学报，1981（6）：49-56.

[24] 董子敖，李英. 大规模水电站群随机优化补偿调节调度模型 [J]. 水力发电学报，1991（4）：1-10.

[25] 梅亚东. 梯级水库优化调度的有后效性动态规划模型及应用 [J]. 水科学进展，2000（2）：194-198.

[26] 周建中，张睿，王超，等. 分区优化控制在水库群优化调度中的应用. 华中科技大学学报（自然科学版），2014（8）：79-84.

[27] 魏加华，王光谦，蔡治国. 多时间尺度自适应流域水量调控模型 [J]. 清华大学学报（自然科学版），2006（12）：1973-1977.

[28] 王学敏，周建中，欧阳硕，等. 三峡梯级生态友好型多目标发电优化调度模型及其求解算法 [J]. 水利学报，2013（2）：154-163.

[29] AHMADI M，HADDAD O B，LOÁICIGA H A. Adaptive reservoir operation rules under climatic change [J]. Water Resources Management，2015，29（4）：1247-1266.

[30] KANG C，CHEN C，WANG J. An efficient linearization method for long-term operation of cascaded hydropower reservoirs [J]. Water Resources Management，2018，32（10）：1-14.

[31] CHIANG P，Willems P. Combine evolutionary optimization with model predictive control in real-time flood control of a river system [J]. Water Resources Management，2015，29（8）：2527-2542.

[32] SRINIVASAN K，KUMAR K. Multi-objective simulation-optimization model for long-term reservoir operation using piecewise linear hedging rule [J]. Water Resources Management，2018，32（5）：1901-1911.

[33] SAADAT M，ASGHARI K. A cooperative use of stochastic dynamic programming and non-linear programming for optimization of reservoir operation [J]. ASCE Journal of Civil Engineering，2018，22（5）：2035-2042.

[34] DELIPETREV B，JONOSKI A，Solomatine D P. A novel nested dynamic programming (ndp) algorithm for multipurpose reservoir optimization [J]. Journal of Hydroinformatics，2015，17（4）：570-583.

[35] AZIZIPOUR M，AFSHAR M H. Adaptive hybrid genetic algorithm and cellular automata method for reliability-based reservoir operation [J]. Journal of Water Resources Planning and Management，2017，143（8）：4017046.1.

[36] AFSHAR M H，AZIZIPOUR M，Chance-constrained water supply operation of reservoirs using cellular automata [C] //International Conference on Cellular Automata，2016.

[37] BAHRAMI M，BOZORG-HADDAD O，Chu X. Application of cat swarm optimization algorithm for optimal reservoir operation [J]. Journal of Irrigation and Drainage Engineering，2018，144（1）：040170571.

[38] BASHIRI-ATRABI H，QADERI K，RHEINHEIMER D E，et al. Application of harmony search algorithm to reservoir operation optimization [J]. Water Resources Management，2015，29（15）：5729-5748.

[39] HAMID R A，OMID B H，MARYAM P，et al. Weed optimization algorithm for optimal reservoir operation [J]. Journal of Irrigation and Drainage Engineering，2015，142（2）：04015055.

[40] BOZORG-HADDAD O，JANBAZ M，LOAICIGA H A. Application of the gravity search algorithm to multi-reservoir operation optimization [J]. Advances in Water Resources，2016，98：173-185.

[41] ZHANG Z. An adaptive particle swarm optimization algorithm for reservoir operation optimization [J]. Applied Soft Computing，2014，18：167 – 177.

[42] LI Y，ZENG Z. Particle swarm optimization – differential evolution algorithm and its application in the optimal reservoir operation [C] //International Conference on New Energy & Sustainable Development，2017：688 – 698.

[43] LIAO X. An adaptive artificial bee colony algorithm for long – term economic dispatch in cascaded hydropower systems [J]. International Journal of Electrical Power & Energy Systems，2012，43 (1)：1340 – 1345.

[44] LU P. Short – term hydro generation scheduling of xiluodu and xiangjiaba cascade hydropower stations using improved binary – real coded bee colony optimization algorithm [J]. Energy Conversion and Management，2015，91：19 – 31.

[45] MING B. Optimal operation of multi – reservoir system based – on cuckoo search algorithm [J]. Water Resources Management，2015，29 (15)：5671 – 5687.

[46] GAROUSI – NEJAD I. Application of the firefly algorithm to optimal operation of reservoirs with the purpose of irrigation supply and hydropower production [J]. Journal of Irrigation and Drainage Engineering，2016，142 (10)：04016041. 1 – 04016041. 12.

[47] BOZORG – HADDAD O，MORAVEJ M，LOAICIGA H A. Application of the Water Cycle Algorithm to the Optimal Operation of Reservoir Systems [J]. Journal of Irrigation and Drainage Engineering，2015，141 (5)：04014064. 1 – 04014064. 10.

[48] BOZORG – HADDAD O，Hosseini – Moghari S，Loaiciga H A. Biogeography – Based Optimization Algorithm for Optimal Operation of Reservoir Systems [J]. Journal of Water Resources Planning and Management，2016，142 (1)：4015034. 1.

[49] 陈洋波，王先甲，冯尚友. 考虑发电量与保证出力的水库调度多目标优化方法 [J]. 系统工程理论与实践，1998 (4)：96 – 102.

[50] KUMAR D N，REDDY M J. Ant colony optimization for multi – purpose reservoir operation [J]. Water Resources Management，2006，20 (6)：879 – 898.

[51] ABOUTALEBI M，BOZORG – HADDAD O，LOAICIGA H A. Optimal monthly reservoir operation rules for hydropower generation derived with SVR – NSGA Ⅱ [J]. Journal of Water Resources Planning and Management，2015，141 (Ⅱ)：04015029. 1 – 04015029. 9.

[52] LI Q，OUYANG S. Research on multi – objective joint optimal flood control model for cascade reservoirs in river basin system [J]. Natural Hazards，2015，77 (3)：2097 – 2115.

[53] LIU W，LIU L. Multi – reservoir ecological operation using multi – objective particle swarm optimization [J]. Applied Mechanics and Materials，2014，641 – 642 (1)：65 – 69.

[54] QI Y. Reservoir flood control operation using multi – objective evolutionary algorithm with decomposition and preferences [J]. Applied Soft Computing，2017，50：21 – 33.

[55] CHEN C，YUAN Y，YUAN X. An improved nsga – iii algorithm for reservoir flood control operation [J]. Water Resources Management，2017，31 (14)：4469 – 4483.

[56] 吴昊，纪昌明，蒋志强，等. 梯级水库群发电优化调度的大系统分解协调模型 [J]. 水力发电学报，2015 (11)：40 – 50.

[57] MORAVEJ M，HOSSEINI – MOGHARI S. Large scale reservoirs system operation optimization：the interior search algorithm (isa) approach [J]. Water Resources Management，2016，30 (10)：3389 – 3407.

[58] QI Y. Self – adaptive multi – objective evolutionary algorithm based on decomposition for large – scale problems：a case study on reservoir flood control operation [J]. Information Sciences，2016，367：

529 – 549.

[59] YANG Q，CHEN W N，DENG J D，et al. A Level – Based Learning Swarm Optimizer for Large – Scale Optimization [J]. IEEE Transactions on Evolutionary Computation，2017.

[60] 保罗·霍肯，等. 商业生态学：可持续发展的宣言 [M]. 上海：上海译文出版社，2007.

[61] 穆尔. 竞争的衰亡 [M]. 北京：北京出版社，1999.

[62] 梅，麦克莱恩. 理论生态学 [M]. 陶毅，王百桦，译. 北京：高等教育出版社，2010.

[63] 牛翠娟，娄安如，孙儒泳. 基础生态学 [M]. 2 版. 北京：高等教育出版社，2007.

[64] 程春田，王本德，李成林，等. 白山、丰满水库群实时洪水联合调度系统设计与开发 [J]. 水科学进展，1998（1）：30 – 35.

[65] RODRIGUEZ – ALARCON R，LOZANO S. SOM – Based Decision Support System for Reservoir Operation Management [J]. Journal of Hydrologic Engineering，2017，22（7）：040170127.

[66] 王森，马志鹏，周毅，等. 基于 B/S 架构和面向对象技术的梯级水库群防洪优化调度系统设计与实现 [J]. 人民珠江，2016（9）：18 – 21.

[67] 苏华英，廖胜利，王国松. 基于 B/S 结构的库群实时调度系统开发及应用 [J]. 电力信息与通信技术，2017（1）：20 – 25.

[68] 徐刚，周栋，王磊，等. 乌溪江梯级水电站水库调度自动化系统研究与应用 [J]. 水利水电技术，2018（2）：124 – 131.

[69] UYSAL G，SENSOY A，SORMAN A A，et al. Basin/reservoir system integration for real time reservoir operation [J]. Water Resources Management，2016，30（5）：1653 – 1668.

[70] 吴文惠，张双虎，张忠波，等. 梯级水库集中调度发电效益考核评价研究——以乌江梯级水库为例 [J]. 水力发电学报，2015（10）：60 – 69.

[71] LI C，CHENG X，LI N. A framework for flood risk analysis and benefit assessment of flood control measures in urban areas [J]. International Journal of Environmental Research and Public Health，2016，13（8）：787.

[72] CHENG W. Risk analysis of reservoir operations considering short – term flood control and long – term water supply：a case study for the Da – Han creek basin in Taiwan [J]. Water，2017，9（6）：424.

[73] WANG H. A framework for incorporating ecological releases in single reservoir operation [J]. Advances in Water Resources，2015，78：9 – 21.

[74] BAI T，MA P P，KAN Y B，et al. Ecological risk assessment based on IHA – RVA in the lower Xiaolangdi reservoir under changed hydrological situation [C] //IOP Conference Series：Earth and Environmental Science，2017.

[75] OLIVARES M A. A framework to identify pareto – efficient subdaily environmental flow constraints on hydropower reservoirs using a grid – wide power dispatch model [J]. Water Resources Research，2015，51（5）：3664 – 3680.

[76] 黄强，苗隆德，王增发. 水库调度中的风险分析及决策方法 [J]. 西安理工大学学报，1999（4）：6 – 10.

[77] 田峰巍，黄强，解建仓. 水库实施调度及风险决策 [J]. 水利学报，1998（3）：58 – 63.

[78] SUN Y. A real – time operation of the three gorges reservoir with flood risk analysis [J]. Water Science and Technology – Water Supply，2016，16（2）：551 – 562.

[79] NOHARA D，SAITO H，HORI T. A framework to assess effectiveness and risks of integrated reservoir operation for flood management considering ensemble hydrological prediction [C] //Xvi World Water Congress，2017.

[80] LIU P，LIN K，WEI X. A two – stage method of quantitative flood risk analysis for reservoir real –

time operation using ensemble – based hydrologic forecasts [J]. Stochastic Environmental Research and Risk Assessment，2015，29（3）：803 – 813.

［81］ ZHANG Y K，YOU J J，JI C M，et al. Risk analysis method for flood control operation of cascade reservoirs considering prediction error ［C］//International Conference on Sustainable Development，2017.

［82］ YANG Y. Risk analysis for a cascade reservoir system using the brittle risk entropy method [J]. Science China – Technological Sciences，2016，59（6）：882 – 887.

［83］ 刘艳丽，周惠成，张建云. 不确定性分析方法在水库防洪风险分析中的应用研究［J］. 水力发电学报，2010（6）：47 – 53.

［84］ 刁艳芳，王本德. 基于不同风险源组合的水库防洪预报调度方式风险分析［J］. 中国科学：技术科学，2010（10）：1140 – 1147.

［85］ RAVIV G，SHAPIRA A，FISHBAIN B. Ahp – based analysis of the risk potential of safety incidents：case study of cranes in the construction industry [J]. Safety Science，2017，91：298 – 309.

［86］ ZYOUD S H，FUCHS – HANUSCH D. A bibliometric – based survey on AHP and TOPSIS techniques [J]. Expert Systems with Applications，2017，78：158 – 181.

［87］ 侯召成，陈守煜. 水库防洪调度多目标模糊群决策方法［J］. 水利学报，2004（12）：106 – 111.

［88］ 周惠成，张改红，王国利. 基于熵权的水库防洪调度多目标决策方法及应用［J］. 水利学报，2007（1）：100 – 106.

［89］ KUMAR K，GARG H. TOPSIS method based on the connection number of set pair analysis under interval – valued intuitionistic fuzzy set environment [J]. Computational & Applied Mathematics，2018，37（2）：1319 – 1329.

［90］ ZENG F. Hybridising Human Judgment，AHP，Grey Theory，and Fuzzy Expert Systems for Candidate Well Selection in Fractured Reservoirs [J]. Energies，2017，10（4）：447.

［91］ 卢有麟，陈金松，祁进，等. 基于改进熵权和集对分析的水库多目标防洪调度决策方法研究［J］. 水电能源科学，2015（1）：43 – 46.

［92］ 李英海，周建中，张勇传，等. 水库防洪优化调度风险决策模型及应用［J］. 水力发电，2009（4）：19 – 21.

［93］ ELZARKA H M，YAN H，CHAKRABORTY D. A vague set fuzzy multi – attribute group decision – making model for selecting onsite renewable energy technologies for institutional owners of constructed facilities [J]. Sustainable Cities and Society，2017，35：430 – 439.

［94］ 李英海，周建中. 基于改进熵权和 Vague 集的多目标防洪调度决策方法［J］. 水电能源科学，2010（6）：32 – 35.